ヤマベの耐震改修：木造耐震改修の第一人者のノウハウがこの一冊に凝縮！

木構造耐震技術

世界頂尖日本木構造權威40年耐震結構設計理論實務聖經

山邊豐彥 —— 著　張正瑜 —— 譯
YAMABE TOYOHIKO

U0032285

參考資料

- 〈2012 年改修版木造住宅耐震評估與補強方法〉（一財）日本建築防災協會

- 〈2015 年版建築物結構相關技術基準說明書〉國土交通省國土技術政策綜合研究所等 監修、全國官報販售協同組合發行

- 《木構造全書》山邊豐彥著、易博士文化發行

- 《地震與地盤災害》守屋喜久夫著、鹿島出版會發行

照片、圖面等協助

MOK Structural Design Unit、（一社）住宅醫協會、菅家太建築設計事務所

Atelier GLOCAL、伊藤平左ェ門建築事務所、風組渡邊設計室、北之木設計、NPO 法人景觀建築研究機構、造計畫、永添建築設計

石田工務店、笹森工務店、千葉工務店、風基建設

ATLIER DEF、ATLIER NOOK、UN 建築研究所、大屋建築設計事務所、丹吳明恭建築設計事務所、直井建築工房、野澤正光建築設計工房、相羽建設、草野工務店

關於本書

對於以結構設計為主業的我來說，1995年阪神淡路大地震的建築物損壞情形帶給我相當大的衝擊。不管是哪種結構類別，我們不可能忘記建築物倒塌所造成的嚴重死傷。

自此之後各地仍是地震頻傳，2011年發生的東日本大地震，以東北地方為中心的地域遭到海嘯侵襲，因而引發了大規模的災害。在尚未復原的狀態下，2016年又發生熊本地震，從接連的地震中可以觀察到兩次達到震度7、而震度6強也有數次。耐震設計應該怎麼做是我這些年持續思索的課題。

此外，因應在不久的將來必然會發生的首都圈直下型地震或巨大海溝地震，為了盡可能降低地震所引起的重大災情，這幾年我開始訪走日本各地，從事耐震評估與耐震改修的各項推廣工作。不過，礙於費用或施工條件限制的緣故，即使有適切的評估與改修計畫，補強工程要做得確實也絕非容易之事。

改修與新建不同，有必要掌握既存的建築物狀況。除了結構要素作用在內的結構計畫掌握立地條件之外，特別是木造、各式各樣的構法、工法有相當的要求。為此，首先要確實理解主要結構要素的作用或種類、及其特徵，然後徹底研究力量如何傳遞。實務面會遇到各式各樣的問題，在決定該採取什麼樣最妥善的處理時，時常想起這些基礎或原則是很重要的。

我有幸為一直沒有機會接觸木造的結構設計者撰寫兩本書，分別是做為入門書的《木構造》、及做為實務設計指南的《木構造全書》，內容集結多年來實際業務上碰觸到的問題。儘管耐震改修相當講究高端的技術與洞察力，不過現實中經常因為經費不足而只能聘請不夠成熟的技術者負責，以至於做出不適當的補強案例。這樣的狀況歸咎於技術者只採取局部位補強、或一味追求吻合的數值，欠缺「思考建築物整體的結構計畫」觀點所導致的結果。

本書將重點放在改修計畫。首先以實例說明包含基本結構要素作用在內的結構計畫思考方式，這是新建與改修的共通性原則。其次將評估重點放在「整理建築物結構上的問題點」，並且加入各個部位的補強範例，這裡會舉兩個我經手的住宅改修案子，以實務觀點說明建築物整體上的改修計畫或施工上的要點。

期盼本書能幫助各位做出更加適切的改修計畫。

2018年1月
山邊豐彥

木構造
耐震
技術

目次

1 木造特徵

2 從建築物形狀種類看結構設計的重點

3 各結構要素的設計重點

3

4

耐震評估與補強

5

改修事例

1 木造特徵

從構成要素拆解木造會看到什麼東西？

放置在基礎上的建築物是由柱子、樑、剪力牆、樓板構架、屋架所構成，各個部位又以接合部連接起來

圖1 樑柱構架式構法的構成要素

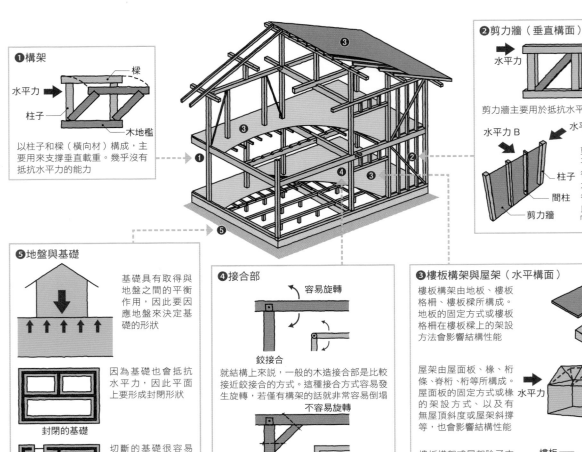

❶構架

水平力 →

樑
柱子
木地檻

以柱子和樑（橫向材）構成，主要用來支撐垂直載重。幾乎沒有抵抗水平力的能力

❷剪力牆（垂直構面）

水平力 →

剪力牆主要用於抵抗水平力

水平力 B　水平力 A

柱子
間柱
剪力牆

剪力牆抵抗水平力 A 的能力很強，但是面對水平力 B 時卻很容易倒塌，因此水平力是以「長度」來抵抗

❺地盤與基礎

基礎具有取得與地盤之間的平衡作用，因此要因應地盤來決定基礎的形狀

因為基礎也會抵抗水平力，因此平面上要形成封閉形狀

封閉的基礎

切斷的基礎很容易產生裂縫或不均勻沉陷

斷開的基礎

❹接合部

容易旋轉

鉸接合

就結構上來說，一般的木造接合部是比較接近鉸接合的方式。這種接合方式容易發生旋轉，若僅有構架的話就非常容易倒塌

不容易旋轉

半剛性接合

若是併用隔撐或水平角撐等構件，接合部的旋轉會受到限制，相較於僅有構架時的狀態，其變形也會減少許多

❸樓板構架與屋架（水平構面）

樓板構架由地板、樓板格柵、樓板樑所構成。地板的固定方式或樓板格柵在樓板樑上的架設方法會影響結構性能

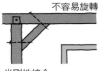

屋架由屋面板、椽、桁條、脊桁、桁等所構成。屋面板的固定方式或椽的架設方式、以及有無屋頂斜度或屋架斜撐等，也會影響結構性能

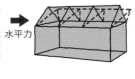

樓板構架或屋架除了支撐垂直載重之外，也扮演將水平力傳遞至剪力牆的角色

樓板
水平力
剪力牆

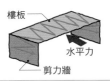

樑柱構架式構法的建築物是由五個要素所構成［圖1］。以圖示化說明就如圖2所示。構架、垂直構面、水平構面分別以接合部相互連結，並且相互影響彼此的性能。基礎具有取得地盤與上部結構之間的平衡作用，主要以錨定螺栓與構架或剪力牆接合。

構架分為「通柱構架」與「通樑構架」兩類［圖3］。

構架的首要任務是支撐垂直載重，但也是做為剪力牆或水平構面的外周框架，因此也必須抵抗因水平力所產生的壓縮力或拉伸力。

圖4是表示剪力牆與水平構面的關係。即使配置了剪力牆，卻沒有樓板的話，水平力還是無法傳遞至剪力牆，如此一來建築物中央就會出現大幅度的傾斜［圖①］。此外，設有水平角撐的樓板或以窄幅板釘打的樓板也無法將水平力傳遞至剪力牆［圖②、③］。如果以面剛性高的板材鋪設，使樓板面整體的變形一致，就可以順利將水平力傳遞至剪力牆［圖④］，此時要確保外周樑的接合部不會脫落。

圖2 木造的基本構成

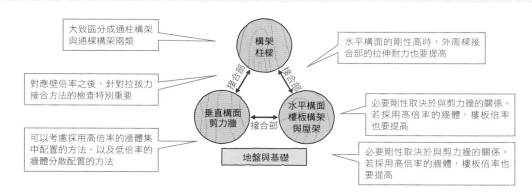

大致區分成通柱構架與通樑構架兩類

對應壁倍率之後，針對拉拔力接合方法的檢查特別重要

可以考慮採用高倍率的牆體集中配置的方法、以及低倍率的牆體分散配置的方法

構架
柱樑

水平構面的剛性高時，外周樑接合部的拉伸耐力也要提高

必要剛性取決於與剪力牆的關係。若採用高倍率的牆體，樓板倍率也要提高

接合部

接合部

垂直構面
剪力牆

接合部

水平構面
樓板構架與屋架

必要剛性取決於與剪力牆的關係。若採用高倍率的牆體，樓板倍率也要提高

地盤與基礎

圖3 通柱構架與通樑構架的注意要點

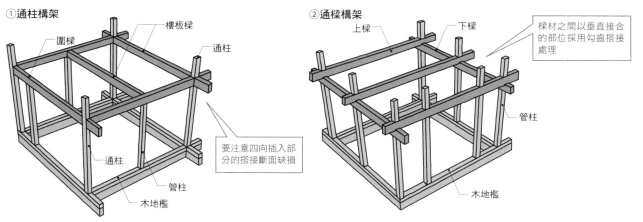

①通柱構架

圍樑　樓板樑　通柱

通柱

管柱

木地檻

要注意四向插入部分的搭接斷面缺損

②通樑構架

上樑　下樑

樑材之間以垂直接合的部位採用勾齒搭接處理

管柱

木地檻

通柱以大約 3～4 m 配置成格狀，其他則做成管柱是通柱構架的做法。因為樓板樑高程一致，有利於提高水平剛性，不過必須注意搭接的斷面缺損

柱子全部為管柱。通樑構架是在有多根柱子的構面上配置下樑，其上再放置直交樑的構架。因為樑形成高低差，所以水平剛性低，不過搭接的斷面缺損少，對於垂直載重的支撐能力相對安定

圖4 水平構面究竟如何使建築物的變形產生劇烈改變（依箭頭方向，愈末端愈不容易產生變形）

①無樓板的情況

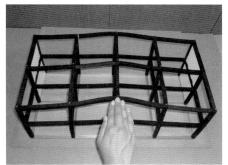

置入水平角撐 →

兩側端部有剪力牆但無樓板的情況。水平力無法傳遞至剪力牆

②僅有水平角撐的情況

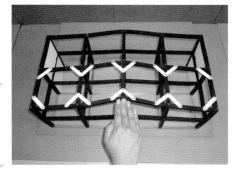

兩側端部有剪力牆並且設有水平角撐的情況。相較於①多少能抑制樓板面的變形

③以窄幅板鋪設的情況

← 鋪設窄幅板

施做剛性樓板 →

與①或②相比，以窄幅板鋪設的情況雖可以抑制變形，不過每片樓板錯位的情況會形成不均勻的變形

④剛性樓板的情況

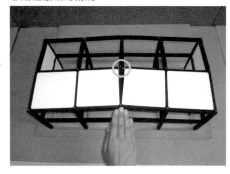

採用剛性樓板的話，整體變形幾乎一致，水平力也可以傳遞至剪力牆。外周樑上產生很大的拉伸力會使接合部脫落

02 因地震所引起的嚴重損害出現在哪些部位？

確保壁量尤其重要。現行的必要壁量是依照 1981 年的新耐震設計法規定。
自此之後建築物受到損害的情形也開始逐年下降

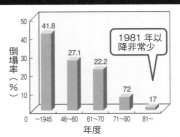

根據兵庫縣南部地震（1995 年）的
統計資料，建築物年代別的損壞率

表	地震後容易產生損壞的部分	
地盤	地層滑動	照片①
	擋土牆移動	照片②
	軟弱地盤	
	土壤液化現象	照片③
基礎	無鋼筋混凝土的破壞	照片④
	因錨定螺栓不完善造成木地檻脫落	照片⑤
	抱石基礎的腳部鬆動	
	砌石、疊石基礎的破壞	
	不均勻沉陷	
剪力牆	因壁量不足造成的傾斜、倒塌 ・開放性的隔間	照片 ⑥、⑦
	因配置偏移造成扭轉破壞、傾斜 ・開口狹小或住商混用住宅	照片⑥
	・南側開放而北側牆體多 ・位於角地的建築物	照片⑦
	因樓板剛性不足造成的傾斜、倒塌	照片⑧
	斜撐折損	照片⑨
接合部	樑拔出	照片⑩
	斜撐的固定不完善	照片⑪
	固定隅撐、椽的柱子受到破損	
	通柱折損	照片⑫
裝修材	砂漿、灰泥牆剝落	照片⑬
	玻璃破損	
	瓦片掉落	照片⑭
腐朽、蟻害、老化	因遮雨棚施做不良造成的斷面缺損	照片⑮
	因使用未乾燥的材料造成的腐朽	
	因換氣不足造成的腐朽	

裝修材

照片⑬　內部的灰泥牆掉落。因為地盤
下陷而導致上下移動也是原因之一

照片⑭　建築物中央附近的屋脊瓦掉
落。中央附近無剪力牆，應是屋頂面的
水平剛性不足而導致中央部出現大幅度
的搖晃

腐朽、
蟻害、
老化

照片⑮　外牆採用泥作裝修時，因為溼氣聚集的關係而導致木材容易腐朽

因地震引起的建築物損壞案例中，地盤、基礎造成的損害為大宗。其中原因包含傾斜地的地層滑動、基礎不完善、或沿岸地等的土壤液化、基礎不完善、錨定螺栓不完備等一照片①～⑤。其次是剪力牆不足或偏移、以及接合不良。特別是開口狹小或蓋在角地的建築物等，很多案例都是因為剪力牆的配置偏移而導致扭轉倒塌［照片⑥、⑦］。

因對應拉伸力的接合耐力不足而導致建築物變形的時候，構材會鬆脫分離進而引發倒塌，類似的案例屢見不顯［照片⑩］。如果又受到腐朽、蟻害而出現斷面缺損的問題，就更無法避免受害情形的加重［照片⑮］。此外，斜撐或通柱的折損也很常見［照片⑨、⑫］。

還有，水平構面的剛性不足也是造成災害的原因。僅在外牆部分確保二樓建築物所需的壁量是一般做法，因此剪力牆線間距［※］會變得很長。不過，屋架僅以製成材的屋面板鋪設時剛性很低，容易導致屋架構材的斷面不足以及水平剛性不足。這便是二樓部分的傾斜或屋脊瓦掉落的原因［照片⑧、⑭］。

原注※　相鄰剪力牆之間的距離。剪力牆相隔太遠時，樓板就有可能出現大幅度的變形。

地盤

照片① 因地層活動的災害。建築物維持原本的形狀往一邊傾斜

照片② 如右圖所示,因擋土牆傾斜而使填土下陷,導致基礎下陷或樓板掉落

建築物

擋土牆傾斜,填土部分下陷

填土

建築物與填土之間出現縫隙

擋土牆(移動前)

擋土牆(移動後)

照片③-1 因土壤液化而留下的砂湧痕跡。集中在側溝部分

照片③-2 土壤液化之後即便建築物只受到輕微的損害,但維生管線設施的復原也需要時間

照片③-3 在椿基礎的情況下,建築物周圍的地盤出現下陷現象,基礎下方也出現縫隙

基礎

照片④ 採用無鋼筋混凝土的關係,基礎出現破裂進而導致上部結構的損害擴大

照片⑤ 因錨定螺栓的不完善造成柱子從基礎脫離

剪力牆

照片⑥ 開口狹小的建築物經常出現往牆體少的短邊方向傾斜的災害

照片⑦ 蓋在角地的一樓住宅完全塌陷。研判主要是因為剪力牆不足和偏移的緣故

照片⑧ 對應剪力牆的配置上,因屋頂面的水平剛性不足而造成二樓部分出現大幅傾斜

照片⑨ 斜撐從節的地方折損。根據實驗結果,層間變位角達 1／30 左右時建築物便會折損,因此研判建築物的傾斜程度已經超過該數值以上

接合部

照片⑩ 地震後的情形。玄關雨遮的接合部脫離。隔天餘震時倒塌

照片⑪ 因錨定螺栓或接合五金的不完善造成柱子或斜撐等脫落

照片⑫ 通柱的折損。在固定差鴨居的搭接部位受到彎曲應力的作用,不過由於斷面缺損的緣故,強度明顯不足

03

木造面對颱風、降雪時的弱點有哪些？

颱風來襲時，有可能因為錨定螺栓的不完善而造成建築物上抬、或因屋簷的椽與軒桁間的接合不良造成屋頂損壞。降雪時雪的重量會產生垂直力、或融雪時可能出現雪量偏移而產生垂直、水平力，這些都會對建築物造成損壞

颱風來襲時，特別要注意上掀力所造成的屋簷損壞情形

表1 颱風容易帶來的損壞

風的破壞	基礎	因錨定螺栓的不完善造成翻倒、滑動
	剪力牆	因數量不足造成破壞、倒塌
		因配置偏移造成扭轉
		因樓板剛性不足造成變形、風雨從外牆吹入室內
	接合部	屋簷或邊緣遭到折損、破壞、脫離
		屋架脫離
	裝修材	瓦、金屬版飛散
		因強度不足、固定不良、飛散物品擊中等原因，使窗戶、門扇、外牆遭到破壞
		（侵入室內的風雨帶來二次破壞）

雨的破壞	地層滑動
	砂土流失

表2 降雪造成的損壞與原因

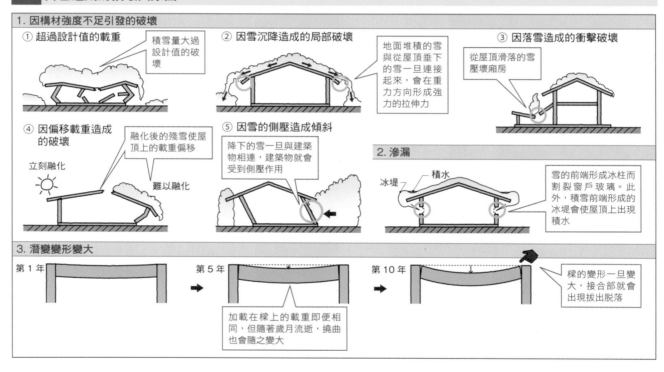

1. 因構材強度不足引發的破壞

① 超過設計值的載重
積雪量大過設計值的破壞

② 因雪沉降造成的局部破壞
地面堆積的雪與從屋頂垂下的雪一旦連接起來，會在重力方向形成強力的拉伸力

③ 因落雪造成的衝擊破壞
從屋頂滑落的雪壓壞廂房

④ 因偏移載重造成的破壞
融化後的殘雪使屋頂上的載重偏移
立刻融化
難以融化

⑤ 因雪的側壓造成傾斜
降下的雪一旦與建築物相連，建築物就會受到側壓作用

2. 滲漏
冰堤　積水
雪的前端形成冰柱而割裂窗戶玻璃。此外，積雪前端形成的冰堤會使屋頂上出現積水

3. 潛變變形變大
第1年　　第5年　　第10年
樑的變形一旦變大，接合部就會出現拔出脫落
加載在樑上的載重即便相同，但隨著歲月流逝，撓曲也會隨之變大

修訂為三大分界點。

入2000年的建築基準法基準法制訂、新耐震設計法導的災害一覽表。其中又以建築遷、以及涉及到影響規定改修建築物是很重要的工作。表3是木造耐震規定的變

變成大型災害。因此，定期檢隨著歲月累積，小問題也可能物就算沒有遭到嚴重損壞，但發生頻率相當高。新蓋的建築年直接面臨的自然現象，而且颱風或積雪都是建築物每

向的變形[表2]。力牆的配置也要能因應水平足的斷面之外，接合方法或剪此，除了屋架或構架要保有充兩個方向上形成力的作用。因有雪偏移現象，在垂直、水平壓垮。積雪融化速度不一時會雪的重量也可能將建築物

法[表1]。緊密固定在基礎上是有效的做剪力牆、利用錨定螺栓將構件軒桁或屋架支柱固定在將屋簷的椽或屋架樑上是特別重要的工作。在防止翻倒方面，確保的不完善。就承受風力而言，室翻倒的起因是因為錨定螺栓不良所引起。舉例來說，儲藏颱風帶來的損壞都是接合

表3 改變木造法令基準的主要災害

主要災害	損壞內容	木造基準的主要內容
濃尾地震 1891（明治 24）.10.28 M8.0	磚造、石造的損壞嚴重 〈成立木造耐震研究〉 1897（明治 30） 〈引進鋼骨造、鋼筋混凝土造〉	1894（明治 27）制訂「木造耐震家屋結構要領」等 ①注意基礎結構 ②木材盡可能避免出現缺角 ③在接合部使用鐵件（五金） ④利用斜撐等斜向材構成三角形構架 1920（大正 9）施行「市街地建築物法」
關東地震 （關東大地震） 1923（大正 12）.9.1 M7.9	因火災造成二次損壞 磚造、石造的倒塌率超過 80% 被點出的問題 · 地盤不良 · 基礎：砌石、抱石不穩定 · 壁量、斜撐不足 · 柱子細、數量不足 · 柱、樑、木地檻的繫結不確實 · 土地檻、搭接遭到腐蝕	1924（大正 13）修訂「市街地建築物法」 ①柱徑的強化 ②強制設置斜撐、隔撐（僅針對三層樓建築物） ③高度限制（12.6 m 以下） 〈鋼骨鋼筋混凝土造的開發〉 〈剛柔爭論（大正 15～昭和 11）〉
室戶颱風 1934（昭和 9）.9.21	木造小學的損壞嚴重	重新檢視應力度計算方法 · 倡議長期與短期兩個階段之必要性 · 結論強度型的計算
福井地震 1948（昭和 23）.6.28 M7.1	直下型地震 木造家屋的損壞非常嚴重（軟弱地盤）	1950（昭和 25）制訂「建築基準法」 ①規定斜撐的必要量 ②嚴禁樑中央部下端出現缺角
新潟地震 1964（昭和 39）.6.16 M7.5	土壤液化現象	1959（昭和 34）修訂部分「建築基準法」 強化必要壁量
十勝外海地震 1968（昭和 43）.5.16 M7.9	鋼筋混凝土造的短柱遭到剪斷破壞	1971（昭和 46）修訂「建築基準法施行令」 ①基礎要以鋼筋混凝土施做 ②木材的有效細長比 ≦ 150 ③針對風壓力的必要壁量之規定 ④針對螺栓固定的必要墊圈之規定 ⑤防腐、防蟻措施
宮城外海地震 1978（昭和 53）.6.12 M7.4	椿基的破壞 偏心的影響 磚牆的倒塌損壞	1981（昭和 56）修訂「建築基準法施行令」 （新耐震設計法） ①針對軟弱地盤的基礎強化 ②必要壁量的強化（限制層間變位角） ③變更風壓力的計入面積算定方法
日本海中部地震 1983（昭和 58）.5.26 M7.7	海嘯 土壤液化	1987（昭和 62） ①柱、木地檻與基礎要以錨定螺栓繫結 ②集成材的規定 ③三層樓建築物的壁量、計算規定
兵庫縣南部地震 （阪神淡路大地震） 1995（平成 7）.1.17 M7.3	大都市直下型地震（活斷層、上下震動） 椿基的破壞 中層建築物的中間層破壞 極厚鋼骨柱的脆性破壞 木造（構架）建築物的破壞	
鳥取縣西部地震 2000（平成 12）.10.6 M7.3	最大加速度 926gal（日野町 NS） 人身損害輕微	2000（平成 12）修訂「建築基準法」 ①剪力牆的良好平衡配置之規定 ②柱、斜撐、木地檻、樑的搭接緊密接合方法之規定 ③基礎形狀（配筋）的規定 2000（平成 12）「確保住宅品質之促進相關法律（品確法）」揭示耐震、耐風、耐積雪的等級
宮城縣外海地震 2003（平成 15）.5.26 M7.1	最大加速度 1105.5gal（大船渡 EW：速度小） 餘震也超過震度 6 檢討 1978 年的地震後建築物耐震改修的補強效果	2003（平成 15）.7 強制 24 小時換氣
新潟縣中越地震 2004（平成 16）.10.23 M6.8	中山間地的直下型地震	2004（平成 16） JAS 製材規定 依據製材條件可進行不包含壁量規定的結構計算 2004（平成 16）.7 防火規定告示的修訂
結構計算書偽造事件 2005（平成 17）.11	偽造公寓住宅的耐震強度 察覺木造建築物的計算疏失	2007（平成 19 年）.6.20 修訂「建築基準法」、「建築師法」
新潟縣中越外海地震 2007（平成 19）.7.16 M6.8	土壤液化 核電廠的安全問題	2009（平成 21）.10.1 「瑕疵擔保履行法」 2010（平成 22）.10 公共建築物等之木材利用促進法
東北地區太平洋外海地震 （東日本大地震） 2011（平成 23）.3.11 M9.0	巨大海嘯 餘震頻繁、長期化 核電廠受災 土壤液化 次要構材掉落、損傷 長週期地震動（超高層建築）	2013（平成 25）.4.1 防止熱水設備翻倒的相關告示修訂 2014（平成 26）.4.1 特定天花板的技術基準策定 2015（平成 27）.6.1 大規模木造的防耐火規定之修訂
熊本地震 2016（平成 28）.4.14 M7.3（4.16）	三道斷層帶引發連續地震 一連的地震有兩次震度達到 7 大規模的斜面崩塌	

現行的必要壁量是根據 1981 年的法規，不過關於剪力牆的配置與接合方法到了 2000 年的修訂才加以規定，因此 2000 年以前的木造建築物會有耐震上的問題

涉及結構相關的大幅修訂到 2000 年為止

大地震發生時的損壞究竟到什麼程度？

在日本，右側 [表1] 的基本理念是所有結構設計的基礎。為了確保人身安全，使支撐建築物重量的柱子不能折損是最優先的考量

表1 耐震設計的基本理念 [＊1]

①面對很少發生的震度 5 弱左右以下的中小型地震，沒有損傷（一次設計）

②面對極少發生的震度 6 強左右的大型地震 [※1]，容許一定程度的損傷但建築物不會倒塌，可守護生命與財產（二次設計）

表2 大地震時（震度 6 強程度）的損壞狀況

損傷等級		I（輕微）	II（小損）	III（中損）	IV（大損）	V（破壞）
損傷情況	概念圖					
	建築物傾斜程度	層間變位角 1／120 以下（中型地震時的變形限制）	層間變位角 1／120～1／60	層間變位角 1／60～1／30	層間變位角 1／30（樑柱構架式構法）～1／10（傳統構法）	層間變位角 1／10 以上
		無殘留變形	無殘留變形	有殘留變形（修補後可繼續居住）	沒倒塌	倒塌
	基礎	換氣口周圍的裂痕小	換氣口周圍的裂痕稍大	裂痕多且大、無斷裂 裝修砂漿剝離	裂痕多且大、有斷裂 木地檻脫離	有斷裂、移動 周邊地盤崩壞
	外牆	砂漿裂痕小	出現砂漿裂痕	砂漿、磁磚剝離	砂漿、磁磚脫落	砂漿、磁磚脫落
	開口部	角隅部有縫隙	無法開閉	玻璃破損	木作家具、窗扇破損、脫落	木作家具、窗扇破損、脫落
	斜撐	無損傷	無損傷	搭接錯位	折損	折損
	版	略有錯位	角隅部有裂痕	版材相互之間出現顯著錯位	面外挫屈、剝離	脫落
			一部分的釘子壓陷	釘子壓陷	釘子壓陷	
	修復性	輕微	簡易	稍微困難（可修補）	困難（改建）	無法修復
壁量基準	第1種地盤	品確法 等級3	品確法 等級2	建築基準法 ×1.0	—	—
	第2種地盤	—	品確法 等級3	品確法 等級2	建築基準法 ×1.0	—
	第3種地盤	—	—	品確法 等級3	建築基準法 ×1.5	建築基準法 ×1.0

軟弱地盤區域要將壁量比例拉高

做為建築基準法的基本要件

表3 品確法的耐震等級想像

上部結構評點	耐震等級 1	耐震等級 2	耐震等級 3
防止結構體的損傷（中型地震）	建築基準法程度 [表1]	受到很少發生的 1.25 倍之地震力作用，不會出現損傷的程度	受到很少發生的 1.5 倍之地震力作用，不會出現損傷的程度
防止結構體的倒塌（大型地震）	建築基準法程度 [表1]	受到極少發生的 1.25 倍之地震力作用，不會發生倒塌、崩塌的程度	受到極少發生的 1.5 倍之地震力作用，不會發生倒塌、崩塌的程度

要注意木造的必要壁量（建築基準法）×1.25 ＜ 耐震等級 2

原注：所謂極少發生的地震是指相當於 1923 年關東大地震（最大加速度 300～400gal）的程度

在日本，自 1981 年開始施行新耐震設計法以後，無論結構的種類都要以表 1 的兩大核心理念做為耐震設計的準則。耐風性或耐積雪性也依此為基礎，訂定出材料的容許應力度或必要壁量的規定。

表 2 是地震發生時的損傷等級表。屬於一般地盤（第 2 種地盤）中建築基準法做為最低限度的基準時，在大型地震（震度 6 強程度）中可能出現大型破壞但不會倒塌。屬於軟弱地盤（第 3 種地盤）時，由於搖晃會使震幅擴大，因此必須將必要壁量增加至一般地盤的 1.5 倍（令第 46 條）。

另一方面，品確法 [※2] 是進行性能設計的基準，以耐震設計的基本理念為準則將必要壁量等級分成三個階段 [表 3]。等級愈高則損害程度愈小，不但可以降低災害修補的費用，也可能延長建築物的壽命。

除此之外，耐風性的基本理念是受到很少發生的暴風 [※2] 時不會受損；受到極少發生的暴風 [※3] 時不會倒塌。

原注 ※1 因為震度 7 並無上限，舉例來說，[阪神淡路大地震的震度 7] 就必須對過去發生的具體地震強度進行檢證。※2 相當於 1991 年颱風 19 號的程度。※3 相當於 1959 年伊勢灣颱風的程度。

譯注 ＊1 根據營建署「建築技術規則建築構造編」第五節耐震設計規定，「係使建築物結構體在中小度地震時保持在彈性限度內；設計地震時得容許產生塑性變形，其韌性需求不得超過容許韌性容量；最大考量地震時使用之韌性可以達其韌性容量」。※2 全名是住宅品質確保法。2004 年實施，主要執行 1.建方有義務提供新建住宅瑕疵擔保 10 年、2.住宅性能評估制度（分新建與舊宅）。

表 4 耐震、免震、制震的差異

1. 耐震結構

以建築物的結構足以承受地震

①以強度為導向的建築物

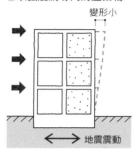

變形小

附有耐震壁的剛性結構
↓
因為建築物的剛性高,所以變形小
(=不易搖晃)

地震震動

POINT

以中低層建築物為主要對象,若是高層建築的話,由於柱、樑斷面會變大,因此不適用

②以韌性為導向的建築物

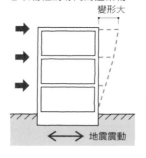

變形大

僅有柱、樑的純剛性結構
↓
因為建築物柔軟,因此變形大(=容易搖晃)

地震震動

POINT

因為建築物的變形大,必須確保內外裝修材或木作家具等二次構材的追隨性

2. 免震結構

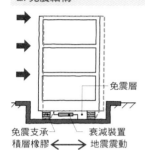

免震層

免震支承
積層橡膠

衰減裝置

地震震動

在建築物與基礎之間配置免震層並設置免震裝置及衰減裝置,使地震力不會直接傳遞至建築物的結構

POINT

就中低層建築物而言,大地震發生時有可能將建築物的搖晃程度減低至地面搖晃度的 1 / 3 ～ 1 / 4 左右。家具或設備等的受損程度也能降至最小

3. 制震結構

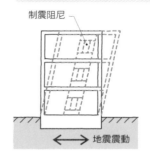

制震阻尼

地震震動

阻尼吸收地震力之後會降低搖晃度,藉以防止結構體的損傷

POINT

設置阻尼不僅可以及時抑制晃動,搖晃度也會變小。此外,原則上阻尼可以補修、替換

● 各式各樣形式的阻尼(油壓、鋼材系是安定的方式)

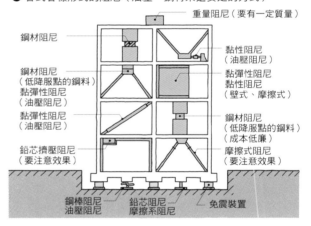

重量阻尼(要有一定質量)

鋼材阻尼

黏性阻尼
(油壓阻尼)

鋼材阻尼
(低降服點的鋼料)
黏彈性阻尼
(油壓阻尼)

黏彈性阻尼
黏性阻尼
(壁式、摩擦式)

黏彈性阻尼
(油壓阻尼)

鋼材阻尼
(低降服點的鋼料)
(成本低廉)

鉛芯擠壓阻尼
(要注意效果)

摩擦式阻尼
(要注意效果)

鋼棒阻尼
油壓阻尼

鉛芯阻尼
摩擦系阻尼

免震裝置

表 5 地盤種類大致區分成三類

地盤種別	地層構成		地盤周期	
			Tg(秒)	Tc(秒)
第 1 種地盤	岩盤、硬質碎石、第三紀以前的地層(洪積層)	由岩盤、硬質碎石層及其他為主之第三紀以前的地層所構成成。 還有以地盤週期等的調查或以研究結果為基礎,認定與此有相同程度之地盤週期的地盤。	Tg ≦ 0.2	0.4
第 2 種地盤		第 1 種地盤及第 3 種地盤以外的地盤	0.2<Tg ≦ 0.75	0.6
第 3 種地盤	由腐植土、泥土構成的沖積層(包含填土) / 未滿 30 年的填埋地	以腐植土、泥土或其他此類物質為主所構成的沖積層(有填土時也包含在內),其深度大概在 30 m 以上的地盤。 以填埋沼澤、泥海等所形成的地盤,其深度大概在 3 m 以上,且從填埋算起尚未滿 30 年的地盤。 還有以地盤週期等的調查或以研究結果為基礎,認定與此有相同程度之地盤週期的地盤。	0.75<Tg	0.8

Tc:求震動特性係數 Rt 的計算式中的地盤週期
Tg:根據特別調查或研究所測定的地盤週期

住宅地的地盤大多屬於第 2 種地盤,填土地或填土等區域則大多為第 3 種地盤。在計畫建築物的基礎形狀時要將這些因素納入評估

(昭和 55 年建告 1793 號第 2)

作用在建築物上的力如何傳遞？

力是由上往下、由斷面小的構材往斷面大的構材傳遞

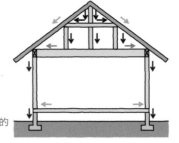

力是由上往下、由斷面小的構材往斷面大的構材傳遞

圖1 地震、風等水平方向的力流路徑

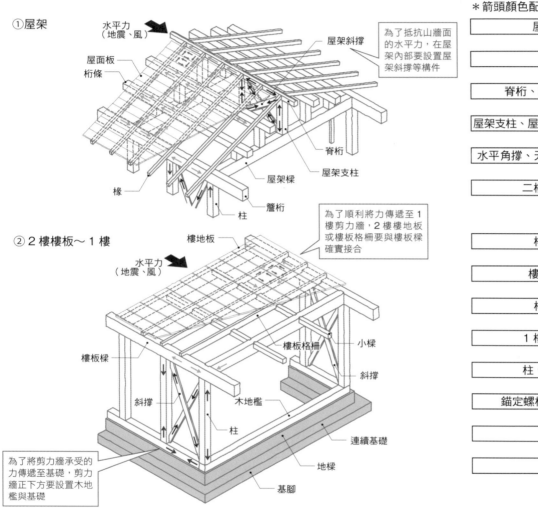

①屋架

水平力（地震、風）

屋架斜撐

屋面板

桁條

為了抵抗山牆面的水平力，在屋架內部要設置屋架斜撐等構件

脊桁

屋架支柱

屋架樑

椽

簷桁

柱

②2樓樓板～1樓

樓地板

水平力（地震、風）

為了順利將力傳遞至1樓剪力牆，2樓樓地板或樓板格柵要與樓板樑確實接合

樓板格柵

小樑

樓板樑

斜撐

斜撐

木地檻

柱

連續基礎

為了將剪力牆承受的力傳遞至基礎，剪力牆正下方要設置木地檻與基礎

地樑

基腳

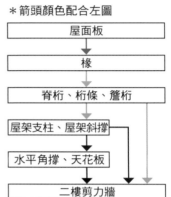

＊箭頭顏色配合左圖

| 屋面板 |
| 椽 |
| 脊桁、桁條、簷桁 |
| 屋架支柱、屋架斜撐 |
| 水平角撐、天花板 |
| 二樓剪力牆 |

| 樓地板 |
| 樓板格柵 |
| 樓板樑 |
| 1樓剪力牆 |
| 柱、木地檻 |
| 錨定螺栓 |
| 基礎 |
| 地盤 |

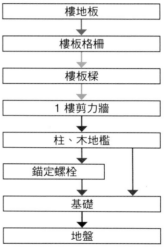

結構計畫中最重要的就是「解讀力的流動」。作用在建築物的載重有建築物本身的重量（靜載重）、活載重、積雪載重、風壓力、地震力、土壓力、水壓力等。必須根據力的作用「時間」與「方向」加以分類檢視。

就力的作用「時間」而言，可區分為日常承受的長期載重、以及偶爾承受的短期載重。就「方向」則分成垂直方向（重力方向）與水平方向。釐清這些力的大小、以及在建築物各部位中的傳遞路徑是結構設計的第一步。

施加在建築物上的力會傳向支撐它的構材。基本上是由上往下、由斷面小的構材往斷面大的構材傳遞，垂直載重的傳遞途徑為上層樓層→樑→柱→基礎，水平力則從上層樓層傳向剪力牆［圖1、2］。此時，要確保各構材負擔載重的強度，並且確認斷面不會出現有害的變形。再者，構材接合部要有充分的強度，避免發生脫離尤為重要。

圖2 雪、活載重等垂直方向的力流路徑

①屋架

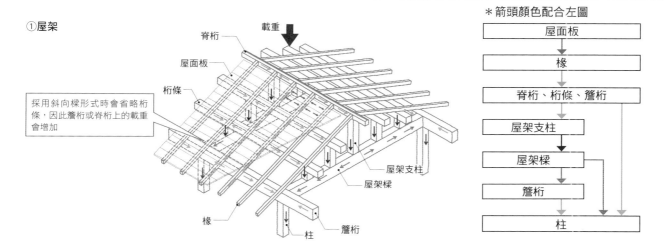

*箭頭顏色配合左圖

採用斜向樑形式時會省略桁條，因此簷桁或脊桁上的載重會增加

載重

脊桁
屋面板
桁條
屋架支柱
屋架樑
椽
柱
簷桁

屋面板 → 椽 → 脊桁、桁條、簷桁 → 屋架支柱 → 屋架樑 → 簷桁 → 柱

②2樓樓板

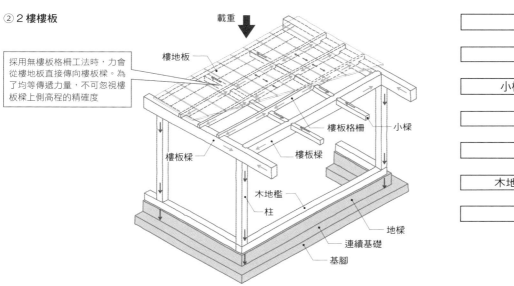

採用無樓板格柵工法時，力會從樓地板直接傳向樓板樑。為了均等傳遞力量，不可忽視樓板樑上側高程的精確度

載重

樓地板
樓板格柵
小樑
樓板樑
木地檻
柱
地檻
連續基礎
基腳

樓地板 → 樓板格柵 → 小樑 → 樓板樑 → 柱 → 木地檻 → 基礎

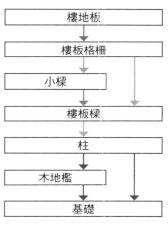

③1樓樓板

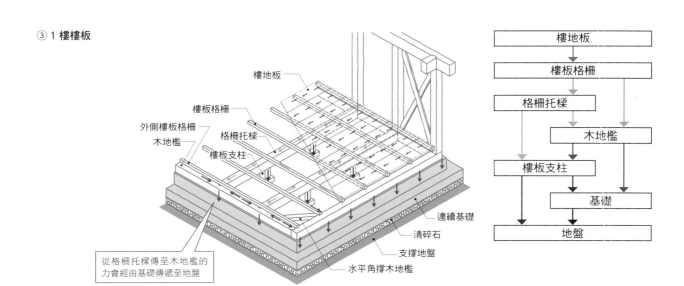

樓地板
樓板格柵
外側樓板格柵
木地檻
格柵托樑
樓板支柱
樓板樑
連續基礎
清碎石
支撐地盤
水平角撐木地檻

從格柵托樑傳至木地檻的力會經由基礎傳遞至地盤

樓地板 → 樓板格柵 → 格柵托樑 → 木地檻 → 樓板支柱 → 基礎 → 地盤

01 木材的強度關鍵是什麼？

木材強度在於壓陷。木材的切線方向有容易收縮、強度小的特性，纖維方向則有幾乎不會收縮、強度高的優點。要先理解木材會因方向而有強度上的差異

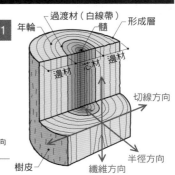

圖1

	切線方向	：半徑方向	：纖維方向
收縮	10	：5	：0.5
強度	0.5	：1	：10

圖1標示：過渡材（白線帶）、髓、形成層、年輪、邊材、芯材、邊材、樹皮、切線方向、半徑方向、纖維方向

圖3 強度因載重方向而有差異

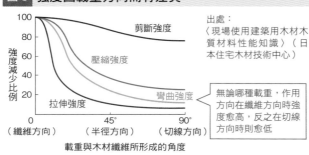

出處：
〈現場使用建築用木材木質材料性能知識〉（日本住宅木材技術中心）

剪斷強度、壓縮強度、彎曲強度、拉伸強度

強度減少比例（縱軸 0～100）

載重與木材纖維所形成的角度
（纖維方向）0° （半徑方向）45° （切線方向）90°

無論哪種載重，作用方向在纖維方向時強度愈高，反之在切線方向時則愈低

圖2 乾燥收縮因木材的方向而有差異

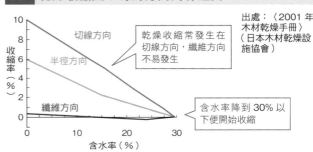

出處：〈2001年木材乾燥手冊〉（日本木材乾燥設施協會）

收縮率（%）（縱軸 0～10）
含水率（%）（橫軸 0～30）

切線方向、半徑方向、纖維方向

乾燥收縮常發生在切線方向，纖維方向不易發生

含水率降到30%以下便開始收縮

圖4 木材性質隨力作用在哪個方向而改變

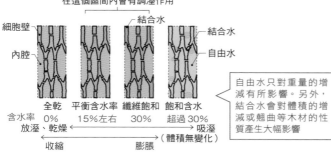

對纖維方向壓縮＝強度高但脆弱

對纖維方向拉伸＝強度高但脆弱

對纖維的垂直方向壓縮＝強度小但有黏性

對纖維的垂直方向拉伸＝非常脆弱（割裂）

黏性的性質只有在這種狀況時才會出現

〈參考〉作用在木材纖維上的載重方向

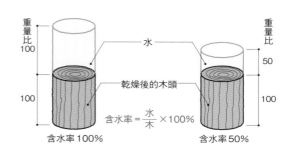

纖維方向、0°、45°、90°

載重方向以纖維方向為0度、半徑方向為45度、切線方向為90度稱之（圖3的橫軸）

圖6 含水率與調溼作用的關係

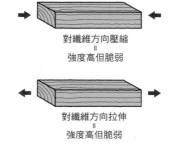

在這個區間內會有調溼作用

細胞壁、內腔、結合水、結合水、自由水

全乾　平衡含水率　纖維飽和　飽和含水
含水率 0%　15%左右　30%　超過30%
放溼、乾燥 ←　→ 吸溼
收縮　膨脹　（體積無變化）

自由水只對重量的增減有所影響。另外，結合水會對體積的增減或翹曲等木材的性質產生大幅影響

圖5 含水率的思考方式

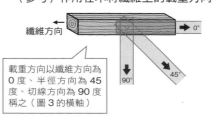

重量比 100 / 100　水　乾燥後的木頭　重量比 50 / 100

$$含水率 = \frac{水}{木} \times 100\%$$

含水率100%　含水率50%

木材具有纖維方向［圖1］，因此乾燥收縮或強度性質會因方向而有所差異（異方性），這與混凝土或鋼材有很大的不同［圖2、圖3］。從力作用時的木材性狀來看，我們可以知道與纖維平行的方向只在面對壓縮時產生黏性［圖4］。

木材的特徵是很重要的。

此外，當木材內的水分比率（含水率）高時，也要注意對於變形的影響［圖5、圖6］。木材含有的結合水［※］重量一旦產生變化，木材便會出現翹曲或變形等重大影響。

對建築物施加載重時，各個構材上會產生各式各樣的力［圖7］，如圖7①～⑤所示，這些都是非常典型的破壞性狀。另一方面，產生在柱子或木地檻搭接等處的「壓陷」⑥具有強度低但黏性強的性狀。

「壓陷」不會發生在鋼材或混凝土上，是木材特有的現象，善加利用這個性質是結構設計的要點。

原注 ※ 結合水存在於細胞壁內，與構成木材的分子進行二次結合。結合水減少時木材會收縮，同時強度性質也會隨之變化。另外，自由水是以水分子的形式存在於木材的細胞內腔及細胞壁的間隙。

圖7 在建築物上產生的應力與構材變形的方式

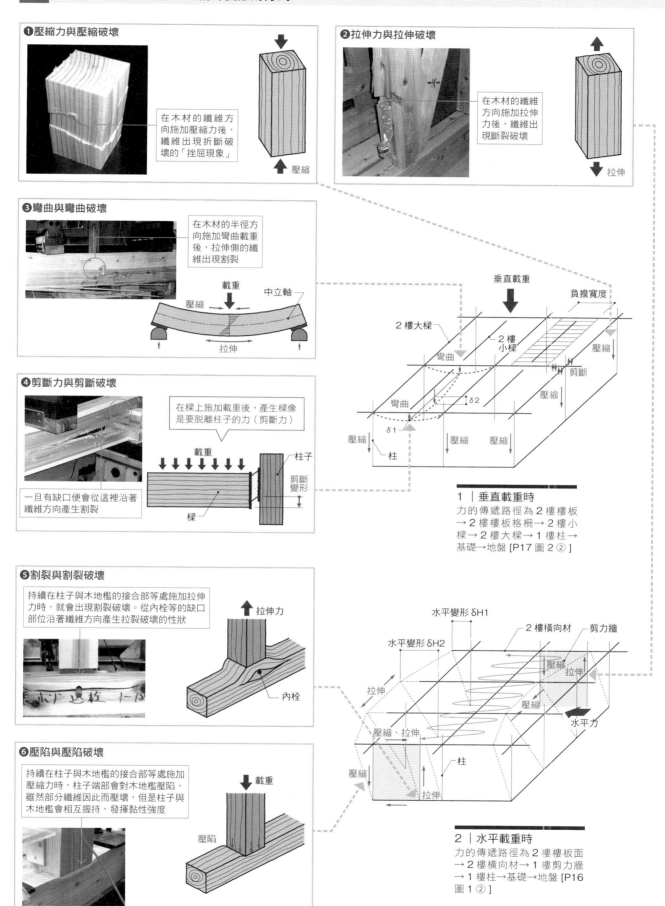

❶ 壓縮力與壓縮破壞

在木材的纖維方向施加壓縮力後，纖維出現折斷破壞的「挫屈現象」

壓縮

❷ 拉伸力與拉伸破壞

在木材的纖維方向施加拉伸力後，纖維出現斷裂破壞

拉伸

❸ 彎曲與彎曲破壞

在木材的半徑方向施加彎曲載重後，拉伸側的纖維出現割裂

載重
壓縮
中立軸
拉伸

❹ 剪斷力與剪斷破壞

在樑上施加載重後，產生樑像是要脫離柱子的力（剪斷力）

一旦有缺口便會從這裡沿著纖維方向產生割裂

載重
柱子
剪斷變形
樑

❺ 割裂與割裂破壞

持續在柱子與木地檻的接合部等處施加拉伸力時，就會出現割裂破壞。從內栓等的缺口部位沿著纖維方向產生拉裂破壞的性狀

拉伸力
內栓

❻ 壓陷與壓陷破壞

持續在柱子與木地檻的接合部等處施加壓縮力時，柱子端部會對木地檻壓陷，雖然部分纖維因此而壞壞，但是柱子與木地檻會相互握持，發揮黏性強度

載重
壓陷

垂直載重
2樓大樑
2樓小樑
負擔寬度
壓縮
彎曲
剪斷
壓縮
彎曲
δ2
δ1
壓縮
柱
壓縮 壓縮

1｜垂直載重時

力的傳遞路徑為2樓樓板→2樓樓板格柵→2樓小樑→2樓大樑→1樓柱→基礎→地盤 [P17圖2②]

水平變形 δH1
水平變形 δH2
2樓橫向材
剪力牆
壓縮
拉伸
拉伸
壓縮
水平力
壓縮、拉伸
柱
壓縮
拉伸

2｜水平載重時

力的傳遞路徑為2樓樓板面→2樓橫向材→1樓剪力牆→1樓柱→基礎→地盤 [P16圖1②]

02 木材若有節或缺角的話會使強度降低？

梁下側出現節等或端部有缺角很容易導致強度下降。有缺角時要控制在梁深的 1／3 以內

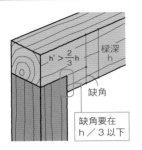

梁深 h
h' > 2/3 h
缺角

缺角要在 h／3 以下

圖 有缺陷的梁受到彎曲應力時的破壞狀態與梁的變位

❶下側出現節或缺角、割裂

載重　載重

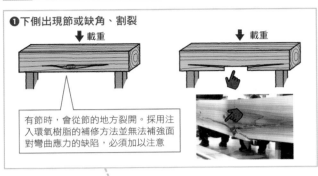

有節時，會從節的地方裂開。採用注入環氧樹脂的補修方法並無法補強面對彎曲應力的缺陷，必須加以注意

❷下側出現木理傾斜

載重

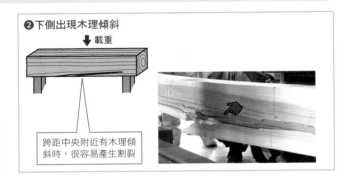

跨距中央附近有木理傾斜時，很容易產生割裂

彎曲試驗 載重 - 變位曲線

原注：依據山梨縣森林總合研究所在 2006 年 6 月進行的梁的彎曲試驗成果

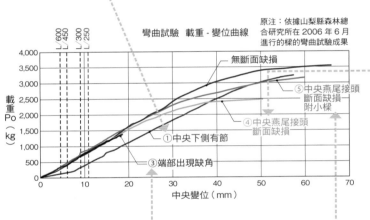

L600 L450 L300 L250

載重 Po（kg）

4,000
3,500
3,000
2,500
2,000
1,500
1,000
500
0

無斷面缺損

⑤中央燕尾接頭斷面缺損附小梁
④中央燕尾接頭斷面缺損
①中央下側有節
③端部出現缺角

0　10　20　30　40　50　60　70
中央變位（mm）

❹只有上側出現缺角

載重　載重

由於上側斷面缺損大，因此會產生壓縮破壞

❸端部有缺角

載重↓↓↓↓↓

彎曲材的拉伸側有缺角時，很容易產生割裂

柱

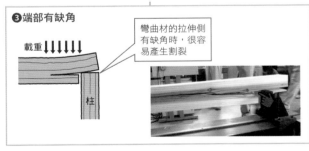

❺上側置入直交梁

載重　載重

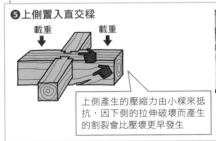

上側產生的壓縮力由小梁來抵抗，因下側的拉伸破壞而產生的割裂會比壓壞更早發生

以木材的情形而言，當大的力量（特別是拉伸力）加載的位置上出現缺陷時，強度便會下降。

具體來說，梁的中央部產生很大的彎曲應力時，同時也會在梁上側產生壓縮應力；梁下側的範圍內產生拉伸應力。在拉伸應力的範圍內一旦有節就很容易從節這裡裂開、或者有缺角就會從這裡裂開[1]。同樣的，若出現木理傾斜[※]的話很容易從這裡裂開[2]。此外，梁端部的支撐點上也會有很大的力量作用，因此有缺角就很容易產生割裂破壞[3]。

在此以圖示整理出木材本身存有這些缺點的梁在彎曲應力作用時的性狀試驗結果。

從下側有節或缺角、割裂的情形來說，試驗結果顯示 L／250 以下的範圍並無太大的差異。不過，端部出現缺角會有非常脆弱的破壞性狀，因此端部的缺角要控制在梁深的 1／3 以下。此外，木材屬於生物材料，最好將變異性或長年劣化等因素納入考量，在針對強度進行設計時就要保有十分的餘裕空間。

原注 ※　木理傾斜是指從梁的側面看時，橫向走向的年輪的筋（纖維）出現中斷的部分。

03 產生在對接與搭接的拉伸力及注意點？

受到水平力作用的關係，在木地檻及柱、樑的對接等部位會出現拉伸力，因此要注意割裂的情況

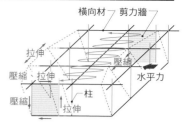

受到水平力的影響，木地檻及柱、樑的對接等部位會產生拉伸力，要注意割裂情況

圖1 要注意嵌木的端部鑽孔距離尺寸

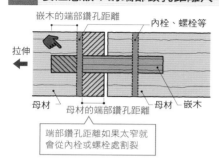

嵌木的端部鑽孔距離
內栓、螺栓等
拉伸
母材
母材的端部鑽孔距離
母材　嵌木

端部鑽孔距離如果太窄就會從內栓或螺栓處割裂

照片 薄片五金的破壞方式

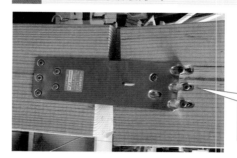

厚度薄的五金在產生拉伸力時，很容易因釘孔被拉拔而發生五金破壞

圖2 面對搭接的拉伸力之注意點（長榫入插榫的情況）[※]

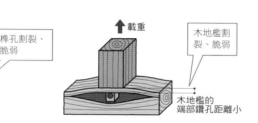

①榫的端部鑽孔距離小
載重
榫的端部鑽孔距離小
榫孔割裂、脆弱

②木地檻的端部鑽孔距離小
載重
木地檻割裂、脆弱
木地檻的端部鑽孔距離小

③充分確保榫、木地檻的端部鑽孔距離
雖然內栓出現彎曲、剪斷破壞，但有黏性

表 承受剪斷力的螺栓之尺寸配置法 [*]

距離間隔	施力方向		
	纖維方向	垂直於纖維方向	中間角度
s	7d 以上	3d（ℓ／d=2） 3d～5d（2＜ℓ／d＜6） 5d 以上（ℓ／d≧6）	因應角度取纖維方向與垂直於纖維方向數值的中間值
r	3d 以上	4d 以上	
e₁	7d 以上（負擔載重側） 4d 以上（非負擔載重側）	7d 以上	
e₂	1.5d 以上 ℓ／d＞6 時，要在 1.5d 以上且在 r／2 以上	4d 以上（負擔載重側） 1.5d 以上（非負擔載重側）	

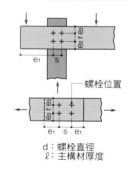

螺栓位置
d：螺栓直徑
ℓ：主構材厚度

木造一定要避免接合部的「割裂」破壞性狀。特別是在拉伸力作用的位置上很容易出現割裂破壞，必須加以注意。

接合部中的對接有插入鋼板或木材嵌木後再以螺栓等五金加以固定的方式。在這種情況下，充分確保如圖1所示的端部鑽孔距離是很重要的。

此外，薄片五金會出現如照片中的破壞性狀，因此要使用能夠十分確保板厚與端部鑽孔距離、邊緣鑽孔距離的五金。

針對作用在搭接（長榫入插榫）的拉伸力而言，設計上也有注意要點【圖2①②③】。

要防止因榫或木地檻的端部鑽孔距離不足所引起的割裂破壞，必須以內栓承受彎曲、剪斷破壞而損壞的方式來確保端部鑽孔距離。採用五金接合時也是一樣的道理。

螺栓或釘子等除了要注意端部鑽孔距離之外，也要留意間隔。《木質結構設計規準・同解說》中有各尺寸的相關規定【表】。對於容易因拉伸力而產生割裂的部位，充分確保距離會顯得相當重要。

原注※　各構材的樹種、榫頭厚度、內栓的直徑及位置、木地檻的斷面等也會影響強度。
譯注＊　同營建署所頒布《木構造建築物設計及施工技術規範》P6-18 內容。

2

從建築物形狀種類
看結構設計的重點

結構計畫

不規則建築物的結構計畫該注意哪些要點？

即使建築物整體的壁量符合規定，一旦剪力牆的配置出現偏心，
面對水平力時就會產生扭轉

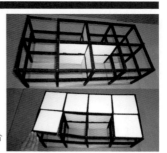

剪力牆配置在建築物中央。即使壁量符合
規定，當水平力作用時會扭轉變形

圖 1　L 形、ㄇ字形的平面結構要利用空間區劃來思考

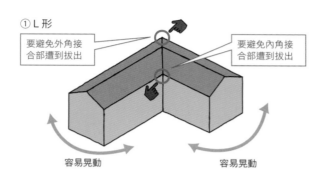

① L 形

要避免外角接
合部遭到拔出

要避免內角接
合部遭到拔出

容易晃動　容易晃動

空間區劃（分割）
範例

建築物的凸出部很容
易受到水平力的影響
而產生晃動，因此要
注意剪力牆的配置。
分別就 A、B 區塊確
認壁量與配置的平衡
度

此道剪力牆要因應 A 與 B 各
自的必要壁量比率來分配

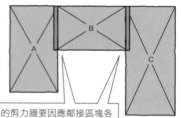

② ㄇ字形

要避免內角接合
部遭到拔出

要避免外角接合
部遭到拔出

容易晃動　容易晃動

空間區劃（分割）
範例

做法與 L 形平面一樣，
分別就 A、B、C 區確
認其壁量與配置的平衡
度

各邊界的剪力牆要因應鄰接區塊各
自的必要壁量比率來分配

③空間區劃的分割方式

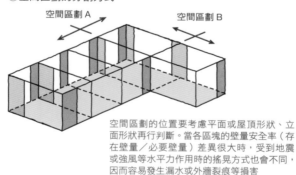

空間區劃 A　　空間區劃 B

空間區劃的位置要考慮平面或屋頂形狀、立
面形狀再行判斷。當各區塊的壁量安全率（存
在壁量／必要壁量）差異很大時，受到地震
或強風等水平作用時的搖晃方式也會不同，
因而容易發生漏水或外牆裂痕等損害

④ L 形要在前端設置剪力牆

L 形的前端部分會受
到很大的水平力作
用，因此前端部分要
設置剪力牆。在沒有
配置的情況下，樓板
面再怎麼堅固也會發
生大幅度晃動

依據建築物的形狀，其結
構上的注意要點也不盡相同。
舉例來說，L 形或ㄇ字形的平
面形狀很容易出現剪力牆偏移
的情形，因此要確保區劃出的
各區塊的壁量，設計時最好取
得配置平衡［圖 1］。

此外，在南側設置大開口、
北側設有多道牆體時，即使整
體滿足壁量的規定，還是有大
幅度偏心的情況，如此一來就
可能發生扭轉倒塌［圖 2①］。

相反地，即使偏心情況輕微，
剪力牆集中在建築物中心部
時，外周部還是很容易出現大
幅晃動［圖 2②］。因為木造的
水平構面剛性有極限，因此最
好盡可能將剪力牆配置在外周
部。

在開口狹窄的細長平面形
狀的短邊方向配置剪力牆有其
難度，因為構面間隔容易拉得
很長，因此要提高樓板面或屋
頂面的水平剛性［圖 3］。當設
有高側窗的時候，要在此處置
入屋架斜撐；當樓板面被分斷
的時候，要在各自樓板下方設
置剪力牆［圖 4、5］。1 樓與
2 樓的外牆面發生錯位時，要
固定廂房的屋頂面［圖
6］。

圖2 因剪力牆偏移而引起的問題

①南側有大開口、北側牆體多的建築物

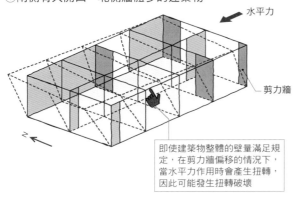

水平力

剪力牆

Z

即使建築物整體的壁量滿足規定，在剪力牆偏移的情況下，當水平力作用時會產生扭轉，因此可能發生扭轉破壞

②剪力牆集中在建築物中心的情況

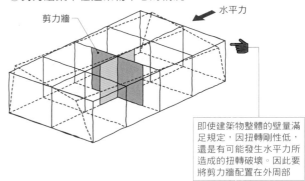

剪力牆

水平力

即使建築物整體的壁量滿足規定，因扭轉剛性低，還是有可能發生水平力所造成的扭轉破壞。因此要將剪力牆配置在外周部

圖3 細長形平面的對策

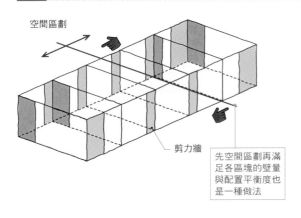

空間區劃

剪力牆

先空間區劃再滿足各區塊的壁量與配置平衡度也是一種做法

圖4 設置高側窗時的注意要點

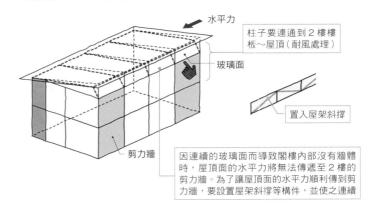

水平力

柱子要連通到2樓樓板～屋頂（耐風處理）

玻璃面

置入屋架斜撐

剪力牆

因連續的玻璃面而導致閣樓內部沒有牆體時，屋頂面的水平力將無法傳遞至2樓的剪力牆。為了讓屋頂面的水平力順利傳到剪力牆，要設置屋架斜撐等構件，並使之連續

圖5 建築物中央有大型挑空時的注意要點

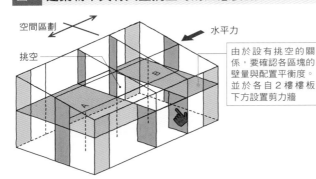

空間區劃

水平力

挑空

由於設有挑空的關係，要確認各區塊的壁量與配置平衡度。並於各自2樓樓板下方設置剪力牆

這個面沒有設置剪力牆

設置連結左右樓板的部分（樓板），即使已經提高該部分的剛性，沒有剪力牆的左側樓板會出現大幅變形。這時，必須做出左側區塊也設置剪力牆、或是在挑空部分置入水平角撐等對策

圖6 設有廂房時容易引發的問題

①注意剪力牆的軸力

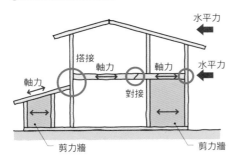

水平力

搭接
軸力　　軸力　水平力

軸力
對接

剪力牆　　　　剪力牆

與剪力牆同一構面的接合部上會產生很大的軸力，因此要提高接合部的耐力

②2樓剪力牆的正下方沒有設置剪力牆的情況

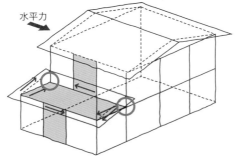

水平力

水平力

為使2樓剪力牆承受的水平力傳遞至廂房的剪力牆，除了要固定廂房的屋頂面或天花板面之外，連接廂房的接合部也要確實固定

在水平力的作用下，這個部分的接合部很容易脫落，因此必須以五金補強

使載重順利傳遞的
構架計畫重點有哪些？

除了注意上下樓層的柱、樑連續性以外，也要以「構面」來思考

輔助構面　主要構面

主要構面是指柱子通過 1、2 樓的構架。此外，
輔助構面則是柱子僅存在於 1 樓或 2 樓的構架

圖1　主要構面與輔助構面的配置做法

● 1 樓平面圖

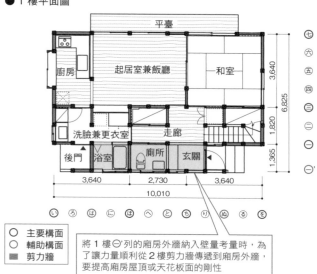

平臺
廚房
起居室兼飯廳
和室
3,640
6,825
1,820
洗臉兼更衣室
走廊
1,365
後門　浴室　廁所　玄關
3,640　2,730　3,640
10,010

○　主要構面
○　輔助構面
■　剪力牆

將 1 樓㊀列的廂房外牆納入壁量考量時，為
了讓力量順利從 2 樓剪力牆傳遞到廂房外牆，
要提高廂房屋頂或天花板面的剛性

● 2 樓平面圖

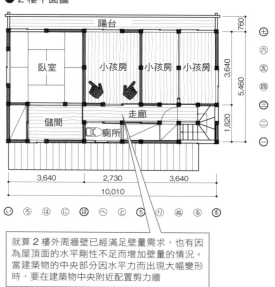

陽台
760
臥室　小孩房　小孩房　小孩房
3,640
5,460
儲間　走廊
廁所
1,820
3,640　2,730　3,640
10,010

就算 2 樓外周牆壁已經滿足壁量需求，也有因
為屋頂面的水平剛性不足而增加壁量的情況。
當建築物的中央部分因水平力而出現大幅變形
時，要在建築物中央附近配置剪力牆

◎構成構架
首先，以圖中柱的「軸線」所形成的連續性「構面」來思考。接著，在該構面上配置剪力牆，檢視平衡度。
①在平面圖上取出柱軸線所形成的連續構面
②以○的軸心為主要構面（貫通 1、2 樓的構面）
③以○的軸心為輔助構面（僅存在於 1 樓或 2 樓的構面）
④在各個構面內配置剪力牆

● 2 樓樓板俯視圖

陽台
120　120　120
270　270　270
210　210　210　210
屋脊▷
300　300　300
210　180　180　180　180　150　210
210　150　180　180　150　150
210　210　150　150
180
屋頂
150　150　150
廂房
屋頂

2 樓樓板平面圖
○：屋架支柱　120□
□：2 樓柱　　　120□
×：1 樓柱　　　120□
樑寬為 120mm
全部採用杉木

● 軸線ほ構架圖

2 樓設有剪力牆
的關係，所以要
設置屋架斜撐

即使是簡圖也要
將對接位置納入
構材斷面的考
量，水平角撐要
配置在有剪力牆
的主要構面交點
附近

10
4

因為是做為剪力牆構
面，因此要確實固定
各個接合部

跨距兩個開間的樓
板樑因得承載樑上
柱 [※] 與剪力牆，
因此要注意其搭接
強度

要注意搭接強度

原注 ※　樑上柱是指下方樓層沒有柱子，直接從樑上立起柱子的做法，又稱為岡立柱。而支撐岡立柱的樑則稱為岡持樑。

在木造住宅的結構計畫中，「考量樓板剛性再配置剪力牆」是最重要的工作。為此就一定要考慮到「構面」這個要素。

這裡所說的「構面」是指柱子以連續方式搭建而成的「軸線」，柱子貫通1、2樓的構架為主要構面，柱子僅存在於1樓或2樓的構架則稱為輔助構面【圖1】。

構面盡量以一定間隔配置，最好在主要構面上配置剪力牆。該主要構面下方要貫通到地樑，當有設置樁的必要時，椿要配置在地樑下方，如此就可以整合成基礎也包含在內的構架，無論是結構上或是施工上都會變得合理。如果先針對構面加以整理的話，哪些應該動或移除也不至於造成危害的部分，都會變得一目了然，對於將來的改修計畫也會容易許多。

整理構面上有兩項要點，一是製作俯視圖及構架圖，一是思考力的傳遞方式。由於主要構面是匯集垂直與水平兩個方向的載重之構架，因此上下樓層的柱子必須連貫，並且確實接合各構材，最好以力量能夠順利傳遞到基礎的方式進行計畫。

以下是依據構架種類的構架計畫以及平面計畫的案例。

田字形平面是通柱構法的基本形狀【圖2】，通柱以大約3～4m排成格子狀，再插入樓板樑構成構架。樑材之間的搭接一般採用入榫燕尾搭接的做法。

這種構法除了可以有效活用固定尺寸材之外，還能夠以設有通柱的構架做為主要構面來配置剪力牆，相當有利於構面的整理。此外，由於樑上側的搭接，高度一致，因此可以期待它的高水平剛性。

通樑構法是指在很多柱子的方向，以大約2m的間隔貫通下樑，在與下樑垂直的方向上架設長跨距的上樑【圖3】。柱子全部採用管柱，以長榫與勾齒搭接等單純搭接進行堆疊。

這種構法的搭接缺損很少，對於垂直載重的傳遞很安定，面對大幅度的變形有很高的追隨性。

前述兩種構法也有需要注意的重點【圖2、3】，在進行計畫時要加以留意。

圖2　計畫通柱構法的柱、樑順序

◎構成構架
基本結構→以兩個開間、一開間半的間隔來配置通柱
　①先布置成基本格子形，然後在各交叉點上設置通柱
　②架設大樑以連結通柱
　③適當配置小樑
　④在通柱與大樑所構成的構架內配置剪力牆

主要的注意要點
・搭接的斷面缺損變大
・為了抑制撓曲量，木材要充分乾燥
・為了防止搭接拔出，要併用拉力螺栓等

● 平面圖

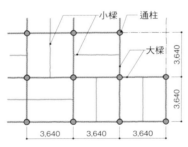

小樑　通柱
大樑
3,640　3,640
3,640　3,640　3,640

● 等角透視圖

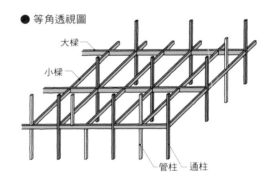

大樑
小樑
管柱　通柱

圖3　計畫通樑構法的柱、樑順序

◎構成構架
基本結構→樑貫通的構法，柱子全部採用管柱
　①配置管柱
　②在設有很多柱子的「軸線」上架設下樑
　③在其垂直方向上架設上樑
　④剪力牆以約4m的間隔來配置

● 等角透視圖

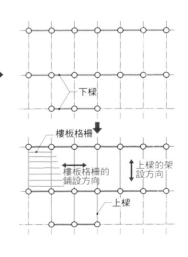

下樑
上樑
管柱

● 平面圖

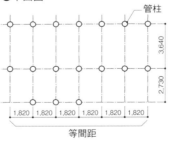

管柱
3,640
2,730
1,820　1,820　1,820　1,820　1,820　1,820
等間距
下樑
樓板格柵
樓板格柵的鋪設方向
上樑的架設方向
上樑

主要的注意要點
・因為是堆積式的木構，其水平構面的剛性會很低，因此要注意剪力牆的配置計畫
・樑端（樑的端部）會從外牆凸出，因此必須採取雨遮的措施

建築物中央有大型挑空時的結構計畫

挑空設置在中央會將建築物分斷，這時要確保各個區塊的壁量與配置平衡度。原則上要在挑空的兩側下方設置剪力牆

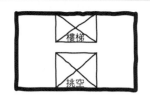

挑空或樓梯出現在建築物中央會使樓板被分斷，導致很難取得樓板的剛性

圖1 | **建築物中央有挑空及樓梯時的剪力牆配置計畫之要點**

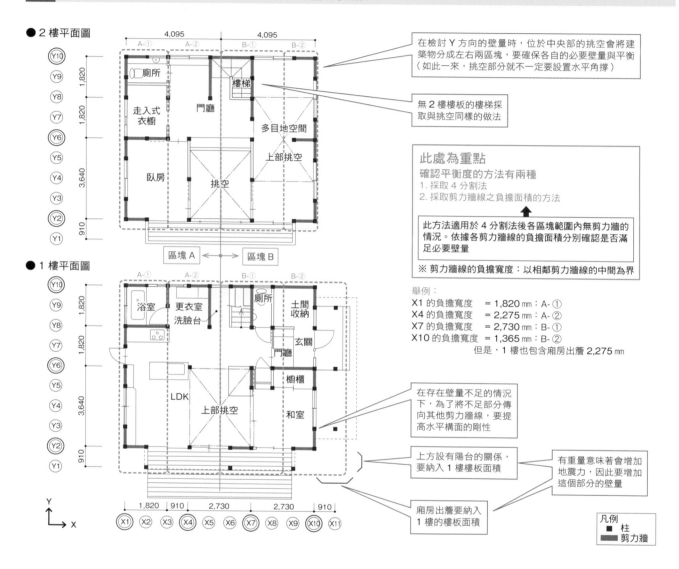

● 2樓平面圖

在檢討Y方向的壁量時，位於中央部的挑空會將建築物分成左右兩區塊，要確保各自的必要壁量與平衡（如此一來，挑空部分就不一定要設置水平角撐）

無2樓樓板的樓梯採取與挑空同樣的做法

此處為重點
確認平衡度的方法有兩種
1. 採取4分割法
2. 採取剪力牆線之負擔面積的方法

此方法適用於4分割法後各區塊範圍內無剪力牆的情況。依據各剪力牆線的負擔面積分別確認是否滿足必要壁量

※ 剪力牆線的負擔寬度：以相鄰剪力牆線的中間為界

舉例：
X1 的負擔寬度 ＝ 1,820 mm：A-①
X4 的負擔寬度 ＝ 2,275 mm：A-②
X7 的負擔寬度 ＝ 2,730 mm：B-①
X10 的負擔寬度 ＝ 1,365 mm：B-②
但是，1樓也包含廂房出簷 2,275 mm

● 1樓平面圖

在存在壁量不足的情況下，為了將不足部分傳向其他剪力牆線，要提高水平構面的剛性

上方設有陽台的關係，要納入1樓樓板面積

有重量意味著會增加地震力，因此要增加這個部分的壁量

廂房出簷要納入1樓的樓板面積

凡例
■ 柱
▬ 剪力牆

如圖1所示，這是建築物中央部分設有挑空或樓梯的情況。針對Y方向進行評估時，由於挑空的中央部正好將建築物分成左右兩個區塊，因此要確保各區塊的壁量與平衡度的配置。

從圖的情況來說，在1樓的軸線X4與軸線X7附近必須要有Y方向的剪力牆。為將2樓剪力牆所承受的水平力（屋頂面的地震力）傳遞至1樓的剪力牆，在與2樓的剪力牆線同一個構面上配置1樓剪力牆的做法，效率較佳。

當只在挑空的單側設置剪力牆時，會經由Y6～Y8之間的窄小樓板將水平力傳遞至對面區塊的剪力牆線上，因此勢必得提高樓板的水平剛性。

確認扭轉所採取的4分割法雖然可以檢查建築物兩側端部的充足率，但算出各剪力牆線的必要壁量，以滿足充足率來配置剪力牆才是合理的做法。

各剪力牆線的必要壁量是以相鄰牆線的中間線劃分開來，再計算各面積求得。

圖2 木造住宅各樓層平面圖的共通要點

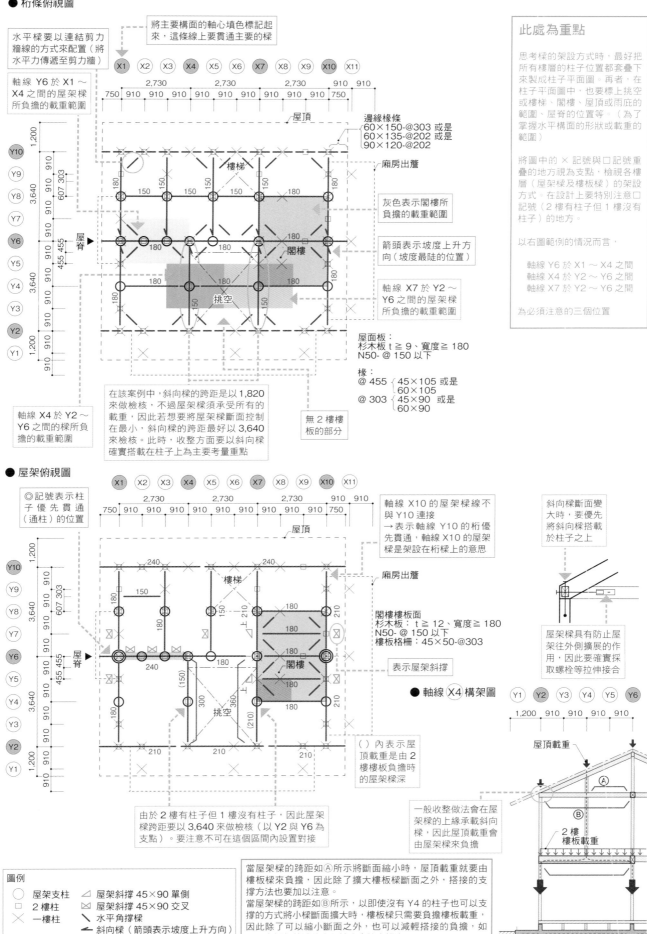

● 桁條俯視圖

水平樑要以連結剪力牆線的方式來配置（將水平力傳遞至剪力牆）

將主要構面的軸心填色標記起來，這條線上要貫通主要的樑

軸線 Y6 於 X1～X4 之間的屋架樑所負擔的載重範圍

此處為重點

思考樑的架設方式時，最好把所有樓層的柱子位置都套疊下來製成柱子平面圖。再者，在柱子平面圖中，也要標上挑空或樓梯、閣樓、屋頂或雨庇的範圍、屋脊的位置等。（為了掌握水平構面的形狀或載重的範圍）

將圖中的 × 記號與口記號重疊的地方視為支點，檢視各樓層（屋架樑及樓板樑）的架設方式。在設計上要特別注意口記號（2 樓有柱子但 1 樓沒有柱子）的地方。

以右圖範例的情況而言，

軸線 Y6 於 X1～X4 之間
軸線 X4 於 Y2～Y6 之間
軸線 X7 於 Y2～Y6 之間

為必須注意的三個位置

邊緣椽條
60×150-@303 或是
60×135-@202 或是
90×120-@202

廂房出簷

灰色表示閣樓所負擔的載重範圍

箭頭表示坡度上升方向（坡度最陡的位置）

軸線 X7 於 Y2～Y6 之間的屋架樑所負擔的載重範圍

屋面板：
杉木板 t≧9、寬度≧180
N50-@ 150 以下

椽：
@ 455 { 45×105 或是
        60×105
@ 303 { 45×90 或是
        60×90

在該案例中，斜向樑的跨距是以 1,820 來做檢核，不過屋架樑須承受所有的載重，因此若想要將屋架樑斷面控制在最小，斜向樑的跨距最好以 3,640 來檢核。此時，收整方面要以斜向樑確實搭載在柱子上為主要考量重點

無 2 樓樓板的部分

軸線 X4 於 Y2～Y6 之間的樑所負擔的載重範圍

● 屋架俯視圖

◎記號表示柱子優先貫通（通柱）的位置

屋頂

樓梯

閣樓

挑空

軸線 X10 的屋架樑線不與 Y10 連接
→表示軸線 Y10 的桁優先貫通，軸線 X10 的屋架樑是架設在桁樑上的意思

廂房出簷

閣樓樓板面
杉木板：t≧12、寬度≧180
N50-@ 150 以下
樓板格柵：45×50-@303

表示屋架斜撐

( ) 內表示屋頂載重是由 2 樓樓板負擔時的屋架樑深

由於 2 樓有柱子但 1 樓沒有柱子，因此屋架樑跨距要以 3,640 來做檢核（以 Y2 與 Y6 為支點）。要注意不可在這個區間內設置對接

斜向樑斷面變大時，要優先將斜向樑搭載於柱子之上

屋架樑具有防止屋架往外側擴展的作用，因此要確實採取螺栓等拉伸接合

● 軸線 X4 構架圖

屋頂載重

2 樓樓板載重

一般收整做法會在屋架樑的上緣承載斜向樑，因此屋頂載重會由屋架樑來負擔

當屋架樑的跨距如Ⓐ所示將斷面縮小時，屋頂載重就要由樓板樑來負擔，因此除了擴大樓板樑斷面之外，搭接的支撐方法也要加以注意。
當屋架樑的跨距如Ⓑ所示，以即使沒有 Y4 的柱子也可以支撐的方式將小樑斷面擴大時，樓板樑只需要負擔樓板載重，因此除了可以縮小斷面之外，也可以減輕搭接的負擔，如此一來構架整體的安全性也會隨之提高

圖例
○ 屋架支柱   ◁ 屋架斜撐 45×90 單側
□ 2 樓柱   ⊠ 屋架斜撐 45×90 交叉
× 一樓柱   ＼ 水平角撐樑
◀ 斜向樑（箭頭表示坡度上升方向）

圖3 2樓 樓板樑的配置計畫與注意要點

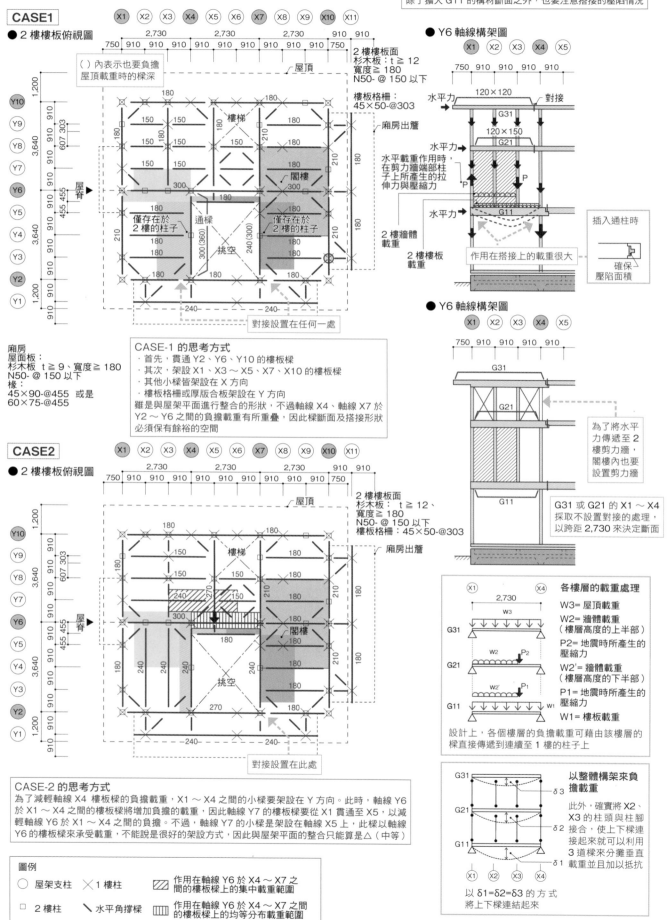

縮小脊桁 G31 或屋架樑 G21 的斷面、或在 X1 ~ X4 之間設置對接，全部的載重就會由 2 樓樓板樑 G11 來負擔。除了擴大 G11 的構材斷面之外，也要注意搭接的壓陷情況

CASE1

● 2 樓樓板俯視圖

● Y6 軸線構架圖

● Y6 軸線構架圖

CASE-1 的思考方式
· 首先，貫通 Y2、Y6、Y10 的樓板樑
· 其次，架設 X1、X3 ~ X5、X7、X10 的樓板樑
· 其他小樑皆架設在 X 方向
· 樓板格柵或厚版合板架設在 Y 方向
雖是與屋架平面進行整合的形狀，不過軸線 X4、軸線 X7 於 Y2 ~ Y6 之間的負擔載重有所重疊，因此樑斷面及搭接形狀必須保有餘裕的空間

CASE2

● 2 樓樓板俯視圖

CASE-2 的思考方式
為了減輕軸線 X4 樓板樑的負擔載重，X1 ~ X4 之間的小樑要架設在 Y 方向。此時，軸線 Y6 於 X1 ~ X4 之間的樓板樑將增加負擔的載重，因此軸線 Y7 的樓板樑要從 X1 貫通至 X5，以減輕軸線 Y6 於 X1 ~ X4 之間的負擔。不過，軸線 Y7 的小樑是架設在軸線 X5 上，此樑以軸線 Y6 的樓板樑來承受載重，不能說是很好的架設方式，因此與屋架平面的整合只能算是 △（中等）

G31 或 G21 的 X1 ~ X4 採取不設置對接的處理，以跨距 2,730 來決定斷面

各樓層的載重處理
W3= 屋頂載重
W2= 牆體載重（樓層高度的上半部）
P2= 地震時所產生的壓縮力
W2'= 牆體載重（樓層高度的下半部）
P1= 地震時所產生的壓縮力
W1= 樓板載重

設計上，各個樓層的負擔載重可藉由該樓層的樑直接傳遞到連續至 1 樓的柱子上

以整體構架來負擔載重
此外，確實將 X2、X3 的柱頭與柱腳接合，使上下樓連接起來就可以利用 3 道樑來分攤垂直載重並且加以抵抗

以 δ1=δ2=δ3 的方式將上下樓連結起來

圖例
○ 屋架支柱　　× 1 樓柱　　▨ 作用在軸線 Y6 於 X4 ~ X7 之間的樓板樑上的集中載重範圍
□ 2 樓柱　　＼ 水平角撐樑　　▥ 作用在軸線 Y6 於 X4 ~ X7 之間的樓板樑上的均等分布載重範圍

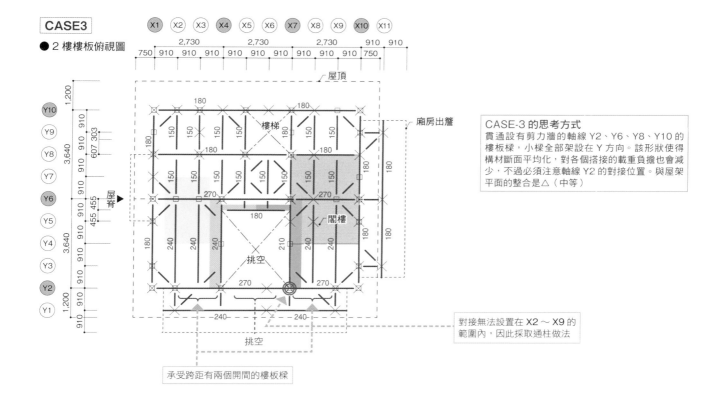

CASE3

● 2 樓樓板俯視圖

CASE-3 的思考方式
貫通設有剪力牆的軸線 Y2、Y6、Y8、Y10 的樓板梁,小梁全部架設在 Y 方向。該形狀使得構材斷面平均化,對各個搭接的載重負擔也會減少,不過必須注意軸線 Y2 的對接位置。與屋架平面的整合是△(中等)

對接無法設置在 X2 ～ X9 的範圍內,因此採取通柱做法

承受跨距有兩個開間的樓板梁

圖 4 基礎梁的配置計畫要點

● 基礎俯視圖

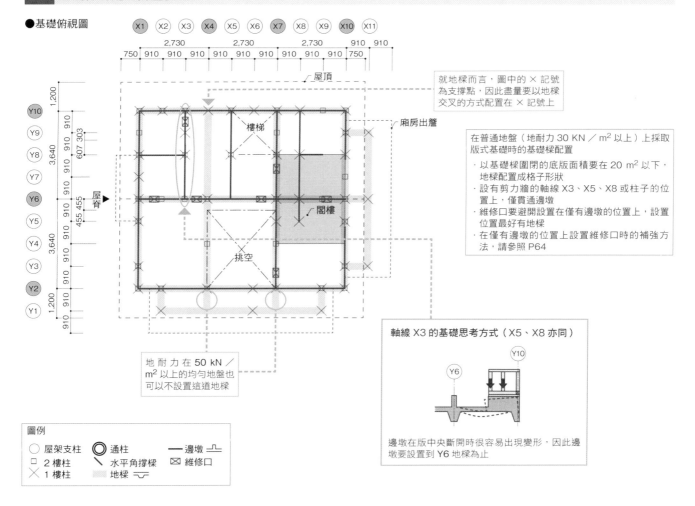

就地梁而言,圖中的 × 記號為支撐點,因此盡量要以地梁交叉的方式配置在 × 記號上

在普通地盤(地耐力 30 KN ／ m² 以上)上採取版式基礎時的基礎梁配置
· 以基礎梁圍閉的底版面積要在 20 m² 以下,地梁配置成格子形狀
· 設有剪力牆的軸線 X3、X5、X8 或柱子的位置上,僅貫通邊墩
· 維修口要避開設置在僅有邊墩的位置上,設置位置最好有地梁
· 在僅有邊墩的位置上設置維修口時的補強方法,請參照 P64

地耐力在 50 kN ／ m² 以上的均勻地盤也可以不設置這道地梁

軸線 X3 的基礎思考方式(X5、X8 亦同)

邊墩在版中央斷開時很容易出現變形,因此邊墩要設置到 Y6 地梁為止

圖例
○ 屋架支柱　　◎ 通柱　　── 邊墩 ⊥
□ 2 樓柱　　╲ 水平角撐梁　　⊠ 維修口
✕ 1 樓柱　　▨ 地梁 ─

僅在外周配置剪力牆或斜向樑之構架的結構計畫要點

僅在外周配置高倍率的剪力牆時，要提高水平構面的剛性、以及搭接對接的拉伸耐力。
固定在中央主柱的樑所負擔的載重很大，因此要注意其搭接形狀。

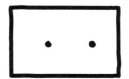

骨架填充的構架雖然可以達到構材的合理化，不過容易有應力集中的情形

圖1 僅在外周設置剪力牆時的結構計畫要點

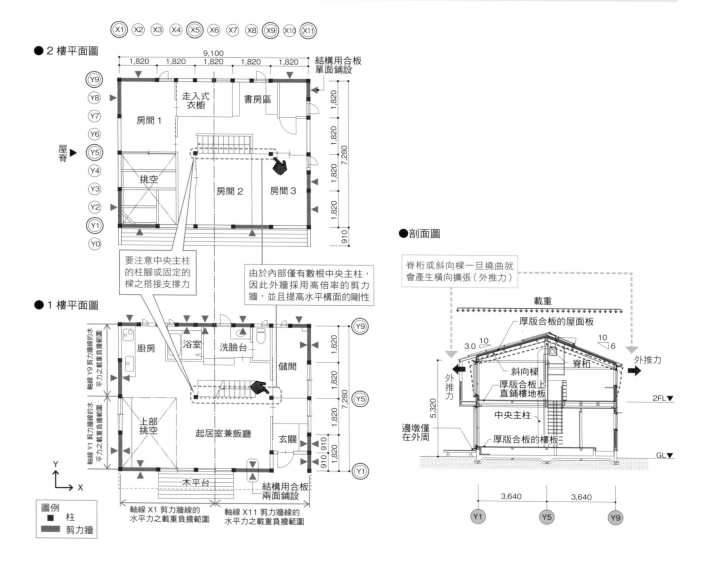

● 2樓平面圖

X1 X2 X3 X4 X5 X6 X7 X8 X9 X10 X11

9,100
1,820 1,820 1,820 1,820 1,820

結構用合板單面鋪設

Y9 Y8 Y7 Y6 Y5 Y4 Y3 Y2 Y1 Y0

走入式衣櫥　書房區
房間1
屋脊
挑空
房間2　房間3

1,820 1,820 1,820 1,820 910
7,280

要注意中央主柱的柱腳或固定的樑之搭接支撐力

由於內部僅有數根中央主柱，因此外牆採用高倍率的剪力牆，並且提高水平構面的剛性

● 1樓平面圖

廚房　浴室　洗臉台
儲間
上部挑空　起居室兼飯廳　玄關
木平台

軸線Y9剪力牆線的水平力之載重負擔範圍
軸線Y1剪力牆線的水平力之載重負擔範圍
結構用合板兩面鋪設

Y9 Y5 Y1

1,820 1,820 910 910 1,820
7,280

Y
X

圖例
■ 柱
剪力牆

軸線X1剪力牆線的水平力之載重負擔範圍
軸線X11剪力牆線的水平力之載重負擔範圍

● 剖面圖

脊桁或斜向樑一旦撓曲就會產生橫向擴張（外推力）

載重
厚版合板的屋面板
斜向樑
脊桁
厚版合板上直鋪樓地板
中央主柱
厚版合板的樓板
邊墩僅在外周

外推力
外推力

3.0 / 10　　10 / 6

5,320
2FL▽
GL▽

3,640　3,640
Y1　Y5　Y9

結構之外的內部隔間或設備等可自由變更的骨架填充結構，是僅將剪力牆配置在外周部，內部只有數根中央主柱的結構［圖1］。因此外牆一般採用高倍率的剪力牆，剪力牆線的間隔很長，必須提高水平構面的剛性。與此同時，剪力牆端部柱子的拉拔力或在水平構面的外周樑上產生的拉伸力也很大的關係，所以也要提升搭接對接的拉伸耐力。

此外，對於常時載重來說，中央主柱或接續大樑的負擔載重很大，在決定斷面時一面要注意變形量，一面也要檢視與柱子間的搭接壓陷，確保垂直載重的支撐力。採用預切做法的情況下，無論樑深多少，其搭接形狀都是一樣，因此在圖面上要清楚標記入榫尺寸，同時也要將手工加工等納入考量。

採用切妻（二坡水）屋頂之斜向樑構架的情況下，為了防止建築物的中央附近向外側擴張，除了要抑制脊桁的撓曲之外，也要提高屋頂面的水平剛性。設置處理外推力的繫桿或水平樑是其中一種做法［P95圖5］。

圖2 斜向樑形式的屋架構架計畫要點

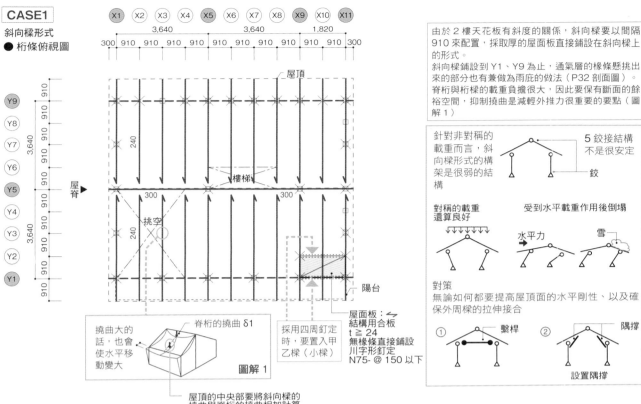

CASE1
斜向樑形式
● 桁條俯視圖

由於2樓天花板有斜度的關係，斜向樑要以間隔910來配置，採取厚的屋面板直接鋪設在斜向樑上的形式。
斜向樑鋪設到Y1、Y9為止，通氣層的椽條懸挑出來的部分也有兼做為雨庇的做法（P32剖面圖）。
脊桁與桁樑的載重負擔很大，因此要保有斷面的餘裕空間，抑制撓曲是減輕外推力很重要的要點（圖解1）

針對非對稱的載重而言，斜向樑形式的構架是很弱的結構

5 鉸接結構不是很安定
鉸

對稱的載重還算良好

受到水平載重作用後倒塌
水平力　　　雪

對策
無論如何都要提高屋頂面的水平剛性、以及確保外周樑的拉伸接合
① 繫桿
② 隅撐
設置隅撐

撓曲大的話，也會使水平移動變大

脊桁的撓曲 δ1

圖解1

採用四周釘定時，要置入甲乙樑（小樑）

屋面板：
結構用合板
t ≧ 24
無椽條直接鋪設
川字形釘定
N75- @ 150以下

陽台

屋頂的中央部要將斜向樑的撓曲與脊桁的撓曲相加計算

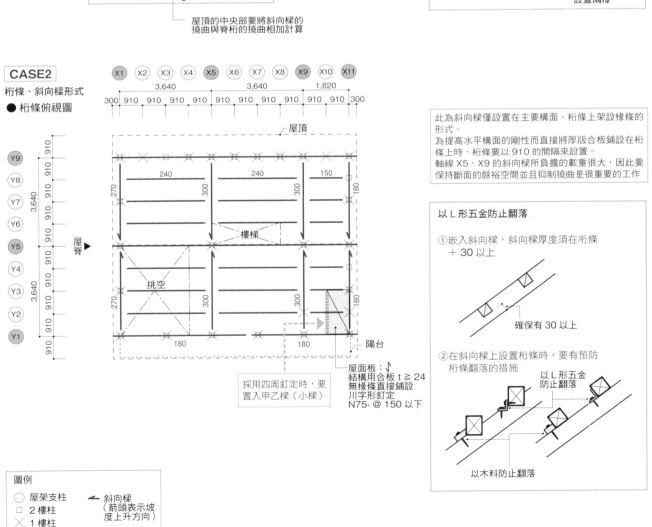

CASE2
桁條、斜向樑形式
● 桁條俯視圖

此為斜向樑僅設置在主要構面、桁條上架設椽條的形式。
為提高水平構面的剛性而直接將厚版合板鋪設在桁條上時，桁條要以910的間隔來設置。
軸線X5、X9的斜向樑所負擔的載重很大，因此要保持斷面的餘裕空間並且抑制撓曲是很重要的工作

以L形五金防止翻落

① 嵌入斜向樑，斜向樑厚度須在桁條＋30以上
確保有30以上

② 在斜向樑上設置桁條時，要有預防桁條翻落的措施
以L形五金防止翻落

以木料防止翻落

採用四周釘定時，要置入甲乙樑（小樑）

屋面板：
結構用合板 t ≧ 24
無椽條直接鋪設
川字形釘定
N75- @ 150以下

陽台

圖例
○ 屋架支柱
□ 2樓柱
✕ 1樓柱
← 斜向樑（箭頭表示坡度上升方向）

● 2 樓樓板俯視圖

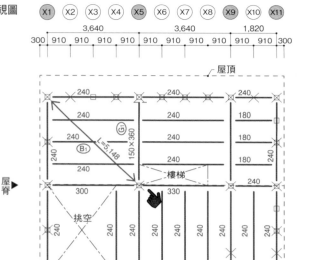

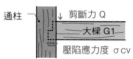

考慮挑空形狀與隔間牆的配置，選擇在北側的 X 方向以及南側的 Y 方向上架設樑。對於載重負擔最大的 G1，以下列設計案例進行說明

● 搭接的檢討
中央主柱為通柱 180 角材的情況

採用如上圖所示的搭接形狀時，
柱與樑接合的受壓面積 A 為
A=120×45 + 60×30=7,200 mm²
根據跨距表，作用在搭接上的剪斷力是
Q=13.9 kN=13,900 N
產生在搭接上的壓陷應力度為
σcv=Q／A=13,900／7,200=1.93 N／mm²
杉木的長期容許壓陷應力度 Lfcv=2.2 N／mm²
因此，σcv／Lfcv=1.93／2.20=0.88 <1.0 OK

通柱　　↓剪斷力 Q
大樑 G1
壓陷應力度 σcv

■ 圖4 基礎樑的配置計畫要點

● 基礎俯視圖

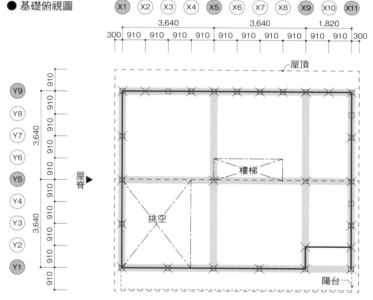

● 樓板樑的斷面檢討
〈G1〉
依據下面的跨距表
L=3,640、B=3,640 時
・在樑端部產生的剪斷力
　Q=13.9kN
・斷面為 120×360（無等級材 -E50）
　此時的樑中央，
　變形角 δ1／L=0.0035 rad=1／285，
　撓曲 δ1=3,640／285=12.8 mm
〈B1〉
小樑 L=3,640、B=910
依據下面的跨距表，斷面是 120×240（無等級材 E50）
變形角 δ2／L=0.003 rad=1／333，
撓曲 δ2=3,640／333=10.9 mm
X3 ～ Y7 的撓曲是 G1 與 B1 的撓曲相加值，因此
　Σδ=δ1 + δ2=12.8 + 10.9=23.7 mm
X1 ～ Y9 以及 X5 ～ Y5 的對角線距離為
　L=3,640 ×√2=5.148 mm
對此的變形角為
　Σδ／L=23.7／5,148=1／217>1／250 NG

《木構造全書》P335
2 樓樓板樑、樓板的均勻分布載重、跨距 3,640 mm
構材寬度 120 mm

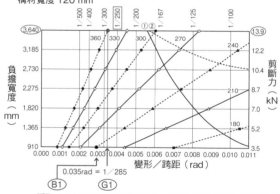

採取 G1：150×360（E70）、B1：120×240（E70）時，
因 E50／E70=0.71

G1 的撓曲
δ1'=12.8×0.71×120／150
　=7.3 mm

B1 的撓曲
δ2'=10.9×0.71=7.7 mm
因此，X3 ～ Y7 的撓曲為
　Σδ=δ1' + δ2'=15.0 mm
　Σδ／L=15.0／5,148=1／343<1／250 OK

圖例

○ 屋架支柱　　× 1 樓柱　　— 邊墩 ⊥
□ 2 樓柱　　　 地樑

中央主柱與基礎的接合

格柵托樑　　中央主柱
　　　　　　厚版合板
　　　　　　鍵形螺栓
　　　　　　錨定螺栓

基礎的做法是在主要構面上配置地樑，邊墩僅設置在外周。中央主柱直接放置在底版上，將事先已埋入底版的錨定螺栓以鍵形螺栓固定在柱子的側面（雖然不會產生拉拔力，不過必須防止水平移動）。
1 樓樓板構架也以厚版合板鋪設，可以確保水平剛性

圖 5 2 樓樓板水平構面的檢查範例

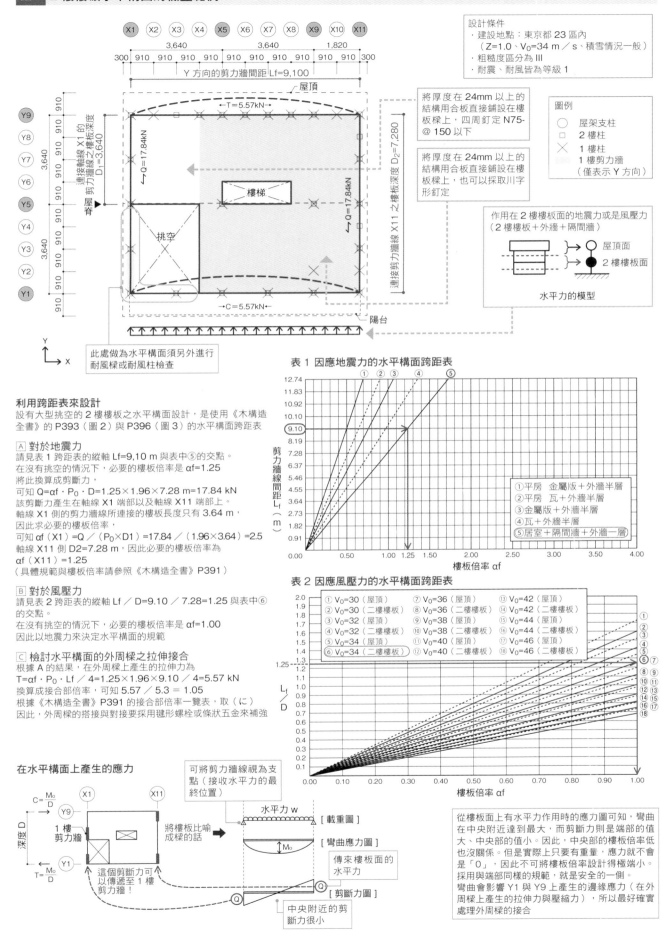

利用跨距表來設計

設有大型挑空的 2 樓樓板之水平構面設計，是使用《木構造全書》的 P393（圖 2）與 P396（圖 3）的水平構面跨距表。

A 對於地震力

請見表 1 跨距表的縱軸 Lf=9,10 m 與表中⑤的交點。
在沒有挑空的情況下，必要的樓板倍率是 αf=1.25
將此換算成剪斷力，
可知 $Q=αf \cdot P_0 \cdot D=1.25×1.96×7.28$ m=17.84 kN
該剪斷力產生在軸線 X1 端部以及軸線 X11 端部上。
軸線 X1 側的剪力牆線所連接的樓板長度只有 3.64 m，
因此求必要的樓板倍率，
可知 $αf（X1）=Q／（P_0×D1）=17.84／（1.96×3.64）=2.5$
軸線 X11 側 D2=7.28 m，因此必要的樓板倍率為
$αf（X11）=1.25$
（具體規範與樓板倍率請參照《木構造全書》P391）

B 對於風壓力

請見表 2 跨距表的縱軸 Lf／D=9.10／7.28=1.25 與表中⑥的交點。
在沒有挑空的情況下，必要的樓板倍率是 αf=1.00
因此以地震力來決定水平構面的規範。

C 檢討水平構面的外周樑之拉伸接合

根據 A 的結果，在外周樑上產生的拉伸力為
$T=αf \cdot P_0 \cdot Lf／4=1.25×1.96×9.10／4=5.57$ kN
換算成接合部倍率，可知 5.57／5.3＝1.05
根據《木構造全書》P391 的接合部倍率一覽表，取（に）
因此，外周樑的搭接與對接要採用匣形螺栓或條狀五金來補強

在水平構面上產生的應力

表 1 因應地震力的水平構面跨距表

剪力牆線間距 Lf（m）

①平房 金屬版＋外牆半層
②平房 瓦＋外牆半層
③金屬版＋外牆半層
④瓦＋外牆半層
⑤居室＋隔間牆＋外牆一層

樓板倍率 αf

表 2 因應風壓力的水平構面跨距表

① $V_0=30$（屋頂）	⑦ $V_0=36$（屋頂）	⑬ $V_0=42$（屋頂）
② $V_0=30$（二樓樓板）	⑧ $V_0=36$（二樓樓板）	⑭ $V_0=42$（二樓樓板）
③ $V_0=32$（屋頂）	⑨ $V_0=38$（屋頂）	⑮ $V_0=44$（屋頂）
④ $V_0=32$（二樓樓板）	⑩ $V_0=38$（二樓樓板）	⑯ $V_0=44$（二樓樓板）
⑤ $V_0=34$（屋頂）	⑪ $V_0=40$（屋頂）	⑰ $V_0=46$（屋頂）
⑥ $V_0=34$（二樓樓板）	⑫ $V_0=40$（二樓樓板）	⑱ $V_0=46$（二樓樓板）

$\dfrac{Lf}{D}$

樓板倍率 αf

從樓板面上有水平力作用時的應力圖可知，彎曲在中央附近達到最大，而剪斷力則是端部的值大、中央部的值小。因此，中央部的樓板倍率低也沒關係。但是實際上只要有重量，應力就不會是「0」，因此不可將樓板倍率設計得極端小。採用與端部同樣的規範，就是安全的一側。
彎曲會影響 Y1 與 Y9 上產生的邊緣應力（在外周樑上產生的拉伸力與壓縮力），所以以最好確實處理外周樑的接合。

05 大型屋頂構架的力流方式與結構計畫要點

剪力牆的配置要考慮與水平構面的連續性、以及「水平力的負擔範圍」。

由於大型屋頂的 2 樓屋頂與廂房屋頂形成連續，因此要注意力量向下方樓層傳遞的方式

圖1 大型屋頂時的結構計畫要點

① 1 樓剪力牆的垂直載重負擔範圍

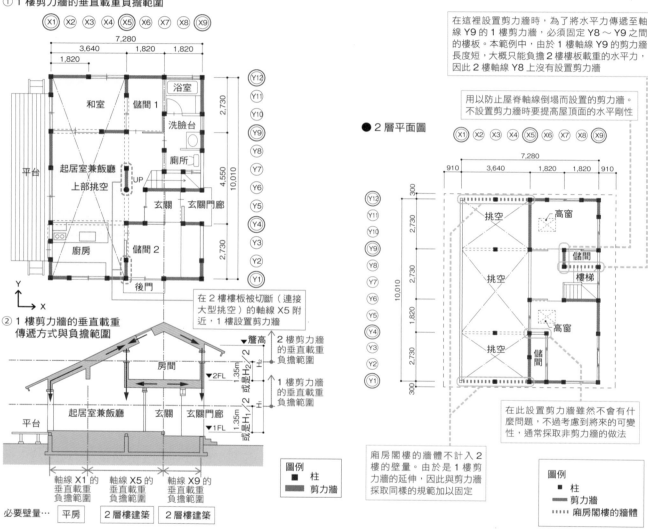

在這裡設置剪力牆時，為了將水平力傳遞至軸線 Y9 的 1 樓剪力牆，必須固定 Y8～Y9 之間的樓板。本範例中，由於 1 樓軸線 Y9 的剪力牆長度短，大概只能負擔 2 樓樓板載重的水平力，因此 2 樓軸線 Y8 上沒有設置剪力牆

用以防止屋脊軸線倒塌而設置的剪力牆。不設置剪力牆時要提高屋頂面的水平剛性

●2層平面圖

② 1 樓剪力牆的垂直載重傳遞方式與負擔範圍

軸線 X1 的垂直載重負擔範圍　軸線 X5 的垂直載重負擔範圍　軸線 X9 的垂直載重負擔範圍

必要壁量…　平房　2 層樓建築　2 層樓建築

在 2 樓樓板被切斷（連接大型挑空）的軸線 X5 附近，1 樓設置剪力牆

廂房閣樓的牆體不計入 2 樓的壁量。由於是 1 樓剪力牆的延伸，因此與剪力牆採取同樣的規範加以固定

在此設置剪力牆雖然不會有什麼問題，不過考慮到將來的可變性，通常採取非剪力牆的做法

圖例
■ 柱
剪力牆

圖例
■ 柱
剪力牆
┈┈┈ 廂房閣樓的牆體

在 2 樓屋頂與廂房屋頂連成一體所形成的大型屋頂的情況下，2 樓樓板面積的範圍究竟要到哪裡將成為問題，不過可以採取計入面積的思考模式，也就是樓高以 FL＋1．35 m 以上的面積做為 2 樓壁量檢查用樓板面積［圖1］。

檢視 2 樓的扭轉時，要先將剪力牆線間隔（Y 方向為 X5～X9 之間）分割成 4 等分再計算，當中凸出的範圍納入各自的側端部計算中。此外，檢視 1 樓的扭轉時，分割後的範圍若沒有搭載 2 樓樓板的側端部，其必要壁量則視為廂房來處理。

剪力牆的作用是抵抗從樓板面傳遞而來的水平力，因此原則上要因應「剪力牆所負擔的水平載重大小」以確保壁量（壁長×壁倍率）。從相鄰剪力牆線的中間線切分面積，以各面積滿足其必要壁量的做法是最為合理的。壁量不足時，會向其他的剪力牆傳遞不足的部分，因此該部分的水平構面一定要確實固定。

圖2 屋架構架計畫的要點

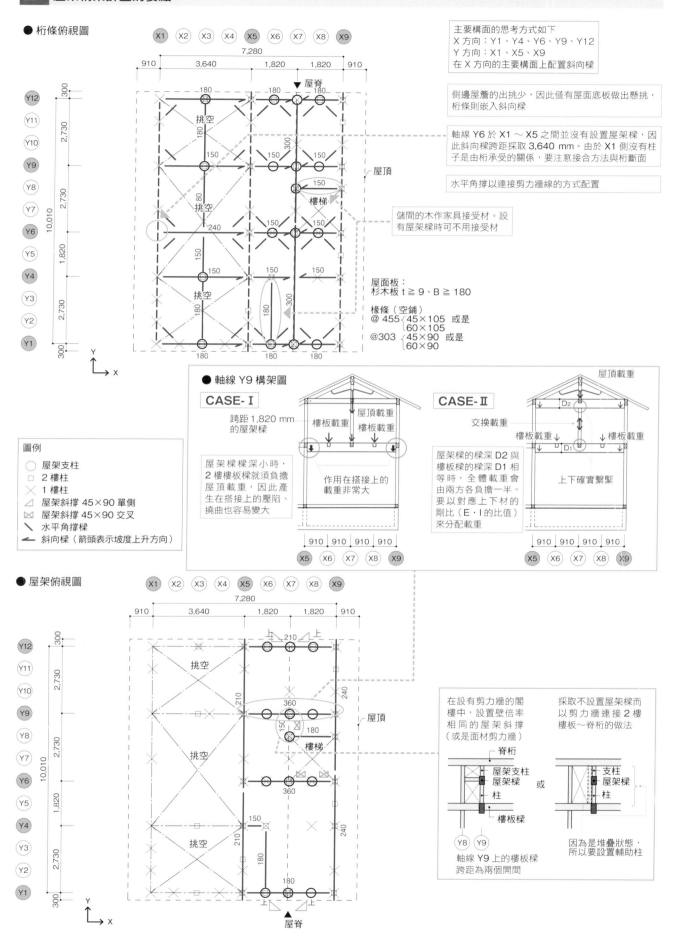

● 桁條俯視圖

主要構面的思考方式如下
X 方向：Y1、Y4、Y6、Y9、Y12
Y 方向：X1、X5、X9
在 X 方向的主要構面上配置斜向樑

側邊屋簷的出挑少，因此僅有屋面底板做出懸挑，桁條則嵌入斜向樑

軸線 Y6 於 X1～X5 之間並沒有設置屋架樑，因此斜向樑跨距採取 3,640 mm。由於 X1 側沒有柱子是由桁承受的關係，要注意接合方法與桁斷面

水平角撐以連接剪力牆線的方式配置

儲間的木作家具接受材。設有屋架樑時可不用接受材

屋面板：
杉木板 t ≧ 9、B ≧ 180

椽條（空鋪）
@ 455 45×105 或是 60×105
@303 45×90 或是 60×90

● 軸線 Y9 構架圖

CASE-I
跨距 1,820 mm 的屋架樑
屋頂載重
樓板載重　樓板載重
屋架樑樑深小時，2 樓樓板樑就須負擔屋頂載重，因此產生在搭接上的壓陷、撓曲也容易變大
作用在搭接上的載重非常大

CASE-II
屋頂載重
交換載重
樓板載重　樓板載重
屋架樑的樑深 D2 與樓板樑的樑深 D1 相等時，全體載重會由兩方各負擔一半。要以對應上下材的剛比（E·I 的比值）來分配載重
上下確實繫緊

圖例
○ 屋架支柱
□ 2 樓柱
✕ 1 樓柱
◺ 屋架斜撐 45×90 單側
⧅ 屋架斜撐 45×90 交叉
＼ 水平角撐樑
→ 斜向樑（箭頭表示坡度上升方向）

● 屋架俯視圖

在設有剪力牆的閣樓中，設置壁倍率相同的屋架斜撐（或是面材剪力牆）

採取不設置屋架樑而以剪力牆連接 2 樓樓板～脊桁的做法

脊桁
屋架支柱
屋架樑
柱
樓板樑
或
支柱
屋架樑
柱

軸線 Y9 上的樓板樑跨距為兩個開間

因為是堆疊狀態，所以要設置輔助柱

圖3 2 樓樓板樑的配置計畫與注意要點

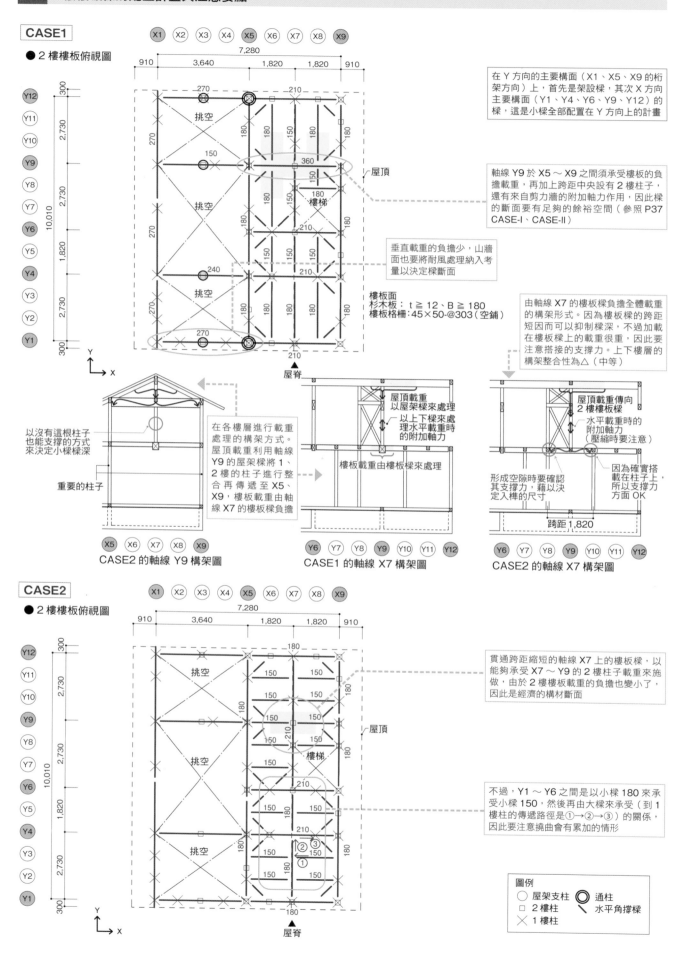

CASE1

● 2 樓樓板俯視圖

在 Y 方向的主要構面（X1、X5、X9 的桁架方向）上，首先是架設樑，其次 X 方向主要構面（Y1、Y4、Y6、Y9、Y12）的樑，這是小樑全部配置在 Y 方向上的計畫

軸線 Y9 於 X5 ～ X9 之間須承受樓板的負擔載重，再加上跨距中央設有 2 樓柱子，還有來自剪力牆的附加軸力作用，因此樑的斷面要有足夠的餘裕空間（參照 P37 CASE-I、CASE-II）

垂直載重的負擔少，山牆面也要將耐風處理納入考量以決定樑斷面

樓板面
杉木板：t ≧ 12、B ≧ 180
樓板格柵：45×50-@303（空鋪）

由軸線 X7 的樓板樑負擔全體載重的構架形式。因為樓板樑的跨距短因而可以抑制樑深，不過加載在樓板樑上的載重很重，因此要注意搭接的支撐力。上下樓層的構架整合性為△（中等）

屋頂載重以屋架樑來處理
以上下樑來處理水平載重時的附加軸力

屋頂載重傳向 2 樓樓板樑
水平載重時的附加軸力（壓縮時要注意）

以沒有這根柱子也能支撐的方式來決定小樑樑深

重要的柱子

在各樓層進行載重處理的構架方式。屋頂載重利用軸線 Y9 的屋架樑將 1、2 樓的柱子進行整合再傳遞至 X5、X9，樓板載重由軸線 X7 的樓板樑負擔

樓板載重由樓板樑來處理

形成空隙時要確認其支撐力，藉以決定入槫的尺寸

因為確實搭載在柱子上，所以支撐力方面 OK

跨距 1,820

CASE2 的軸線 Y9 構架圖

CASE1 的軸線 X7 構架圖

CASE2 的軸線 X7 構架圖

CASE2

● 2 樓樓板俯視圖

貫通跨距縮短的軸線 X7 上的樓板樑，以能夠承受 X7 ～ Y9 的 2 樓柱子載重來施做，由於 2 樓樓板載重的負擔也變小了，因此是經濟的構材斷面

不過，Y1 ～ Y6 之間是以小樑 180 來承受小樑 150，然後再由大樑來承受（到 1 樓柱的傳遞路徑是①→②→③）的關係，因此要注意撓曲會有累加的情形

圖例
○ 屋架支柱　　◎ 通柱
□ 2 樓柱　　　＼ 水平角撐樑
✕ 1 樓柱

圖 4　木地檻與基礎樑的配置計畫要點

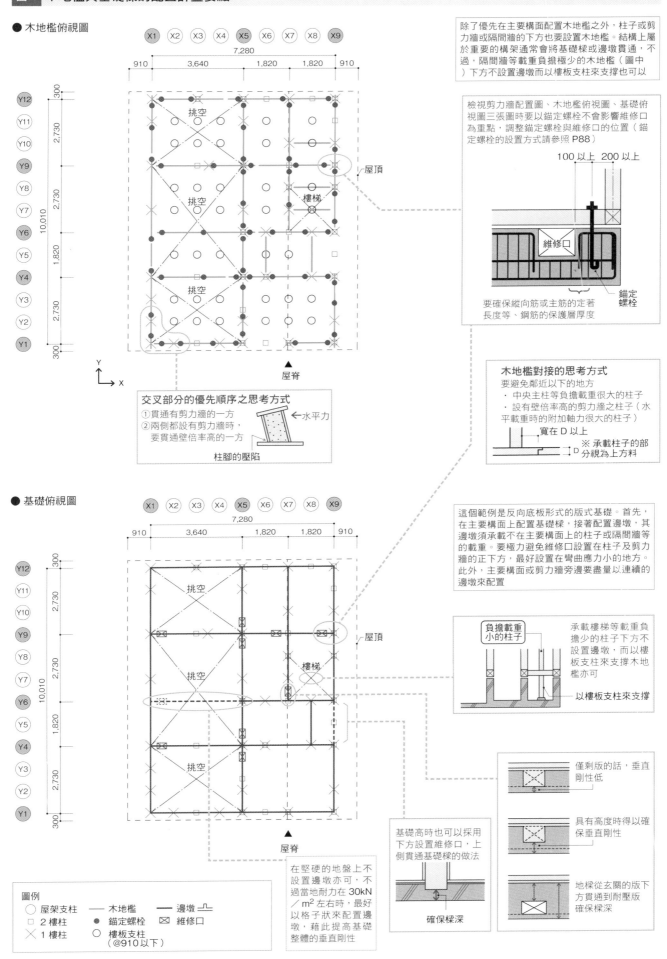

● 木地檻俯視圖

● 基礎俯視圖

除了優先在主要構面配置木地檻之外，柱子或剪力牆或隔間牆的下方也要設置木地檻。結構上屬於重要的構架通常會將基礎樑或邊墩貫通，不過，隔間牆等載重負擔極少的木地檻（圖中）下方不設置邊墩而以樓板支柱來支撐也可以

檢視剪力牆配置圖、木地檻俯視圖、基礎俯視圖三張圖時要以錨定螺栓不會影響維修口為重點，調整錨定螺栓與維修口的位置（錨定螺栓的設置方式請參照 P88）

100 以上　200 以上

維修口

要確保縱向筋或主筋的定著長度等、鋼筋的保護層厚度

錨定螺栓

交叉部分的優先順序之思考方式
①貫通有剪力牆的一方
②兩側都設有剪力牆時，要貫通壁倍率高的一方

水平力

柱腳的壓陷

木地檻對接的思考方式
要避免鄰近以下的地方
・中央主柱等負擔載重很大的柱子
・設有壁倍率高的剪力牆之柱子（水平載重時的附加軸力很大的柱子）

寬在 D 以上

※ 承載柱子的部分視為上方料

這個範例是反向底板形式的版式基礎。首先，在主要構面上配置基礎樑，接著配置邊墩，其邊墩須承載不在主要構面上的柱子或隔間牆等的載重。要極力避免維修口設置在柱子及剪力牆的正下方，最好設置在彎曲應力小的地方。此外，主要構面或剪力牆旁邊要盡量以連續的邊墩來配置

負擔載重小的柱子

承載樓梯等載重負擔少的柱子下方不設置邊墩，而以樓板支柱來支撐木地檻亦可

以樓板支柱來支撐

僅剩版的話，垂直剛性低

具有高度時得以確保垂直剛性

地樑從玄關的版下方貫通到耐壓版確保樑深

基礎高時也可以採用下方設置維修口，上側貫通基礎樑的做法

確保樑深

在堅硬的地盤上不設置邊墩亦可，不過當地耐力在 30kN／m² 左右時，最好以格子狀來配置邊墩，藉此提高基礎整體的垂直剛性

圖例
○ 屋架支柱　　　— 木地檻　　　■ 邊墩
□ 2 樓柱　　　● 錨定螺栓　　　⊠ 維修口
× 1 樓柱　　　○ 樓板支柱（@910 以下）

開口狹小時該怎麼考量構架計畫?

上下樓層的短邊方向之剪力牆沒有進行整合的情況很多,因此要提高屋頂或樓板面的水平剛性。此外,使上下樓層的構架對齊也很重要

短邊方向在動線上要設置剪力牆有其困難,此外,很容易因為通風或採光的需求而被切斷

圖1 開口窄小時的結構計畫要點

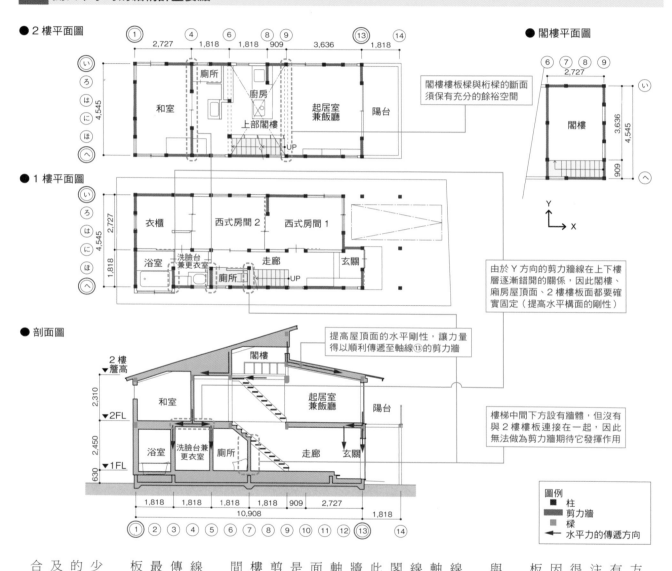

● 2樓平面圖

閣樓樓板樑與桁樑的斷面須保有充分的餘裕空間

● 閣樓平面圖

由於Y方向的剪力牆線在上下樓層逐漸錯開的關係,因此閣樓、廂房屋頂面、2樓樓板面都要確實固定(提高水平構面的剛性)

● 1樓平面圖

● 剖面圖

提高屋頂面的水平剛性,讓力量得以順利傳遞至軸線⑬的剪力牆

樓梯中間下方設有牆體,但沒有與2樓樓板連接在一起,因此無法做為剪力牆期待它發揮作用

圖例
■ 柱
▬ 剪力牆
■ 樑
← 水平力的傳遞方向

開口窄小的情況下,長邊方向的原因為牆體很多,通常不會有什麼問題。不過短邊方向要注意的點很多,就動線上來看很難設置剪力牆,還有很容易因為通風或採光的需求而將樓板切斷等問題。

如圖所示,這是設有閣樓與挑空的二層樓住宅。

閣樓層的剪力牆線位在軸線6與軸線9,但2樓則位在軸線1、4、8、13。由於軸線8的剪力牆很短,僅能負擔閣樓樓板載重程度的重量,因此為了使閣樓樓層軸線9的剪力牆所負擔的水平力能順利傳向軸線13的剪力牆,要提高屋頂面的水平剛性。此外,軸線9是樓層下方沒有柱子形成樑上剪力牆的形式,因此桁樑或閣樓樓板樑的斷面要保有餘裕空間。

同樣的,為了將閣樓層軸線6的剪力牆所負擔的水平力傳遞至2樓軸線4的剪力牆,最好提高軸線4~6之間天花板面的水平剛性。

1樓在Y方向的壁量也較少,因此一定要提高各個牆體的倍率,柱頭、柱腳的接合部及做為剪力牆線構架的各個接合部,都要確實固定。

圖2 屋架構架計畫的要點

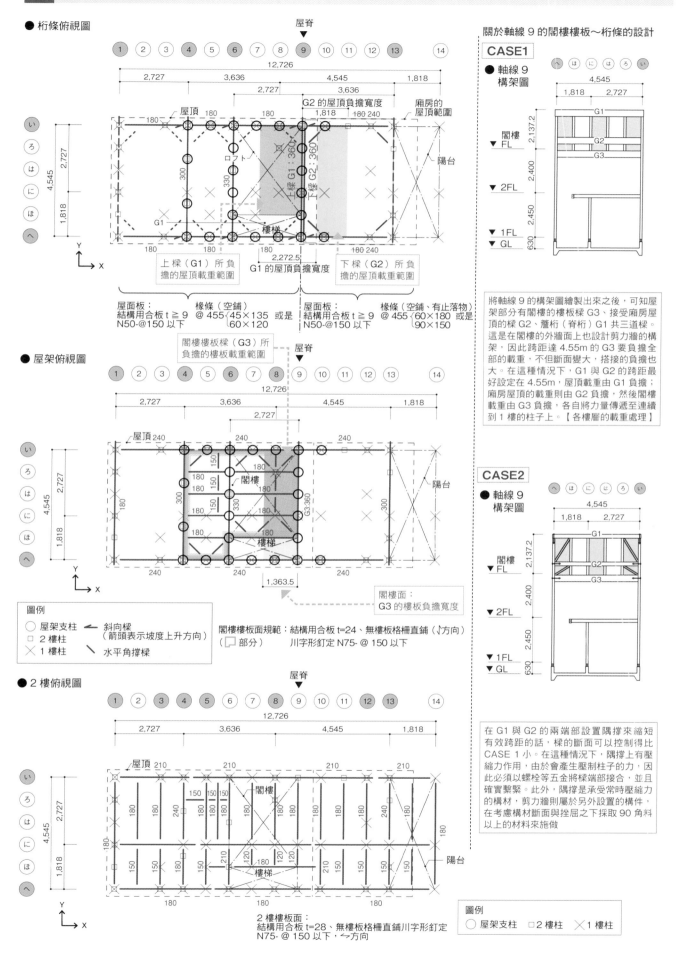

● 桁條俯視圖

屋脊

12,726
2,727 / 3,636 / 4,545 / 1,818
2,727 / 3,636

G2 的屋頂負擔寬度
1,818 / 180 240
廂房的屋頂範圍

屋頂 180 / 180 / 180

陽台

ロフト

300
330

上梁G1：360
下梁G2：360

G1
樓梯

180 / 180 / 180 / 180 240
2,272.5

上樑（G1）所負
擔的屋頂載重範圍

G1 的屋頂負擔寬度

下樑（G2）所
擔的屋頂載重範圍

屋面板：
結構用合板t≧9
N50-@150 以下
　椽條（空鋪）
@ 455 45×135 或是
　　　60×120

屋面板：
結構用合板t≧9
N50-@150 以下
　椽條（空鋪、有止落物）
@ 455 60×180 或是
　　　90×150

閣樓樓板樑（G3）所
負擔的樓板載重範圍

屋脊

● 屋架俯視圖

12,726
2,727 / 3,636 / 4,545 / 1,818
2,727

屋頂 240 / 240 / 240

陽台

180 / 150
閣樓
180 / 180
300
180 / 150
330
180 / 180
180 / 150
G3-360
樓梯
180

240 / 240 / 240
1,363.5

閣樓面：
G3 的樓板負擔寬度

圖例
○ 屋架支柱　　← 斜向樑
□ 2 樓柱　　（箭頭表示坡度上升方向）
✕ 1 樓柱　　╲ 水平角撐樑

閣樓樓板面規範：結構用合板 t=24、無樓板格柵直鋪（↓方向）
（□部分）　　　　川字形釘定 N75-@ 150 以下

● 2 樓俯視圖

屋脊

12,726
2,727 / 3,636 / 4,545 / 1,818

屋頂 210 / 210 / 210 / 210

閣樓

180 / 180 / 240 / 180 / 180 / 180 / 180 / 180 / 180 / 180 / 180 / 240 / 180
150 150 150
180

150 / 150 / 210 / 120 180 120 / 210 150 / 150
樓梯

180 / 180 / 180

2 樓樓板面：
結構用合板 t=28、無樓板格柵直鋪川字形釘定
N75-@ 150 以下，←方向

圖例
○ 屋架支柱　□ 2 樓柱　✕ 1 樓柱

關於軸線 9 的閣樓樓板～桁條的設計

CASE1

● 軸線 9
構架圖

4,545
1,818 / 2,727

G1
閣樓
▼ FL
G2
2,137.2
G3

▼ 2FL
2,400

▼ 1FL
2,450

▼ GL
630

將軸線 9 的構架圖繪製出來之後，可知屋
架部分有閣樓的樓板樑 G3、接受廂房屋
頂的樑 G2、簷桁（脊桁）G1 共三道樑。
這是在閣樓的外牆面上也設計剪力牆的構
架，因此跨距達 4.55m 的 G3 要負擔全
部的載重，不但斷面變大，搭接的負擔也
大。在這種情況下，G1 與 G2 的跨距最
好設定在 4.55m，屋頂載重由 G1 負擔；
廂房屋頂的載重則由 G2 負擔，然後閣樓
載重由 G3 負擔，各自將力量傳遞至連續
到 1 樓的柱子上。【各樓層的載重處理】

CASE2

● 軸線 9
構架圖

4,545
1,818 / 2,727

G1
閣樓
▼ FL
G2
2,137.2
G3

▼ 2FL
2,400

▼ 1FL
2,450

▼ GL
630

在 G1 與 G2 的兩端部設置隅撐來縮短
有效跨距的話，樑的斷面可以控制得比
CASE 1 小。在這種情況下，隅撐上有壓
縮力作用，由於會產生壓制柱子的力，因
此必須以螺栓等五金將樑端部接合，並且
確實繫緊。此外，隅撐是承受常時壓縮力
的構材，剪力牆則屬於另外設置的構件，
在考慮構材斷面與挫屈之下採取 90 角料
以上的材料來施做

圖3 使用《木構造全書》一書的跨距表進行樑斷面設計

桁條、脊桁、屋架樑　負擔寬度 1,820mm

●金屬板屋頂的均勻分布載重

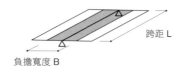

跨距 L
負擔寬度 B

●載重　①：長期彎曲臨界　②：長期剪斷臨界

	部位	靜載重 DL (N/m²)	活載重 LL (N/m²)	負擔 寬度 B (m)	負擔寬 度 D (m)	載重
應力用	屋頂 w₁	600	0	1.82	—	1,092 N/m
	牆體 w₂	0	0	0	—	0
	牆體 P	0	0	0	0	0
撓曲用	屋頂 w₁	600	0	1.82	—	1,092 N/m
	牆體 w₂	0	0	0	—	0
	牆體 P	0	0	0	0	0

●構材寬度 120mm

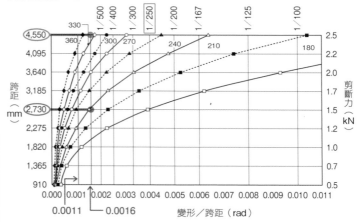

●G1 的設計

此跨距表取自《木構造全書》P333 的桁條、脊桁、屋架樑之金屬版屋頂的均勻分布載重。
以負擔寬度 1,820 mm、構材寬度 120 mm 視之，
跨距 L=4,550 mm、樹種為杉木無等級材。

變形限制以跨距中央在 1 cm 以下（1/（455.0/1.0））=1/455 視之。

負擔載重為
屋頂 600 N/m²× 負擔寬度 B=2.727/2＋0.909=2.2725 m，
外牆 1,000N/m²× 負擔寬度 B=1.50/2=0.75 m（牆體高度的一半）。
根據跨距表的載重：屋頂 600 N/m²× 負擔寬度 B=1.82m 的比率為
（0.6×2.2725＋1.0×0.75）/（0.6×1.82）=1.94 倍。
因此，參照跨距表時要考慮這個載重增加比率。
根據換算變形角=1/（455×1.94）=1/883=0.0011 rad，
從圖表中的橫軸 0.0011 rad 的地方拉出縱向直線，此直線與縱軸 4,550 mm 的交點即為樑深值，可知比 360 大。

此時，將構材的彈性模數設為 E70 再檢視看看。
與跨距表的彈性模數比率為 70/50=1.4，因此
根據換算變形角=1/（455×1.94÷1.4）=1/631=0.0016 rad，
從圖表中的橫軸 0.0016 rad 的地方拉出縱向直線，此直線與縱軸 4,550 mm 的交點即為樑深值，可知為 360。

在 CASE 2 中，變形角採用與 CASE 1 相同的數值，對照同跨距表的縱軸 2,730 mm 的交點，
若採用無等級材時樑深為 240；採用 E70 時樑深則為 210。

進行同樣的檢討之後，
G2、G3 都採用 E70 的材料，樑深為 360。

※G3 參照《木構造全書》P326 的 2 樓樓板樑之樓板的均勻分布載重跨距表

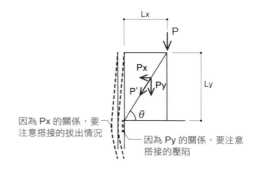

因為 Px 的關係，要注意搭接的拔出情況
因為 Py 的關係，要注意搭接的壓陷

●拉引五金的設計範例

作用在固定隅撐的柱頭上的載重，
屋頂 600 N/m²× 負擔寬度（B=2.727/2＋0.909=2.2725m）=1.36 kN/m。
根據外牆 1,000 N/m²× 負擔寬度（B=1.50/2=0.75m）=0.75 kN/m，
P=（1.36＋0.75）×（0.909＋2.727）/2=3.84 kN，
隅撐上所產生的壓縮力 P'=P/sinθ

此外，Py=P、Px=P/tanθ，
因此拉引螺栓要有 Px 以上的拉伸耐力。
根據 tanθ=Ly/Lx，
Px=3.84/（1,290/789）=3.84×0.61=2.35 kN。
鍵形螺栓的短期容許拉伸耐力為 sTa=7.5 kN。
（平成12年建告1460號（に），參照《木構造全書》P386）
有關木材的容許應力度之載重持續期間係數，
（參照《木構造全書》P22）長期：1.1、短期：2.0，因此
鍵形螺栓的長期容許拉伸耐力為
ₗTa=7.5×1.1/2.0=4.1 kN > Px
因此，要以一根以上的鍵形螺栓將樑端部與通柱接合起來。

圖4 水平力的傳遞與水平構面的設計

●從斷面看水平力的傳遞與水平構面的設計模型

● 矩形圖

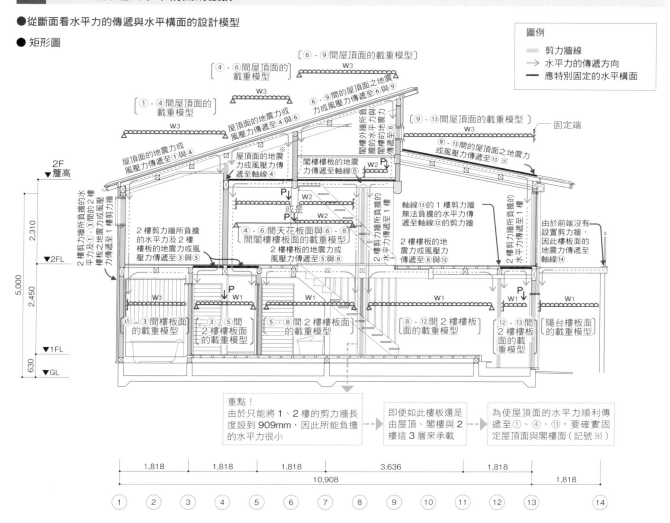

圖例
- 剪力牆線
- → 水平力的傳遞方向
- ── 應特別固定的水平構面

〔④-⑥間屋頂面的載重模型〕

〔⑥-⑨間屋頂面的載重模型〕

〔①-④間屋頂面的載重模型〕

W3

W3

屋頂面的地震力或風壓力傳遞至④與⑥

⑥-⑨間的屋頂面之地震或風壓力傳遞至⑥與⑨

〔⑨-⑬間屋頂面的載重模型〕

W3

固定端

屋頂面的地震力或風壓力傳遞至①與④

屋頂面的地震力或風壓力傳遞至軸線④ ※

懸樑外牆所負擔的水平力與閣樓的地震⑧

⑨-⑬間的屋頂面之地震力或風壓力傳遞至⑬ ※

2F
▼簷高

2,310

▼2FL

2,450

▼1FL

630

▼GL

5,000

2樓剪力牆所負擔的水平力及2樓樓板之地震力或風壓力傳遞至③與⑤

2樓剪力牆所負擔的水平力及2樓樓板之地震力或風壓力傳遞至③與⑤

閣樓樓板的地震力傳遞至軸線⑧

P↓
W2

P↓

P↓
W2

④-⑥間天花板面與⑥-⑧間閣樓樓板面的載重模型
2樓樓板的地震力或風壓力傳遞至⑤與⑧

2樓剪力牆所負擔的水平力傳遞至1樓

2樓樓板的地震力或風壓力傳遞至⑧與⑫

軸線⑬的1樓剪力牆無法負擔的水平力傳遞至軸線⑫的剪力牆

2樓剪力牆所負擔的水平力傳遞至1樓

由於前端沒有設置剪力牆，因此樓板面的地震力傳遞至軸線⑭

P↓
W1

P↓
W1

W1

W1

W1

W1

W1

W1

〔①-③間樓板面的載重模型〕

〔③-⑤間2樓樓板面的載重模型〕

〔⑤-⑧間2樓樓板面的載重模型〕

〔⑧-⑫間2樓樓板面的載重模型〕

〔⑫-⑬間2樓樓板面的載重模型〕

〔陽台樓板面的載重模型〕

重點！		
由於只能將1、2樓的剪力牆長度設到909mm，因此所能負擔的水平力很小	即便如此樓板還是由屋頂、閣樓與2樓這3層來承載	為使屋頂面的水平力順利傳遞至①、④、⑬，要確實固定屋頂面與閣樓面（記號 ※）

1,818	1,818	1,818	3,636	1,818	
		10,908			1,818

① ② ③ ④ ⑤ ⑥ ⑦ ⑧ ⑨ ⑩ ⑪ ⑫ ⑬ ⑭

●水平構面跨距表的模型圖

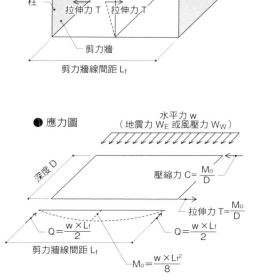

水平力 w
（地震力 W_E 或風壓力 W_W）

樑

深度 D

剪斷力 Q

壓縮力 C

壓縮力 C

剪斷力 Q

柱

拉伸力 T　拉伸力 T

剪力牆

剪力牆線間距 L_f

● 應力圖

水平力 w
（地震力 W_E 或風壓力 W_W）

深度 D

壓縮力 $C = \dfrac{M_0}{D}$

拉伸力 $T = \dfrac{M_0}{D}$

$Q = \dfrac{w \times L_f}{2}$

$Q = \dfrac{w \times L_f}{2}$

剪力牆線間距 L_f

$M_0 = \dfrac{w \times L_f^2}{8}$

●懸臂樑模型時的換算方法

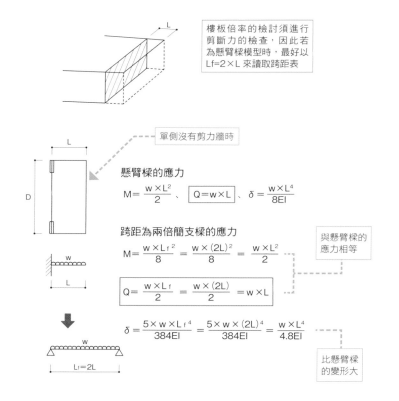

樓板倍率的檢討須進行剪斷力的檢查，因此若為懸臂樑模型時，最好以 $L_f = 2 \times L$ 來讀取跨距表

單側沒有剪力牆時

L

D

懸臂樑的應力

$M = \dfrac{w \times L^2}{2}$ 、 $\boxed{Q = w \times L}$ 、 $\delta = \dfrac{w \times L^4}{8EI}$

跨距為兩倍簡支樑的應力

w

L

$M = \dfrac{w \times L_f^2}{8} = \dfrac{w \times (2L)^2}{8} = \dfrac{w \times L^2}{2}$

與懸臂樑的應力相等

$\boxed{Q = \dfrac{w \times L_f}{2} = \dfrac{w \times (2L)}{2} = w \times L}$

↓

w

$L_f = 2L$

$\delta = \dfrac{5 \times w \times L_f^4}{384EI} = \dfrac{5 \times w \times (2L)^4}{384EI} = \dfrac{w \times L^4}{4.8EI}$

比懸臂樑的變形大

圖5 屋頂面的設計

軸線 8 的 1 樓、2 樓剪力牆都只有 909mm，由於幾乎無法承擔水平力，因此水平構面要盡可能讓屋頂面的水平力傳遞至 2 樓軸線 1、4、13 的剪力牆上。

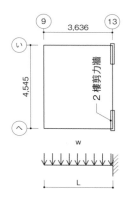

● 9～13 之間的屋頂面設計

水平構面的設計是將下方樓層的剪力牆線視為支撐點的簡支樑或懸臂樑予以模型化。軸線 9～13 之間要以屋頂面的水平力能夠順利傳遞至軸線 13 的 2 樓剪力牆為目標，因此會用左圖所示的方式，以軸線 13 做為固定端的懸臂樑模型來思考。

從地震力與風壓力當中，選擇較大的一方來進行水平力設計。
然後，假設係數 Z=1.0，積雪為一般區域、建築基地的基準風速為 V_0=34m／s、地表面粗糙度區分為 III、耐震及耐風等級皆為等級 1。
此外，水平構面跨距表及水平構面的規範依據參考文獻 1、《木構造全書》。

1）對於地震力的必要樓板倍率之計算

水平構面跨距表採用《木構造全書》P393 的圖表。（參照 P46 圖 8）
此跨距表是以簡支樑模型所繪製，因此懸臂樑模型時剪力牆線間距離要視為 L_f=2×L。（參照 P43 圖 4）
因此，
L_f=2×L=2×3.636=7.272 m，據此
從圖表的縱軸 L_f=7.28 m 與③金屬版＋外牆半層的交點，
可知對於地震力的必要樓板倍率為 $_E\alpha_f$=0.61

2）對於風壓力的必要樓板倍率之計算

水平構面跨距表採用《木構造全書》P396 的圖表。（參照 P47 圖 9）
與地震力同為 L_f=7.272 m、D=4.545 m → L_f／D=7.272／4.545=1.60
從圖表的橫軸 L_f／D=1.60 與⑤ V_0=34（屋頂）的交點，
可知對於風壓力的必要樓板倍率為 $_W\alpha_f$=1.18

因為 $_E\alpha_f$ < $_W\alpha_f$，所以由風壓力來決定。

規範採用《木構造全書》P391 的 No.17（鋪設面材的屋頂面、30°以下、結構用合板 9 mm 以上，椽@500 以下、空鋪、N50-@ 150、設有防翻落條、樓板倍率 α_{f1}=1.00）之外，傾斜面的四個角上設置了水平角撐。
每根水平角撐的負擔面積為 3.636 m×4.545 m／4 根 =4.13 m^2…在平均負擔面積 5 m^2 以下
斜度折減係數依據「木造構架式工法住宅的容許應力度設計（2017 年版）」，cosθ
屋頂斜度為 2 吋時，θ=$\tan^{-1}$（2／10）=11.31° → cosθ=0.98
因此，水平角撐水平構面的必要樓板倍率為（$_W\alpha_f$－α_{f1}）／cosθ=（1.18－1.00）／0.98=0.183，據此水平角撐水平構面須採用 No.27（α_{f2}=0.24）來施做。（參照 P46 圖 7）
因此，設有水平角撐的軸線い、へ的斜向樑樑深從 180 變更為 240。
（亦可增加水平角撐、縮小負擔面積）

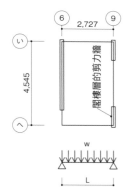

● 4～9 之間的屋頂面與閣樓樓板面的設計

將屋頂面的支撐點視為 4 與 9、跨距 L_f=4.545 m 的簡支樑模型也可以用來設計軸線 4～9，不過本範例中，為了減輕軸線 9 的閣樓層剪力牆所負擔的水平力，採取先以軸線 6 的閣樓層剪力牆承接屋頂面的水平力，再透過 4～6 之間的水平面將水平力傳向軸線 4 的 2 樓剪力牆。

《6～9 之間的屋頂面檢查》

1）對於地震力的必要樓板倍率之計算

水平構面跨距表：《木構造全書》P393 的圖表、③金屬版＋外牆半層
根據 L_f=L=2.727 m，圖表的縱軸 L_f=2.73 m
故，對於地震力的必要倍率 $_E\alpha_f$=0.23（參照 P46 圖 8）

2）對於風壓力的必要樓板倍率之計算

水平構面跨距表：《木構造全書》P396 的圖表、⑤ V_0=34（屋頂）
L_f=2.727 m，D=4.545 m → L_f／D=2.727／4.545=0.60
故，對於風壓力的必要倍率 $_W\alpha_f$=0.45（參照 P47 圖 10）

因為 $_E\alpha_f$ < $_W\alpha_f$，所以由風壓力來決定。

規範採用《木構造全書》P391 的 No.15（鋪設面材的屋頂面、30°以下、結構用合板 9 mm 以上，椽@500 以下、空鋪、N50-@ 150 以下、樓板倍率 α_f=0.70）。（參照 P46 圖 7）

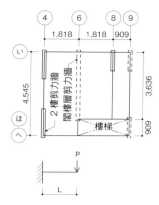

《4～6 之間的閣樓樓板面（天花板面）的檢查》

為了替軸線 8 的 2 樓剪力牆減輕負擔，軸線 6 的閣樓層剪力牆所負擔的水平力要全數傳遞至軸線 4 的 2 樓剪力牆上。如圖所示，以軸線 4 為支點承受集中在前端部分的集中載重之懸臂樑模型來進行檢查。

水平構面跨距表採用《木構造全書》P397 的圖表。（參照 P48 圖 11）
閣樓層的剪力牆之壁倍率 α=2.0、壁體長度 L=3.636 m 時，
軸線 4 側的樓板長度 D_f=4.545 m，
L／D_f=3.636／4.545=0.80，從圖表中與 α=2.0 的交點，
可知必要樓板倍率 $α_f$=1.60

規範採用《木構造全書》P391 的 No.8（鋪設面材的樓板面、結構用合板 24 mm 以上，無樓板格柵直鋪川字釘定、N75- @ 150 以下、樓板倍率 $α_f$=1.80）。（參照 P46 圖 7）

圖6 2 樓樓板面的設計

針對 2 樓與 1 樓剪力牆線出現錯位的 3～5 之間，以及剪力牆僅設置在軸線 13 的陽台部分，進行水平構面的設計。

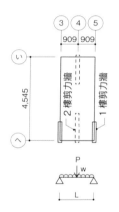

● 3～5 之間的樓板面設計

以 1 樓有剪力牆的軸線 3 與軸線 5 為支撐點的簡支樑模型來思考。除了作用在這個樓板面的均等分布載重（地震力或風壓力之中較大的一方）之外，軸線 4 的 2 樓剪力牆所負擔的水平力會以集中載重的方式作用在樑的中央部分。

1）對於地震力的必要樓板倍率之計算
水平構面跨距表根據《木構造全書》P393 的圖表，⑤居室＋隔間牆＋外牆一層
L_f=L=1.818 m，圖表的縱軸 L_f=1.82 m
故，對於地震力的必要樓板倍率 $_Eα_f$=0.26（參照 P46 圖 8）

2）對於風壓力的必要樓板倍率之計算
水平構面跨距表根據《木構造全書》P396 的圖表、⑥ V_0=34（二樓樓板）
L_f=1.818 m，D=4.545 m → L_f／D=1.818／4.545=0.40
故，對於風壓力的必要倍率 $_wα_f$=0.32（參照 P47 圖 10）

因為 $_Eα_f$ < $_wα_f$，所以由風壓力來決定。

3）針對上下樓層構面錯位的必要樓板倍率之計算
水平構面跨距表根據《木構造全書》P397 的圖表。
軸線 4 的 2 樓剪力牆之壁倍率 α=2.0、壁體長度 L=2.727 m，
這個水平力會由軸線 3 與軸線 5 各分攤一半，因此壁體長度為 L=2.727／2=1.3635 m。
軸線 3 與軸線 5 的樓板長度皆為 D_f=4.545 m
L／D_f=1.3635／4.545=0.30
從這個數值與 α=2.0 的交點，可知必要樓板倍率 $_{EW}α_f$=0.60（參照 P48 圖 11）

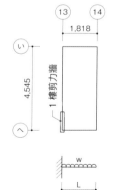

因此，3～5 之間的必要樓板倍率 $α_f$= $_wα_f$ + $_{EW}α_f$ = 0.32 + 0.60=0.92
規範採用《木構造全書》P391 的 No.3（鋪設面材的樓板面、結構用合板或結構用板材 12 mm 以上，樓板格柵@ 340 以下、空鋪、N50- @ 150 以下、樓板倍率 $α_f$=1.00）。（參照 P46 圖 7）

● 13～15 之間的陽台樓板面設計

陽台部分在軸線 14 上沒有設置 1 樓的剪力牆，因此以軸線 13 為支撐點的懸臂樑模型來進行設計。
此外，陽台欄杆是以縱向格子施做確保透風，因此僅針對地震力進行檢查。

水平構面跨距表根據《木構造全書》P393 的圖表，⑤居室＋隔間牆＋外牆一層
因為是懸臂樑，所以 L_f=2×L=2×1.818=3.636 m，圖表的縱軸 L_f=3.64 m
故，對於地震力的必要樓板倍率 $_Eα_f$=0.50（參照 P46 圖 8）

規範採用《木構造全書》P391 的 No.22（水平角撐水平構面、Z 標鋼製水平角撐或木製水平角撐 90×90 以上、平均負擔面積 2.5 m² 以下、樑深 150 mm 以上、樓板倍率 $α_f$=0.60）。（參照 P46 圖 7）

圖7 水平構面的做法與樓板倍率

▶ ④-⑨之間閣樓樓板與天花板面　　　　　　　　　　　　　　2樓樓板面 ◀

編號		水平構面的做法	樓板倍率	⊿Qₐ [kN／m]
1		結構用合板或結構用板材12 mm以上、樓板格柵@340以下、完全嵌入、N50-@150以下	2.00	3.92
2		結構用合板或結構用板材12mm以上、樓板格柵@340以下、半嵌入、N50-@150以下	1.60	3.14
3		結構用合板或結構用板材12mm以上、樓板格柵@340以下、空鋪、N50-@150以下	1.00	1.96
4		結構用合板或結構用板材12mm以上、樓板格柵@500以下、完全嵌入、N50-@150以下	1.40	2.74
5		結構用合板或結構用板材12mm以上、樓板格柵@500以下、半嵌入、N50-@150以下	1.12	2.20
6		結構用合板或結構用板材12mm以上、樓板格柵@500以下、空鋪、N50-@150以下	0.70	1.37
7	鋪設面材的 樓板面	結構用合板24mm以上、無樓板格柵直鋪四周釘定、N75-@150以下	4.00	7.84
8		結構用合板24mm以上、無樓板格柵直鋪川字釘定、N75-@150以下	1.80	3.53
9		寬180mm杉木板12mm以上、樓板格柵@340以下、完全嵌入、N50-@150以下	0.39	0.76
10		寬180mm杉木板12mm以上、樓板格柵@340以下、半嵌入、N50-@150以下	0.36	0.71
11		寬180mm杉木板12mm以上、樓板格柵@340以下、空鋪、N50-@150以下	0.30	0.59
12		寬180mm杉木板12mm以上、樓板格柵@500以下、完全嵌入、N50-@150以下	0.26	0.51
13		寬180mm杉木板12mm以上、樓板格柵@500以下、半嵌入、N50-@150以下	0.24	0.47
14		寬180mm杉木板12mm以上、樓板格柵@500以下、空鋪、N50-@150以下	0.20	0.39
15		30°以下、結構用合板9mm以上、椽@500以下、空鋪、N50-@150以下	0.70	1.37
16		45°以下、結構用合板9mm以上、椽@500以下、空鋪、N50-@150以下	0.50	0.98
17	鋪設面材的 屋頂面	30°以下、結構用合板9mm以上、椽@500以下、空鋪、N50-@150以下、有防止翻落措施	1.00	1.96
18		45°以下、結構用合板9mm以上、椽@500以下、空鋪、N50-@150以下、有防止翻落措施	0.70	1.37
19		30°以下、寬180mm杉木板9mm以上、椽@500以下、空鋪、N50-@150以下	0.20	0.39
20		45°以下、寬180mm杉木板9mm以上、椽@500以下、空鋪、N50-@150以下	0.10	0.20
21		Z標鋼製水平角撐或木製水平角撐90×90以上、平均負擔面積2.5m²以下、樑深240mm以上	0.80	1.57
22		Z標鋼製水平角撐或木製水平角撐90×90以上、平均負擔面積2.5m²以下、樑深150mm以上	0.60	1.18
23	水平角撐 水平構面	Z標鋼製水平角撐或木製水平角撐90×90以上、平均負擔面積2.5m²以下、樑深105mm以上	0.50	0.98
24		Z標鋼製水平角撐或木製水平角撐90×90以上、平均負擔面積3.75m²以下、樑深240mm以上	0.48	0.94
25		Z標鋼製水平角撐或木製水平角撐90×90以上、平均負擔面積3.75m²以下、樑深150mm以上	0.36	0.71
26		Z標鋼製水平角撐或木製水平角撐90×90以上、平均負擔面積3.75m²以下、樑深105mm以上	0.30	0.59
27		Z標鋼製水平角撐或木製水平角撐90×90以上、平均負擔面積5.0m²以下、樑深240mm以上	0.24	0.47
28		Z標鋼製水平角撐或木製水平角撐90×90以上、平均負擔面積5.0m²以下、樑深150mm以上	0.18	0.35
29		Z標鋼製水平角撐或木製水平角撐90×90以上、平均負擔面積5.0m²以下、樑深105mm以上	0.15	0.29

原注：上表的樓板倍率是從《木造構架工法住宅的容許應力度設計（2008年版）》（（財）日本住宅、木材技術中心）中載明的短期容許剪斷耐力
⊿Qₐ除以1.96[kN／m]所得到的值

陽台樓板面 ◀
▶ ⑨-⑬之間的屋頂面　　　　　　　　　　　①-⑨的屋頂面 ◀

圖8 因應地震力的水平構面跨距表①積雪：一般、耐震等級1

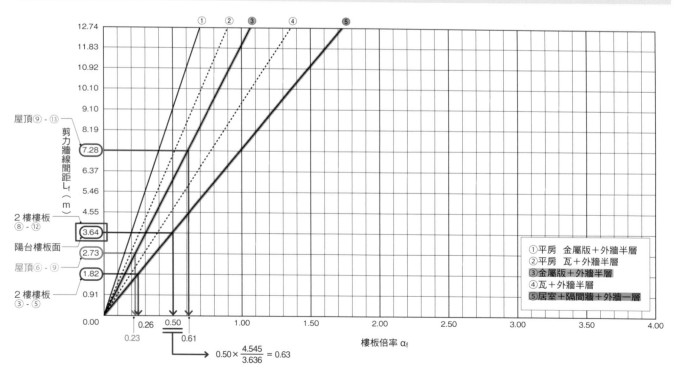

①平房 金屬版＋外牆半層
②平房 瓦＋外牆半層
③金屬版＋外牆半層
④瓦＋外牆半層
⑤居室＋隔間牆＋外牆一層

$$0.50 \times \frac{4.545}{3.636} = 0.63$$

圖9 因應風壓力的水平構面跨距表③粗糙度區分 Ⅲ、耐風等級 1

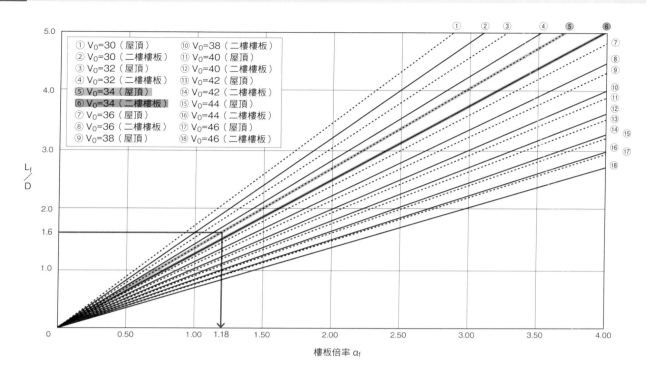

圖10 因應風壓力的水平構面跨距表④粗糙度區分 Ⅲ、耐風等級 1（跨距表③的擴大版）

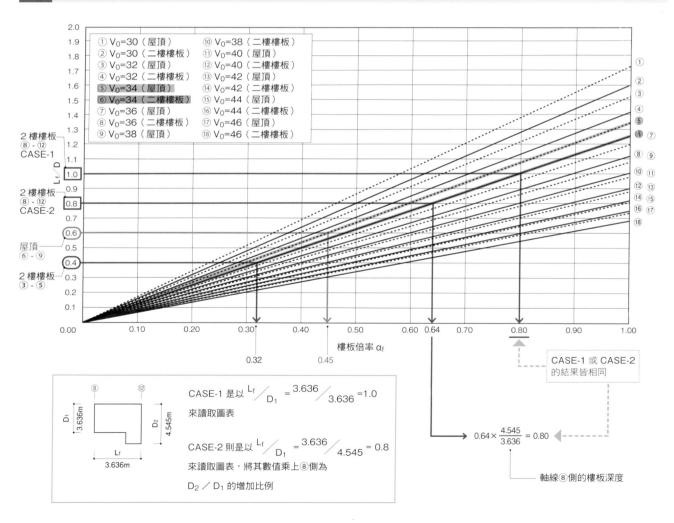

圖 11 二樓與一樓的牆線不一致時的水平構面跨距表

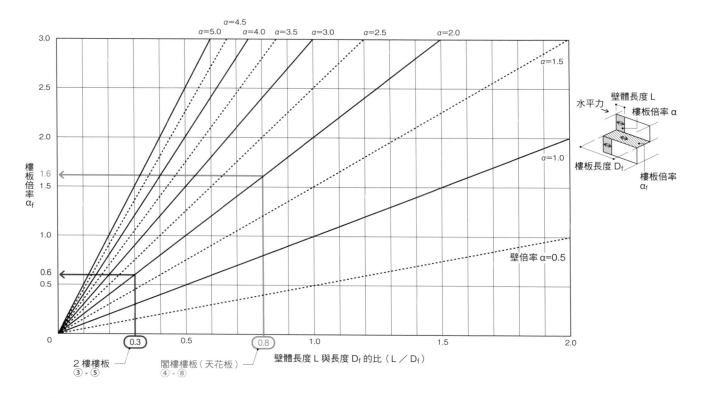

2 樓樓板 ③ - ⑤

閣樓樓板（天花板）④ - ⑧

橫軸：壁體長度 L 與長度 D_f 的比（L ／ D_f）

縱軸：樓板倍率 α_f

圖 12 對開口窄小的建築物之構架檢證

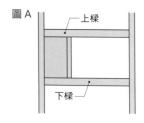

圖 A
上樑
下樑

開口窄小的建築物很難在短邊方向設置剪力牆，除了縮短壁體長度採取高倍率的做法之外，要將上下樓層的剪力牆線收齊一致也不容易。如果是屬於這樣的建築物形狀時，要如圖 A 所示，最好採無對接的單根木料、以大致相同斷面做為剪力牆的上下樑，讓上下樑處理剪力牆兩端部上所產生的附加軸力（壓縮力或拉伸力）。

此外，如圖 B 或圖 C 以下樑支撐全部載重的方法，除了很容易讓載重負擔大的下樑出現問題之外，下樑一旦稍有問題就會連帶影響整體構架的安全性。相較之下，圖 A 的方法因為下樑的負擔載重少，因此不容易出現問題，再加上上樑尚有餘裕，下樑萬一出現問題對整體的影響也會比較小。考慮到建築物整體的安全率時，就會發現即使確保了強度，圖 A 與圖 B、C 之間仍存有很大的差異。

在此針對水平力作用在圖 A ～圖 C 的構架時的變形與應力，進行分析結果比較。

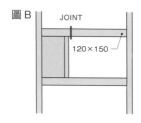

圖 B
JOINT
120×150

圖 13 的 CASE-1 ～ 3 的跨距都是 4,550 mm、在載重的負擔寬度為 2,730 mm 的二樓樓板樑上搭載長度 1,365 mm 壁倍率 4 的剪力牆。

CASE-1 是屋架樑、樓板樑都沒有對接採取相同斷面的構架；

CASE-2 是屋架樑設置了對接且樓板樑斷面擴大的構架；

CASE-3 是剪力牆搭載在跨距中央部，屋架樑設置對接且樓板樑斷面與 CASE-2 相同的構架。

由於 CASE-2 與 CASE-3 的 2 樓柱間隔不同，因此屋架樑斷面也會有所差異，不過樓板樑上常時加載的載重幾乎相同因而採取相同的斷面。

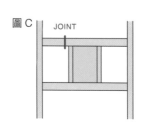

圖 C
JOINT

比較圖 A 與圖 B、C 樑的斷面二次彎矩 I，可知合計上下兩道樑的 CASE-1 比僅有下樑的 CASE-2、CASE-3 大了 1.3 倍，因此樓板樑的撓曲在垂直載重與水平載重作用時，都是 CASE-1 的數值較大。

另一方面應力大小的比較則是，CASE-1 在上下樑上產生的彎矩與剪斷力大致相等，不過想當然耳 CASE-2 與 CASE-3 的下樑應力較大。雖然牆體配置在中央的 CASE-3 之常時載重的應力比 CASE-2 大，但是在承受水平載重時，即使其中一側柱子上產生了壓縮力，另一側的柱子也會因為有反向的拉伸力作用，因而應力比 CASE-2 小。

不過，受常時載重作用之下的撓曲大，會使承載的剪力牆所發揮的剛性變得很低，因此必須確保 2 樓壁量的餘裕空間。

特別是端部產生的剪斷力，比較三者可知 CASE-2 在長期（常時載重）、短期（常時載重＋水平載重）都約為 CASE-1 的 1.5 倍，CASE-3 的長期約 1.6 倍、短期約 1.2 倍。因此，樓板樑端部的搭接要以能夠支撐這些剪斷力的方式，確保其入榫尺寸等。

圖 13 檢證模型圖

● 檢證模型俯視圖

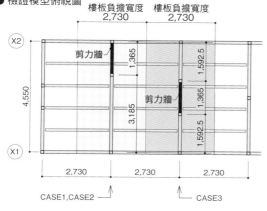

檢證計算條件

使用樹種　柱、樑　杉木；E=686.5 kN／cm²（E70）

樓板載重
固定載重　800 N／m²、應力用活載重　1,300 N／m²、
撓曲用活載重　600 N／m²

牆體載重　600 N／m²

剪力牆　壁倍率　α=4.0

水平力　Q=4.0×1.96×1.365=10.7 kN（剪力牆的容許剪斷力）

◯ 記號是管柱樑接合部要因應變形、應力確實繫緊的部分

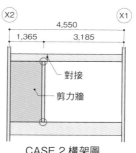

CASE 1 構架圖
上下樑同一斷面

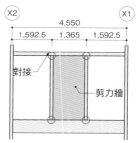

CASE 2 構架圖
下樑＞上樑（有對接）
剪力牆在跨距端部

CASE 3 構架圖
下樑＞上樑（有對接）
剪力牆在跨距中央

圖 14 各檢證模型的變形與應力

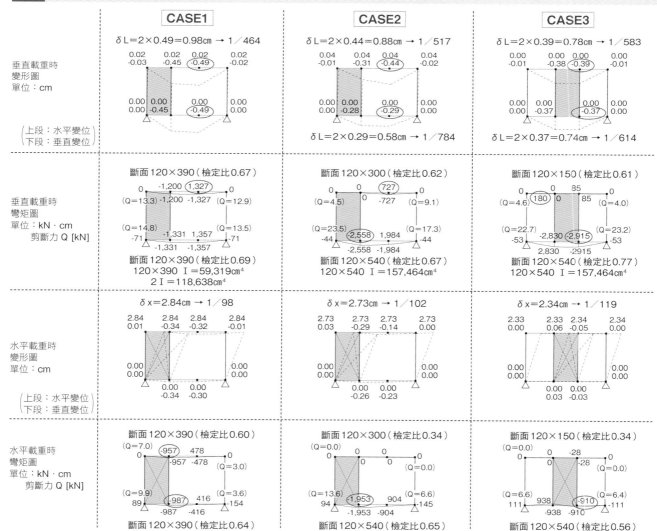

	CASE1	CASE2	CASE3
垂直載重時 變形圖 單位：cm （上段：水平變位 下段：垂直變位）	δL=2×0.49=0.98cm → 1／464	δL=2×0.44=0.88cm → 1／517 δL=2×0.29=0.58cm → 1／784	δL=2×0.39=0.78cm → 1／583 δL=2×0.37=0.74cm → 1／614
垂直載重時 彎矩圖 單位：kN·cm 剪斷力 Q [kN]	斷面120×390（檢定比0.67） 斷面120×390（檢定比0.69） 120×390 I=59,319cm⁴ 2I=118,638cm⁴	斷面120×300（檢定比0.62） 斷面120×540（檢定比0.67） 120×540 I=157,464cm⁴	斷面120×150（檢定比0.61） 斷面120×540（檢定比0.77） 120×540 I=157,464cm⁴
水平載重時 變形圖 單位：cm （上段：水平變位 下段：垂直變位）	δx=2.84cm → 1／98	δx=2.73cm → 1／102	δx=2.34cm → 1／119
水平載重時 彎矩圖 單位：kN·cm 剪斷力 Q [kN]	斷面120×390（檢定比0.60） 斷面120×390（檢定比0.64）	斷面120×300（檢定比0.34） 斷面120×540（檢定比0.65）	斷面120×150（檢定比0.34） 斷面120×540（檢定比0.56）

07 L型平面或退縮設計該注意的事項為何？

以平面、立面形狀或挑空位置等水平構面的連續性為考量，
盡量以完整的區塊進行分割，並分別檢視牆體的配置

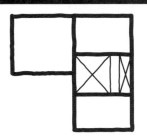

L形的平面形狀很容易產生剪力牆偏移。在有挑空的情況下，必須注意樓板構面到下方樓層剪力牆的力傳遞方式

圖1 具有挑空的L形平面的情況

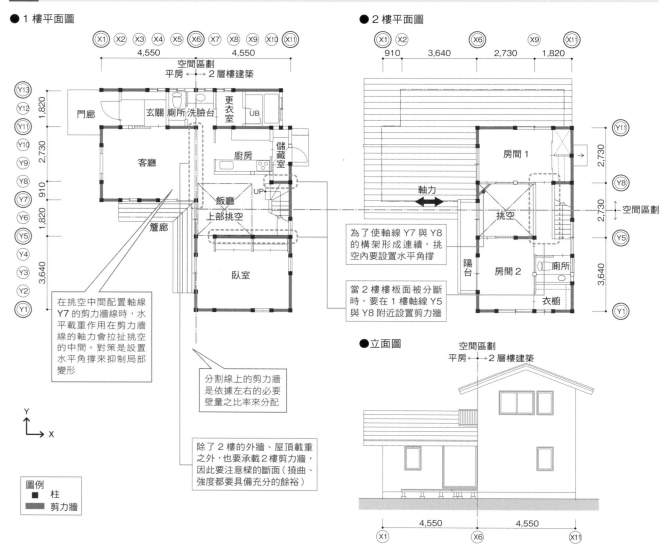

● 1樓平面圖

● 2樓平面圖

在挑空中間配置軸線Y7的剪力牆線時，水平載重作用在剪力牆線的軸力會拉扯挑空的中間。對策是設置水平角撐來抑制局部變形

分割線上的剪力牆是依據左右的必要壁量之比率來分配

除了2樓的外牆、屋頂載重之外，也要承載2樓剪力牆，因此要注意樑的斷面（撓曲、強度都要具備充分的餘裕）

為了使軸線Y7與Y8的構架形成連續，挑空內要設置水平角撐

當2樓樓板面被分斷時，要在1樓軸線Y5與Y8附近設置剪力牆

● 立面圖

圖例
■ 柱
▬ 剪力牆

當平面形狀為L形時，最好以完整的區塊進行分割，分別檢視其各自牆體的配置［P36一］。

若為一部分屬於2層樓建築的情況，要將平房部分與2層樓部分分開來思考。此時分割線上的剪力牆最好是依據各自的必要壁量比率來分配。

在該範例中，2層樓建築部分的中央部幾乎被挑空與樓梯分斷，因此必須在1樓的軸線Y5與軸線Y8附近設置剪力牆。但是，軸線Y8在平面上只容許設置少量的牆體，這種情況要將2樓樓板與平房部分的屋頂面連通，讓具有充足壁量的軸線Y7的剪力牆來負擔水平力，因此為了讓軸線Y7與軸線Y8的構架形成連續，挑空內要設置水平角撐。

在2樓的軸線X6上，軸線Y7～Y11之間的外牆是搭載在跨距兩個開間的樑上，這個部分同時要承受外牆載重與屋頂載重、以及2樓剪力牆端部柱子的軸力作用，因此一定要考慮到2樓樓板樑的斷面與端部的支撐方法［P52圖3］。

圖2 屋架構架計畫的要點

● 2 樓桁條俯視圖

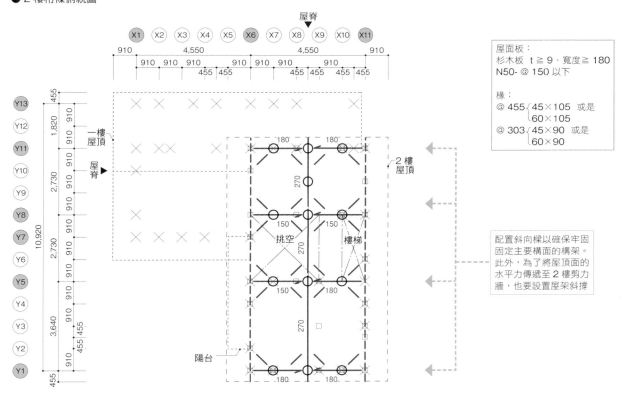

屋面板：
杉木板 t ≧ 9、寬度 ≧ 180
N50- @ 150 以下

椽：
@ 455 { 45×105 或是
        60×105
@ 303 { 45×90 或是
        60×90

配置斜向樑以確保牢固固定主要構面的構架。此外，為了將屋頂面的水平力傳遞至 2 樓剪力牆，也要設置屋架斜撐

● 2 樓屋架、1 樓桁條俯視圖

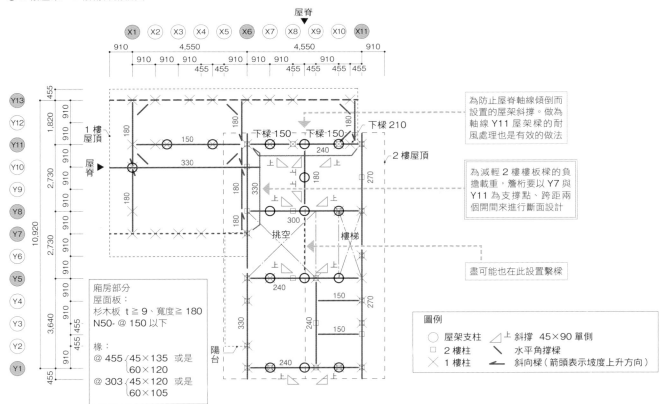

為防止屋脊軸線傾倒而設置的屋架斜撐。做為軸線 Y11 屋架樑的耐風處理也是有效的做法

為減輕 2 樓樓板樑的負擔載重，簷桁要以 Y7 與 Y11 為支撐點、跨距兩個開間來進行斷面設計

盡可能也在此設置繫樑

廂房部分
屋面板：
杉木板 t ≧ 9、寬度 ≧ 180
N50- @ 150 以下

椽：
@ 455 { 45×135 或是
        60×120
@ 303 { 45×120 或是
        60×105

圖例
○ 屋架支柱   ◹ 斜撐 45×90 單側
□ 2 樓柱   ＼ 水平角撐樑
× 1 樓柱   → 斜向樑（前頭表示坡度上升方向）

圖3 廂房的屋架構架與 2 樓樓板樑的配置計畫與注意要點

CASE1

● 1 樓屋架、
2 樓樓板俯視圖

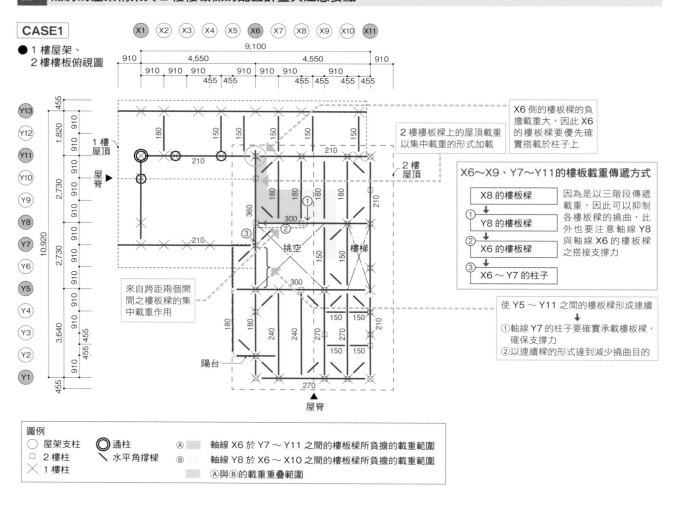

2 樓樓板樑上的屋頂載重
以集中載重的形式加載

2 樓屋頂

X6 側的樓板樑的負
擔載重大，因此 X6
的樓板樑要優先確
實搭載於柱子上

X6～X9、Y7～Y11的樓板載重傳遞方式

| X8 的樓板樑 |
| ① ↓ |
| Y8 的樓板樑 |
| ② ↓ |
| X6 的樓板樑 |
| ③ ↓ |
| X6～Y7 的柱子 |

因為是以三階段傳遞
載重，因此可以抑制
各樓板樑的撓曲，此
外也要注意軸線 Y8
與軸線 X6 的樓板樑
之搭接支撐力

來自跨距兩個開
間之樓板樑的集
中載重作用

使 Y5～Y11 之間的樓板樑形成連續
↓
①軸線 Y7 的柱子要確實承載樓板樑，
確保支撐力
②以連續樑的形式達到減少撓曲目的

圖例
- ○ 屋架支柱
- ◎ 通柱
- □ 2 樓柱
- ╲ 水平角撐樑
- ✕ 1 樓柱

Ⓐ ▨ 軸線 X6 於 Y7～Y11 之間的樓板樑所負擔的載重範圍
Ⓑ ▨ 軸線 Y8 於 X6～X10 之間的樓板樑所負擔的載重範圍
▨ Ⓐ與Ⓑ的載重重疊範圍

CASE2

● 1 樓屋架、
2 樓樓板俯視圖

2 樓樓板面：
結構用合板 t ≧ 12
N50- @ 150 以下

樓板格柵：
樓板格柵：45×60-@303（空鋪）

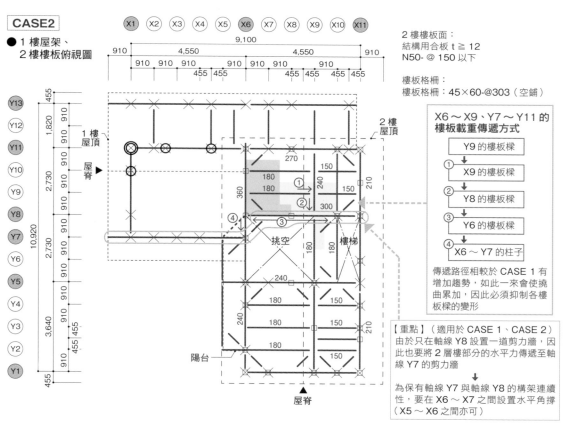

2 樓屋頂

**X6～X9、Y7～Y11 的
樓板載重傳遞方式**

| Y9 的樓板樑 |
| ① ↓ |
| X9 的樓板樑 |
| ② ↓ |
| Y8 的樓板樑 |
| ③ ↓ |
| Y6 的樓板樑 |
| ④ ↓ |
| X6～Y7 的柱子 |

傳遞路徑相較於 CASE 1 有
增加趨勢，如此一來會使撓
曲累加，因此必須抑制各樓
板樑的變形

【重點】（適用於 CASE 1、CASE 2）
由於只在軸線 Y8 設置一道剪力牆，因
此也要將 2 層樓部分的水平力傳遞至軸
線 Y7 的剪力牆
↓
為保有軸線 Y7 與軸線 Y8 的構架連續
性，要在 X6～X7 之間設置水平角撐
（X5～X6 之間亦可）

● 軸線 Y8 構架圖

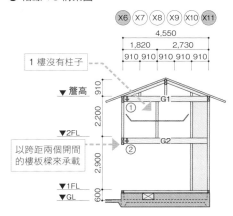

● 軸線 X6 構架圖

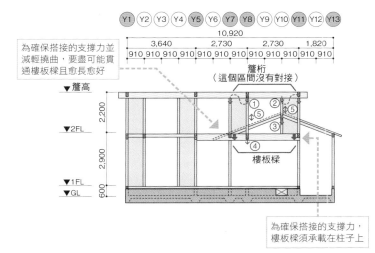

觀察軸線 Y8 與軸線 X6 的構架圖，可以得知作用在軸線 X6 樓板樑的載重非常大

在軸線 Y8 上，由於跨距兩個開間的樓板樑 G2 的中間承載著柱子，因此可以減輕 G2 樑的負擔、軸線 X6 的樓板樑之負擔載重也會減輕。在 G1 樑即使沒有 X8 的柱子也沒關係的情況下，以跨距兩個開間來進行斷面設計。

在軸線 X6 上，將簷桁的跨距設定在 Y8 ～ Y11 之間並進行斷面設計時，樓板樑會有以下的載重作用

屋頂載重①＋②
＋
廂房屋頂載重③
＋
樓板載重④
＋
剪力牆端部柱子的附加軸力⑤

因此，除了加大斷面之外，對於施加在搭接（Y7、Y11）上的載重，也要相當慎重地設計

實際進行檢證可知，即使只有③和④，負擔已經很大，因此①與②最好是以屋架層傳遞至 Y7 與 Y11 柱子的方式來設計，以減輕樓板樑的載重負擔

圖4 基礎樑的配置計畫要點

● 基礎俯視圖

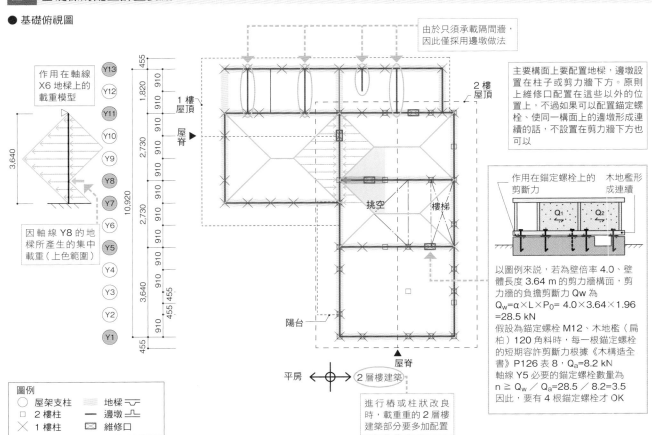

以圖例來說，若為壁倍率 4.0、壁體長度 3.64 m 的剪力牆構面，剪力牆的負擔剪斷力 Qw 為
$Q_w=\alpha \times L \times P_0 = 4.0 \times 3.64 \times 1.96 = 28.5$ kN
假設為錨定螺栓 M12、木地檻（扁柏）120 角料時，每一根錨定螺栓的短期容許剪斷力根據《木構造全書》P126 表 8，$Q_a=8.2$ kN
軸線 Y5 必要的錨定螺栓數量為
$n \geqq Q_w / Q_a = 28.5 / 8.2 = 3.5$
因此，要有 4 根錨定螺栓才 OK

圖例
○ 屋架支柱　〜 地樑
□ 2 樓柱　　─ 邊墩
✕ 1 樓柱　　⊠ 維修口

3
各結構要素的設計重點

01 木造住宅的基礎採用版狀的版式基礎是可行的？

由於僅有版時垂直剛性很低，因此要以格子狀的方式設置地樑或邊墩等的基礎樑

經由上部建築物的柱子傳遞垂直載重至基礎樑，最後到地盤

圖1 對於垂直載重與水平力之基礎的作用

①垂直載重

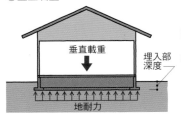

對於垂直載重（常時）
・將建築物的重量傳遞至地盤
・防止長期不均勻沉陷
　→利用基礎邊墩（基礎樑）來確保剛性
　→採用樁基礎

②水平力

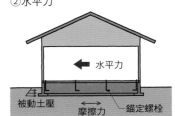

對於水平力（地震、颱風）
・將水平力傳遞至地盤
　→經由錨定螺栓來傳遞
・防止不均勻沉陷
　→利用基礎邊墩（基礎樑）來確保剛性
　→採用樁基礎

圖2 木造住宅中的基礎種類

①直接基礎

A. 連續基礎

在建築物的主要構面下方，以連續狀配置倒 T 字形的基礎樑之方法。用於地耐力比較高的地盤上

基腳下端的埋入深度要比凍結深度深

B. 版式基礎

在建築物的下方全面設置耐壓版的方法。版厚度在 150 mm 左右且適當配置邊墩與地樑

只有外周部的埋入深度是在凍結深度以下（防止水滲入建築物內的基礎下）

②樁基礎

C. 支撐樁、柱狀改良

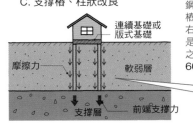

鋼管樁有很多種類，住宅用的樁直徑約 100 ～ 150 mm 左右，長度 7m 左右。柱狀改良是將液狀的固化材與土壤攪拌之後加以固化的工法。直徑約 600 mm 左右

木造建築物的重量很輕，因此很多案例都是不採取支撐樁而採細徑鋼管樁做為地盤改良的處理方式

D. 摩擦樁

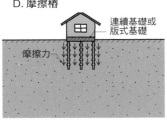

軟弱層連續 20 m 以上的基地會採用的工法。為增加樁周邊的摩擦力而採凹凸形狀的樁，多為 RC 製。細徑部分的直徑為 300 ～ 500 mm，長度在 4 ～ 8 m 左右

就基礎來說，為了達到即使有地震力作用，其平面形狀也不會崩壞，並且能與上部建築物形成一體化運動〔圖1〕，就必須有與上部結構連動的計畫。

木造住宅的基礎形式大致可以區分為直接基礎、柱狀改良或是樁基礎等兩大類一圖1、表2或圖3等，由地盤調查數據與建築物形狀決定。

連續基礎與版式基礎最大的差異在於接地面積的大小。將建築物重量除以接地面積所得到的數值稱為「接地壓」，確保耐壓版面積，才能使這個數值在地耐力以下。比較連續基礎與版式基礎會發現版式基礎的接地面積較大，因此版式基礎的接地面壓數值小，即使是地耐力低的基地上也能因應。

為提高基礎的垂直剛性，僅增加版厚度是不夠的，要使地樑或邊墩等的基礎樑形成連續並以格子狀設置才是最有效的做法。特別是軟弱地盤或地耐力出現變異的地盤，不但能提高垂直方向的剛性還能抑制不均勻沉陷。即使是版式基礎也要細心注意基礎樑的設計。

表 1　連續基礎與版式基礎的優點與缺點

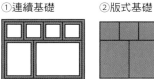

①連續基礎　②版式基礎

以 ■ 部分承受建築物的重量，版式基礎的接地面積大

基礎形式	優點	缺點
連續基礎	・具連續性、平面上若形成封閉時，垂直方向、水平方向的剛性都很高 ・鋼筋量或混凝土量少	・開挖量多 ・形狀複雜，施工困難 ・模版量多 ・需要擬定樓板下方的溼氣對策
版式基礎	・開挖量或模版量少 ・形狀單純，配筋作業等施工容易 ・具樓板下方的溼氣對策	・混凝土量多 ・根據條件會引發不均勻沉陷

表 2　基礎形式的選擇基準

具有 30 kN／m² 以上的長期容許支撐力時，一般並不需要樁或改良，但若是不均質地盤或傾斜地就要加以注意

長期容許支撐力	連續基礎	版式基礎	樁基礎
f ＜ 20kN／m²	×	×	○
20kN／m² ≦ f ＜ 30kN／m²	×	○	○
30kN／m² ≦ f	○	○	○

圖 3　決定木造住宅的基礎形式的流程 [※1]

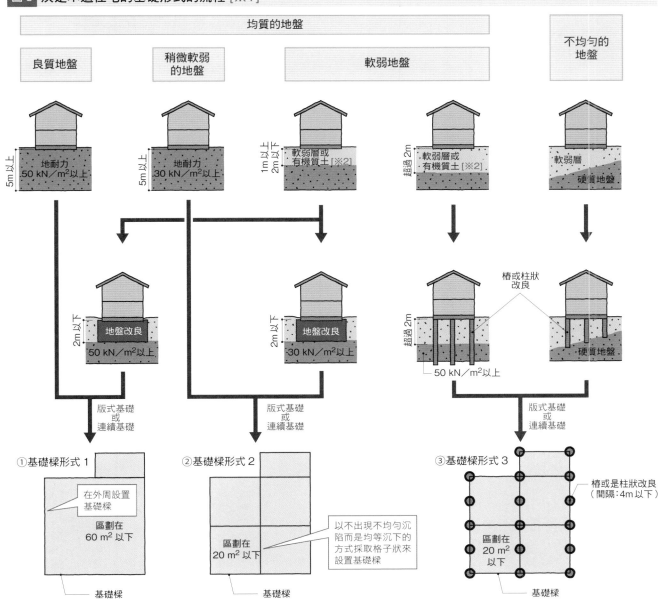

原注 ※1　本圖表流程是其中一例，實際設計時必須對地盤性質、建築物形狀、用途、成本等進行綜合判斷。
原注 ※2　包含腐植土。

從 SWS 試驗數據與圖表可以了解到什麼程度？

換算地盤支撐力、自沉層的下陷量，確認是否需要進行地盤改良或樁補強

瑞典式探測試驗（SWS 試驗）的作業情形。以旋轉手把的方式進行測量

表1	木造住宅所使用的地盤調查方法之種類（平成 13 年國交告 1113 號）
鑽探調查	旋轉鑽探法
	手動螺旋鑽探法
標準貫入試驗	—
靜態貫入試驗	瑞典式探測（SWS）試驗
	圓錐貫入儀試驗
	荷蘭式雙管貫入試驗
十字版剪切試驗	—
土質試驗	物理試驗
	力學試驗
物理探測	表面波探測法
	PS 檢層法
	常時微震動測定等
平版載重試驗	—

圖1　以目視確認基地狀況

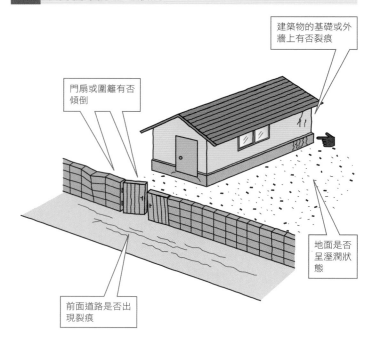

建築物的基礎或外牆上有否裂痕

門扇或圍籬有否傾倒

地面是否呈溼潤狀態

前面道路是否出現裂痕

基地的地盤狀況除了確認地形圖或地名、詢問早前居住於此的居民之外，還要進行地盤調查，做出綜合性的判斷一圖 1〕。

在木造住宅所使用的地盤調查方法中有表 1 這種方法。其中的標準貫入試驗、鑽探調查、平版載重試驗、表面波探查法、瑞典式探測試驗（以下稱 SWS 試驗）等都屬於一般的方法。尤其是後兩者，由於相當方便使用，所以是經常採用的調查方法。

表面波探測法屬於物理探測法的一種，利用起振器施加人為的震動，藉由該震動的傳遞方法來測定地盤固結情形的方法。不過若非專家很難判定什麼樣的基礎形狀。

SWS 試驗是一邊旋轉如圖 2 的試驗機器、一邊測定地盤固結情形的方法，分為手動式與機械式兩種。雖然這個試驗無法調查土質的構成內容，但從前端螺絲頭上附著的土、或旋轉時傳遞至手部的觸感，便可判定土質是黏性土還是砂質土。可調查的深度約在 5 ～ 10 m 左右，但調查結果會有誤差，不適用於重型結構物。

不過，這種試驗相對經濟而且可在基地內的數個位置進行調查，因此可以說是很適合用於木造住宅的地盤調查方法。

表 2 是某地的調查結果例子，以下 3 點為重點。

① 土質是黏性土還是砂質土
② 有無自沉層及沉陷速度（表內的「備註」欄）
③ 每 1 m 的半旋轉數

當中所謂的自沉層是指在不旋轉試驗機也會出現沉陷的地層，其半旋轉數 Na 為 0 的部分。

其次，繪製地層構成概念圖〔圖 3①〕以求出長期容許支撐力與沉陷量，依此來決定是否需要進行地盤改良或採取什麼樣的基礎形狀。

圖 3② 是將主要的支撐力計算式製成圖表。在推定為壓密沉陷量的圖 3③ 中，則是將基礎底面算起至 2m 的範圍內、與基礎下 2～5m 的範圍內有自沉層存在時的壓密沉陷量推定式予以圖表化。建築物重量是以木造 3 層樓的建築做為假設。

表2 從試驗數據可獲得的訊息

瑞典式探測試驗　記錄用紙　　　　　　　　　　　　　　*□ 為半旋轉數為 0 的部分（自沉層）

調查名稱（T）宅　基地（埼玉縣朝霞市）　試驗年月日（平成 21 年 4 月 1 日）
天候（晴）　測定地點（No.2）　最終貫入深度（8.2 m）　水位（GL－1.8 m）

載重 Wsw (kN)	半旋轉數 Na (次)	貫入深度 D (m)	貫入量 L (cm)	每1m的半旋轉數 Nsw (次)※	推定土質 推定水位	備註	推定地耐力 fe (kN／m²)
0	0	0.25	25	0		挖掘	
0.50	0	0.50	25	0		無旋轉降速	
0.75	0	0.75	25	0	黏性土	無旋轉降速	
1.00	2	1.00	25	8	〃	—	43
1.00	8	1.25	25	32	〃	—	58
1.00	5	1.50	25	20	〃	—	51
1.00	0	1.75	25	0	〃	無旋轉降速	
1.00	0	2.00	25	0	〃	無旋轉降速	
0.75	0	2.25	25	0	〃	無旋轉降速	
0.75	0	2.50	25	0	〃	無旋轉降速	
1.00	3	2.75	25	12	〃	—	46
1.00	3	3.00	25	12	〃	—	46
1.00	4	3.25	25	16	〃	—	48
1.00	5	3.50	25	20	〃	—	51
1.00	0	3.75	25	0	〃	無旋轉降速	
1.00	0	4.00	25	0	〃	無旋轉降速	
1.00	0	4.25	25	0	〃	無旋轉降速	
1.00	0	4.50	25	0	〃	無旋轉降速	
1.00	0	4.75	25	0	〃	無旋轉降速	
1.00	36	8.00	25	144	〃	—	130
1.00	99	8.20	25	396	〃	—	291

鑽頭有壤土附著
在接近第一次的位置挖掘表土後進行測定　GL= 第一次的 GL－110

右欄說明：
- 填入圖 3 ② 所求得的支撐力。依不同的條件，也有填入換算 N 值的情況
- 記入探竿的沉陷樣貌。以重量為 100 kgf（載重 1.0 kN）的重錘進行試驗，若是「緩慢」的速度，可以預測地耐力為 30 kN／m² 左右；若是「急速」或重錘重量不滿 100 kgf 時，就是相當軟弱的地盤，要加以注意
- 表示重錘的重量。100 kgf 時是 1.0 kN；75 kgf 則是 0.75 kN
- 表示手把旋轉 180° 的次數
- 自地表面算起的深度
- 按探竿刻度所測定的值
- 將每 25cm（貫入量）所測定的半旋轉數換算為每 1m 的數值
- 查看土質是黏性土或是砂質土

圖2 SWS 試驗裝置

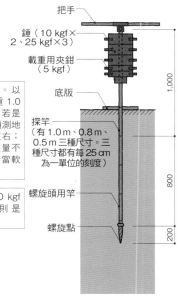

- 在裝有螺旋頭的探竿頂部搭載 100 kgf 的夯錘
- 安裝把手並向右旋轉，按探竿上的刻度（25 cm）記錄半旋轉數
- 利用試驗中的聲音或抵抗的感覺、附著在螺旋頭上的土等來判斷土質

圖3 從 SWS 試驗數據推定地耐力與壓密沉陷量

①地層構成概念圖

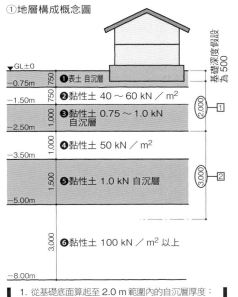

1. 從基礎底面算起至 2.0 m 範圍內的自沉層厚度：1.25 m（依據圖表③，推定壓密沉陷量為 5.6 cm）
2. 從基礎底面算起至 2.0 m 到 3.0 m 範圍內的自沉層厚度：1.5 m（推定壓密沉陷量為 1.6 cm）
因此，推定壓密沉陷量 =5.6＋1.6=7.2 cm＞5 cm 容許沉陷量為 5cm 時，該地盤的沉陷量就是超過容許值，因此要進行地盤改良
原注：容許沉陷量依設計者判斷

做為基礎下 2～5m 的判定對象之沉陷層，載重雖在 0.50 kN 以下（平成 13 年國告示 1113 號），不過依照設計者的判斷，本範例全部視為自沉層

②從試驗數據換算長期容許支撐力 [※1、2]

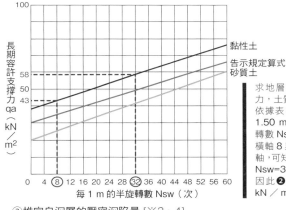

求地層構成概念圖 ❷ 的地層支撐力，土質為黏性土。
依據表 2，在貫入深度 D=0.75～1.50 m 的範圍中，每 1m 的半旋轉數 Nsw 是 8～32。從圖表中的橫軸 8 與黏性土線的交點對應到縱軸，可知 qa=43 kN／m²。同樣的，Nsw=32 時，qa=58 kN／m²。因此 ❷ 的地層支撐力在 40～60 kN／m² 之間

③推定自沉層的壓密沉陷量 [※3、4]

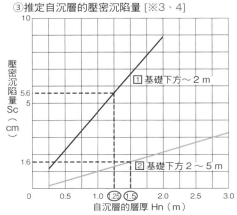

依據地層構成概念圖，基礎下到 2 m 範圍內的自沉層厚度為 1.25 m。從圖表中的橫軸 1.25 m 與直線 [1] 的交點對應到縱軸，可知此地層的壓密沉陷量 Sc=5.6 cm。其次，基礎下 2m 到 5m 範圍內的自沉層厚度為 1.5 m，從與直線 [2] 的交點對應到縱軸可知 Sc=1.6 cm。因此，該地盤的推定壓密沉陷量為 5.6＋1.6=7.2 cm

原注 ※1　黏性土：依據〈小規模建築物基礎設計指南〉2008 年版。砂質土：qa=N×10，依據告示規定算式：平成 13 年國交告 1113 號第 2 之（3）式
原注 ※2　告示的計算式只有一式沒有分土質，不過黏性土與砂質土即使是抵抗同樣的力，其地耐力也會有所差異，因此要區分出黏性土或砂質土再求出支撐力
原注 ※3　壓密沉陷分為即時沉陷與壓密沉陷。黏性土受到長時間的壓密沉陷之下水分會逐漸流失，導致很多建築物發生歪斜、有害的情形
原注 ※4　計算式出處：「瑞典式探測試驗中認定有自沉層存在的地盤之容許應力度與沉陷檢討」（田村昌仁、枝廣茂樹、人見孝、泰樹一郎、〈建築技術〉2002 年 3 月號）

03 基礎配筋依照告示 配置即可？

告示中的配筋僅是基本規定，還會因基礎樑的跨距或由樑所圍閉的版大小而改變。此外，告示中並沒有規定基礎樑的設置方式或維修口的位置，所以設計者必須審慎考量才行

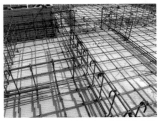

版式基礎的配筋情形。剪斷補強筋的前端附有彎勾

圖1 在剪力牆下方配置基礎樑

① 基礎俯視圖

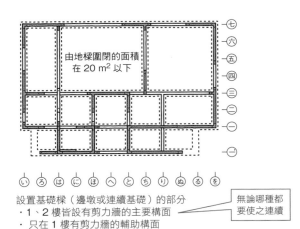

由地樑圍閉的面積在 20 m² 以下

設置基礎樑（邊墩或連續基礎）的部分
・1、2 樓皆設有剪力牆的主要構面
・只在 1 樓有剪力牆的輔助構面

無論哪種都要使之連續

② 1 樓平面圖

廚房　飯廳　和室　玄關

○主要構面　◌輔助構面　■剪力牆

圖2 依據平成 12 年建告 1347 號的基礎規範

① 連續基礎

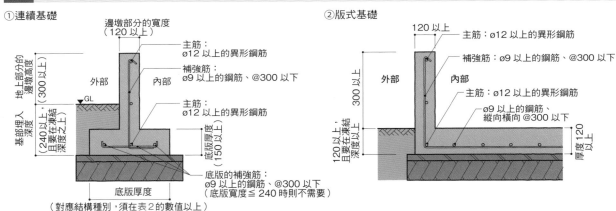

邊墩部分的寬度（120 以上）

主筋：ø12 以上的異形鋼筋

補強筋：ø9 以上的鋼筋、@300 以下

主筋：ø12 以上的異形鋼筋

外部　內部

▽GL

地上部分的邊墩高度（300 以上）

基部埋入深度（240 以上，且要在凍結深度之上）

底版厚度（150 以上）

底版厚度（對應結構種別，須在表 2 的數值以上）

底版的補強筋：ø9 以上的鋼筋、@300 以下（底版寬度 ≦ 240 時則不需要）

② 版式基礎

120 以上

主筋：ø12 以上的異形鋼筋

補強筋：ø9 以上的鋼筋、@300 以下

外部　內部

主筋：ø12 以上的異形鋼筋

ø9 以上的鋼筋、縱向橫向 @300 以下

300 以上

120 以上，且要在凍結深度之上

厚度 120 以上

③ 開口部周邊補強

斜向補強筋：ø9 以上的鋼筋
開口補強筋：ø9 以上的鋼筋

主筋

開口補強筋：ø9 以上的鋼筋

ø9 以上的鋼筋、@300 以下

表2 連續基礎的底盤寬度（平成 12 年建告 1347 號）

對應長期在地盤中產生的力之容許應力度（kN／m²）	建築物的種類		其他建築物
	木造或 S 造或其他類別重量小的建築物		
	平房	二層樓	
30 以上未滿 50	30 cm	45 cm	60 cm
50 以上未滿 70	24 cm	36 cm	45 cm
70 以上	18 cm	24 cm	30 cm

表1 基礎的結構形式基準

對應長期在地盤中產生的力之容許應力度（kN／m²）	樁基礎	版式基礎	連續基礎
未滿 20	○	×	×
20 以上未滿 30	○	○	×
30 以上	○	○	○

基礎樑的配置要與主要構面、輔助構面一致，原則上邊墩設置在柱子與剪力牆的下方[圖1]。基礎形狀是依據告示中因應地耐力的規定[圖2、表1及2]，不過實務上還是要好好思考基礎上作用的力，依此來決定配筋。

混凝土對應壓縮力的能力很強，對應拉伸力卻很弱，因此無筋混凝土的拉伸側容易產生裂痕，非常脆弱。為彌補這項缺點而加入對應拉伸力很強的鋼筋，就是所謂的鋼筋混凝土[圖3]。因此，面對基礎上所產生的應力時，最好在形成拉伸力的部分有效地配置鋼筋[圖4]。

鋼筋使用的位置有不同的稱呼[圖5]。結構上最重要的鋼筋是彎曲補強筋，又稱為主筋。其次是剪斷補強筋（箍筋），用以防止混凝土出現脆性破壞的剪斷破壞。

為使這些鋼筋能夠有效運作，一定要確保①鋼筋的定著長度和搭接長度、②鋼筋之間的間距、③鋼筋的保護層厚度。

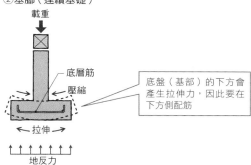

圖4 作用在基礎與配筋的力

① 地樑

載重　拉伸　載重　拉伸　柱　載重　木地檻

主筋（上層筋）　壓縮　壓縮
主筋（下層筋）
壓縮　壓縮
拉伸　拉伸

地反力

載重從上部建築物的柱子開始作用，下部則有地反力作用，因此地樑會產生壓縮、拉伸力

② 基腳（連續基礎）

載重

底層筋
壓縮
拉伸

地反力

底盤（基部）的下方會產生拉伸力，因此要在下方側配筋

③ 耐壓版（版式基礎）

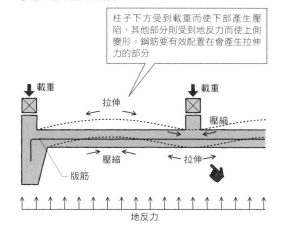

柱子下方受到載重而使下部產生壓陷，其他部分則受到地反力而使上側變形。鋼筋要有效配置在會產生拉伸力的部分

載重　拉伸　載重
壓縮
壓縮　拉伸
版筋
地反力

圖3 檢視鋼筋混凝土的構造

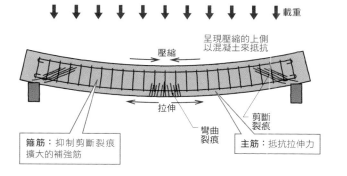

載重

壓縮
呈現壓縮的上側以混凝土來抵抗

拉伸

箍筋：抑制剪斷裂痕擴大的補強筋
彎曲裂痕
剪斷裂痕
主筋：抵抗拉伸力

圖5 配筋的種類與功用

① 連續基礎

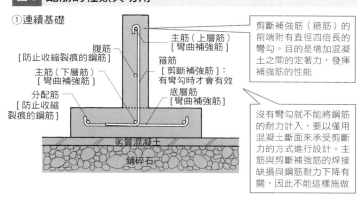

腹筋[防止收縮裂痕的鋼筋]
主筋（下層筋）[彎曲補強筋]
分配筋[防止收縮裂痕的鋼筋]
主筋（上層筋）[彎曲補強筋]
箍筋[剪斷補強筋]：有彎勾時才會有效
底層筋[彎曲補強筋]
劣質混凝土
鋪碎石

剪斷補強筋（箍筋）的前端附有直徑四倍長的彎勾。目的是增加混凝土之間的定著力，發揮補強筋的性能

沒有彎勾就不能將鋼筋的耐力計入，要以僅用混凝土斷面來承受剪斷力的方式進行設計。主筋與剪斷補強筋的焊接缺損與鋼筋耐力下降有關，因此不能這樣施做

② 版式基礎

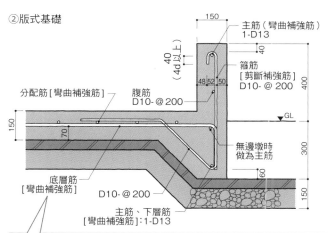

分配筋[彎曲補強筋]
腹筋 D10-@200
底層筋[彎曲補強筋]
主筋（彎曲補強筋）1-D13
箍筋[剪斷補強筋]D10-@200
主筋、下層筋[彎曲補強筋]：1-D13
無邊墩時做為主筋
GL
150　70
40（4d以上）
48 52 50
400　300　150
60
D10-@200

・採用直接基礎時
為抵抗地反力（從下而上作用的力），而採下側為主筋，上側為分配筋的做法。因此要在耐壓版的短邊方向配置下層筋
・採用樁基礎時
為支撐1樓樓板的重量（抵抗向下的力量），而採上側為主筋，在短邊方向配置上層筋的做法

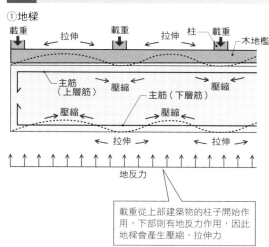

04 如何提高基礎的混凝土耐久性？

確保混凝土的保護層厚度，降低水灰比以減緩中性化的速度

版式基礎的混凝土澆置情形。為抑制混凝土亂流，澆置混凝土時要頻繁轉動澆置管

表1 根據 JASS5 的混凝土品質與耐用年數

分類	耐用年數	強度	水灰比	養護時間
短期	30 年	Fc18	W／C≦65%	5 天以上
標準	65 年	Fc24	W／C≦55～58%	5 天以上
長期	100 年	Fc30	W／C≦49～52%	7 天以上
超長期	200 年	Fc36（※）	W／C≦55%	7 天以上

※ 保護層厚度增加 10 mm，強度 =Fc30

圖1 混凝土的構成

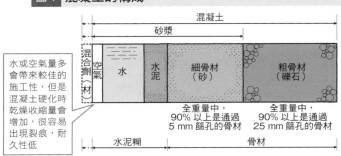

水或空氣量多會帶來較佳的施工性，但是混凝土硬化時乾燥收縮量會增加，很容易出現裂痕，耐久性低

混凝土
砂漿
水泥糊

混合劑（材）
空氣　水　水泥　細骨材（砂）　粗骨材（礫石）

全重量中，90% 以上是通過 5 mm 篩孔的骨材
全重量中，90% 以上是通過 25 mm 篩孔的骨材
骨材

圖2 混凝土澆置與養護的要點

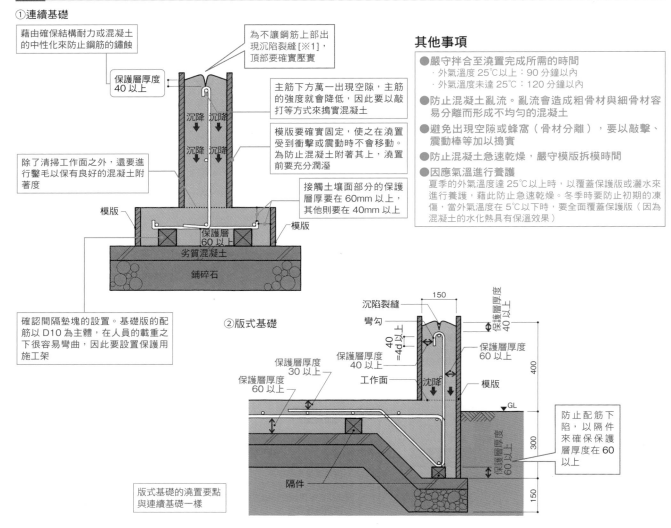

① 連續基礎

藉由確保結構耐力或混凝土的中性化來防止鋼筋的鏽蝕

保護層厚度 40 以上

為不讓鋼筋上部出現沉陷裂縫 [※1]，頂部要確實壓實

主筋下方萬一出現空隙，主筋的強度就會降低，因此要以敲打等方式來搗實混凝土

模版要確實固定，使之在澆置受到衝擊或震動時不會移動。為防止混凝土附著其上，澆置前要充分潤溼

接觸土壤面部分的保護層厚要在 60mm 以上，其他則要在 40mm 以上

除了清掃工作面之外，還要進行鑿毛以保有良好的混凝土附著度

沉降

模版

保護層 60 以上

劣質混凝土

鋪碎石

確認間隔墊塊的設置。基礎版的配筋以 D10 為主體，在人員的載重之下很容易彎曲，因此要設置保護用施工架

其他事項

● 嚴守拌合至澆置完成所需的時間
　· 外氣溫度 25℃ 以上：90 分鐘以內
　· 外氣溫度未達 25℃：120 分鐘以內

● 防止混凝土亂流。亂流會造成粗骨材與細骨材容易分離而形成不均勻的混凝土

● 避免出現空隙或蜂窩（骨材分離），要以敲擊、震動棒等加以搗實

● 防止混凝土急速乾燥，嚴守模版拆模時間

● 因應氣溫進行養護
　夏季的外氣溫度達 25℃ 以上時，以覆蓋保護版或灑水來進行養護，藉此防止急速乾燥。冬季時要防止初期的凍傷，當外氣溫度在 5℃ 以下時，要全面覆蓋保護版（因為混凝土的水化熱具有保溫效果）

② 版式基礎

150
沉陷裂縫
彎勾
保護層厚度 40 以上
40＝4d以上
工作面
沉降
保護層厚度 60 以上
模版
保護層厚度 40 以上
保護層厚度 30 以上
保護層厚度 60 以上
GL
400
300
150
隔件
保護層厚度 60 以上
防止配筋下陷，以隔件來確保保護層厚度在 60 以上

版式基礎的澆置要點與連續基礎一樣

原注 ※1　混凝土部分在澆置後會因為水分流失而沉降，但鋼筋上部的混凝土沉降少，因此澆置混凝土後的壓實作業若不確實就會產生裂縫。

混凝土是由水泥、骨材、水等材料所構成[圖1]。單位水量與空氣含量愈少，愈是高密實、高強度和高耐久性的混凝土。材料的標準配比因應建築物的耐用年數，在JIS或JASS 5中有規定[表1]。

近年來，以要有高耐久性為由，將混凝土強度提高到必要強度以上已成為趨勢。不過，施工上雜亂無章也是徒勞無功。與其如此，倒不如密實地澆置水分與空氣含量少的混凝土還比較重要[圖2]。

表2是裂痕的種類與引發原因。事先稍微考量到就能減輕裂痕的發生，因此建議各位務必確實進行這裡提及的預防對策。

混凝土的耐久性以中性化為指標。因二氧化碳等因素而喪失混凝土的鹼性就稱為中性化[圖3]。雖然不會改變混凝土自身的強度，但會有鋼筋生鏽的問題。中性化的速度受到水量的影響，水灰比愈大，中性化的速度也愈快[圖4]。

圖4 水灰比與中性化的進行速度

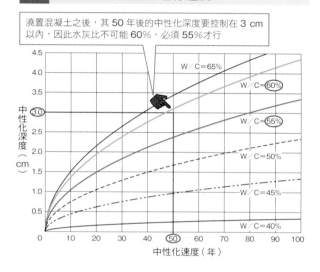

澆置混凝土之後，其50年後的中性化深度要控制在3cm以內，因此水灰比不可能60%，必須55%才行

中性化深度（cm）

中性化速度（年）

W/C=65% W/C=60% W/C=55% W/C=50% W/C=45% W/C=40%

圖3 混凝土的中性化過程

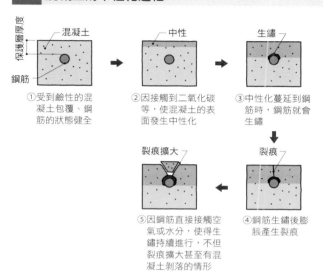

保護層厚度　混凝土　鋼筋　中性　生鏽

①受到鹼性的混凝土包覆、鋼筋的狀態健全

②因接觸到二氧化碳等，使混凝土的表面發生中性化

③中性化蔓延到鋼筋時，鋼筋就會生鏽

裂痕擴大　裂痕

⑤因鋼筋直接接觸空氣或水分，使得生鏽持續進行，不但裂痕擴大甚至有混凝土剝落的情形

④鋼筋生鏽後膨脹產生裂痕

表2 混凝土的裂痕原因與對策

裂痕狀況	原因	預防對策
沉陷	不均勻沉陷	·透過地盤調查進行基礎計畫 ·同時考量上部結構的重心位置
	乾燥收縮	·防止初期急速乾燥（覆蓋養護等） ·減少水分、混凝土要澆置得密實
	因乾燥收縮產生應力集中	在開口部加入補強筋
	因開口部的斷面缺損導致剪斷剛性不足	·確保基礎樑的樑深 ·加入細的箍筋
沉陷裂縫	澆置不良與養護不足	·澆置時以振動器或敲擊的方式將空氣導出 ·澆置後用鏝刀壓實
沿著鋼筋出現裂痕	保護層厚度不足	·確保保護層厚度 ·鋼筋要綁緊，澆置時不可鬆動
①網狀裂痕　②不規則的裂痕 鹼性骨材反應	①骨材不良（鹼性骨材反應） ②水泥品質不良 ·過度拌合 ·運輸時間長 ·混合材料不良	·使用優良的材料（配比計畫） ·不過度拌合→縮短運輸時間 ·避免因過早拆除模版而導致的養護不足
蜂窩	澆置不良	·澆置時要防止混凝土亂流 ·澆置時確實敲擊、或用振動器等壓實

原注：須進行補修的裂痕寬度基準在0.3mm以上[※2]

原注 ※2　裂痕達0.3mm以上時，要注入環氧樹脂以防止空氣與水滲入。此外，中性化持續進行的情況下，要進行鹼性處理以制止中性化。

將基礎的維修口配置在柱間中央是否可行？

維修口要設置在彎曲應力小的地方。不過也有設置在原則上不可設置的位置上

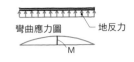
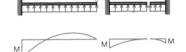

彎曲應力圖　　地反力

受到地反力作用後的彎曲應力圖，形狀會因剪力牆或柱子等的條件而改變

圖　維修口位置依模式別來思考

①設置在剪力牆下方時

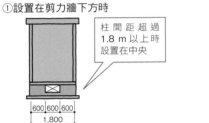

柱間距超過1.8 m以上時設置在中央

柱間距在900mm以下時不設置維修口

600 600 600
1,800

150 | 600 | 150
900

④維修口部分也要確保邊墩的必要尺寸

連續基礎　　　版式基礎

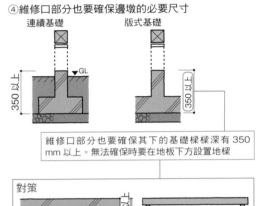

350以上　▽GL

350以上

維修口部分也要確保其下的基礎樑樑深有350mm以上。無法確保時要在地板下方設置地樑

②設置在剪力牆與柱子包夾的開口部（或者一般牆體）下方時

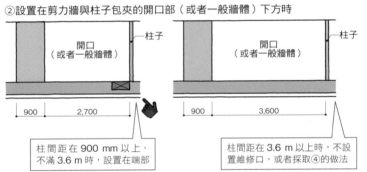

開口（或者一般牆體）　柱子

開口（或者一般牆體）　柱子

900 | 2,700

900 | 3,600

柱間距在900 mm以上、不滿3.6 m時，設置在端部

柱間距在3.6 m以上時，不設置維修口，或者採取④的做法

對策

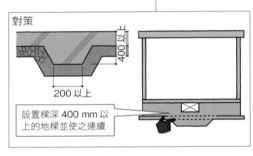

400以上

200以上

設置樑深400 mm以上的地樑並使之連續

③設置在剪力牆包夾的開口部（或者一般牆體）下方時

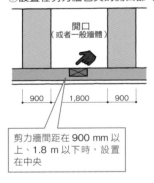

開口（或者一般牆體）

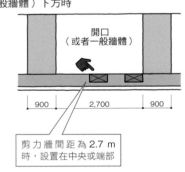

開口（或者一般牆體）

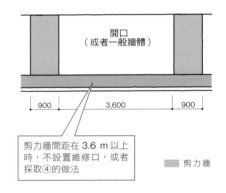

開口（或者一般牆體）

900 | 1,800 | 900

900 | 2,700 | 900

900 | 3,600 | 900

剪力牆間距在900 mm以上、1.8 m以下時，設置在中央

剪力牆間距為2.7 m時，設置在中央或端部

剪力牆間距在3.6 m以上時，不設置維修口，或者採取④的做法

▨ 剪力牆

維修口會是切斷基礎樑使基礎耐力明顯降低的原因，因此必須注意設置方式。

設置在剪力牆下方時，原則上設置在柱間距有一個開間以上的剪力牆中央。柱間距在900mm以下時，基礎樑的剩餘尺寸就變成150mm以下，如此一來便無法將剪力牆所負擔的剪斷力傳遞至基礎，因此原則上不設置維修口一圖①。

設置在開口部下方時，必須好好思考地樑上所產生的彎曲應力，柱間距在兩個開間的中央上側是彎曲應力最大的位置，因此絕對不可設置維修口。

即使以版筋補強，在結構上多少還是會出現裂痕，幾乎沒有什麼效果。非得在此設置維修口時，要在耐壓版下方設置地樑，並使基礎樑樑形成連續一圖④對策」。

為確保基礎的剛性，維修口部分也要確保基礎樑樑深在350mm以上。如果是因為高度的關係而無法確保尺寸時，最好採取加深埋入部、設置地樑等措施。

Column 須加以注意的地盤及對策

❶ 不安定的擋土牆

可預想的現象
- 因地震或雨水的影響而使擋土牆產生水平移動，建築物傾斜
- 因地震或雨水的影響而使擋土牆崩壞時，可能導致建築物蒙受巨大損傷

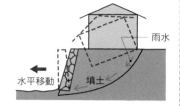

對策
- 提高基礎、地樑的剛性，防止不均勻沉陷
- 補強擋土牆（錨定桿等）或是新設擋土牆

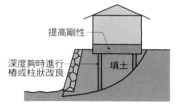

❷ 在傾斜的基盤上有厚實不同的填土地盤

可預想的現象
- 隨著位置的不同，填土層厚度不一容易產生不均勻沉陷
- 傾斜地有引發地層滑動的可能性

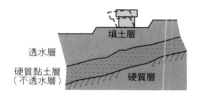

對策
- 提高基礎、地樑的剛性，防止不均勻沉陷
- 利用樁或柱狀改良等方式，以良好的地層支撐
- 軟弱地盤的層厚薄時進行表層改良

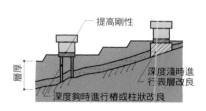

❸ 填土與開挖混合的地盤

可預想的現象
- 填土部分的下陷量變大，易出現不均勻沉陷
- 填土與開挖的地盤搖擺幅度不同（填土層部分的搖擺幅度大）
- 因雨水浸入而使填土層容易滑動

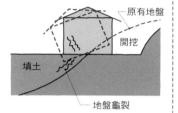

對策
- 將填土層部分進行地盤改良
- 在填土層部分打樁
- 提高基礎、地樑的剛性，防止不均勻沉陷

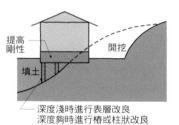

❹ 水田或溼地上的填土持續下陷的地盤

可預想的現象
- 壓密沉陷量變大
- 埋管可能破損
- 當建築物的沉陷量偏移時，容易出現不均勻沉陷

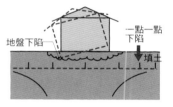

對策
- 提高基礎、地樑的剛性，防止不均勻沉陷
- 利用樁或柱狀改良等方式以良好的地層來支撐
- 軟弱地盤的層厚薄時進行表層改良

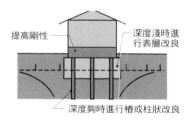

❺ 有土壤液化疑慮的地盤

可預想的現象
- 地下水位高且鬆軟的砂質地盤，地震時地下水的水壓會變高，砂粒之間的結合與摩擦力下降，進而導致砂層液化的現象。最終發生建築物傾斜、翻倒或下陷的情況

對策
- 提高基礎、地樑的剛性，防止不均勻沉陷

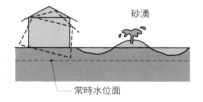

❻ 位於深沖積層（砂、泥炭）上方的地盤

可預想的現象
- 壓密沉陷量變大
- 埋管可能破損
- 地盤搖晃的週期長。建築物的損傷持續發生，一旦週期增大時便會出現共振現象，屆時建築物的損傷也會擴大

對策
- 提高基礎、地樑的剛性，防止不均勻沉陷
- 利用摩擦樁等來支撐
- 為提高建築物的強度與剛性而增加牆體，縮短搖晃的固有週期
- 為因應共振現象，將建築物的耐力提升

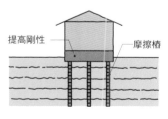

01 通柱與通樑的各自特徵為何？

通柱在樓板面的水平剛性高，通樑可以抑制通柱或接受樑的斷面缺損

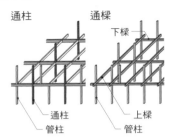

通柱系統是橫向材的上緣收整成同一水平高度；通樑系統則是採用堆積構法

①通柱構架

特徵
以兩個開間或一個開間半的距離將通樑配置成格子狀，再將2樓樓板樑（圍樑）插入柱子的構法

優點
除了可以有效利用定尺材料之外，垂直相交的樑上緣高度一致，因此樓板面的水平剛性也會變高

要點
通柱與圍樑之間的搭接、或是接受樑的斷面缺損很大。一定要確保搭接的拉伸耐力

②通樑構架

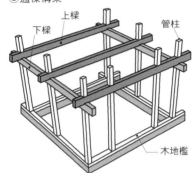

特徵
柱子全部為管柱且以樑為優先貫通的構法。垂直相交的樑材搭接採用勾齒搭接的做法

優點
採用堆積構法的施工性相當良好，通樑可以抑制通柱或接受樑的斷面缺損

要點
樓板面的水平剛性低，對接要設置在彎曲應力小的位置上，並且務必確保拉伸耐力

③混和通柱與通樑（勾齒搭接）的構架

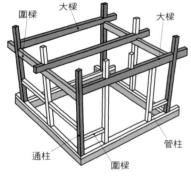

特徵
將直交樑的上側錯開之後插入通柱的構法

優點
可以抑制通柱或接受樑的斷面缺損

要點
樓板面的水平剛性低。一定要確保對接與搭接的拉伸耐力

④依場合需要的構架

特徵
以隔間牆為優先，僅設置在通柱通過的地方。按各跨距必要最小限度之深度所設置的樑被切成一段一段

優點
使用的材積少

要點
沒有整體的構架計畫。接合處很多，除了施工耗費人力之外，從結構上來說力流並不合理

柱子具備的 4 個功用為何？

支撐建築物的重量，抵抗水平力及剪力牆端部上產生的壓縮、拉伸力，
還有抵抗外周部的風壓力

通柱與管柱要以能夠順利傳
遞垂直載重與拉拔力的方式
進行調整與配置

圖1　柱子的四個功用

● 垂直載重時

①支撐建築物重量

● 水平載重時

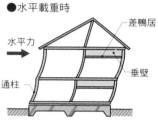

差鴨居
垂壁
通柱
水平力

②抵抗水平力（粗柱時）

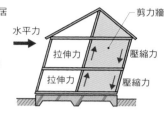

剪力牆
拉伸力　壓縮力
拉伸力　壓縮力
水平力

③抵抗在剪力牆端部產生的壓
縮力、拉伸力

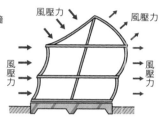

風壓力　風壓力
風壓力　　　風壓力
風壓力　　　風壓力

④在外周部（外柱）抵抗風壓力

就水平抵抗力而言，剪力牆是比較有效且經濟的要素。採
用柱子時，直徑在 240 mm 以上會有很重的垂直載重作
用，此外，不與厚的橫穿板連接就幾乎無法期待它的效果

**圖3　上下柱子的「錯位」採用「連續」的形式
可以使用到什麼樣的程度**

① RC 造的情況
錯位到 2D 為止

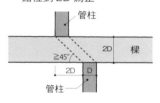

管柱
≥45°
2D　樑
2D　D
管柱

② 木造的情況
錯位到 D／2為止

管柱
≤D／2
2D　樑
D
管柱

RC 造或 S 造是從柱面以
45 度角向下擴張，將載重
傳遞至下方樓層，所以此範
圍內只要有設柱子就沒有問
題。但是木材具有纖維方
向，因此讓柱寬一半左右重
疊比較好

圖2　通柱與管柱的思考方式

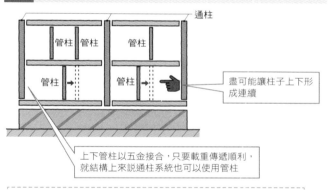

通柱
管柱　管柱　　管柱
管柱　　　管柱　→　→
盡可能讓柱子上下形
成連續

上下管柱以五金接合，只要載重傳遞順利，
就結構上來說通柱系統也可以使用管柱

順帶一提間柱的功能
・垂直載重
以長度來說，由於斷面小容易出現挫屈，因此幾乎無法期待間柱的垂
直載重支撐能力，主要做為合板等接縫材
・水平力
是外牆面上抵抗風壓力的重要結構構材

柱子在結構上有圖 1 的
四個功用。依此來比較通柱與
管柱的結構特徵一圖 2、3 及
P68 圖 4]。

①柱與樑的接合部
在通柱構架中，樓板樑是
隨柱子位置而被分斷，因此要
將樑材連接起來。在管柱構架
中則是要將上下柱連接起來。

②柱腳
木材的強度以纖維方向最
強，與纖維垂直的方向最弱。
通柱做法的垂直支撐能力較
高，貫通木地檻時必須進行壓
陷檢查。

③剪力牆固定的情況
就水平載重時的拉拔力
而言，兩者都必須用五金等來
接合。至於壓縮力則要進行木
地檻的壓陷檢查。水平載重時
斜撐會將樑向上推起並擠壓柱
子，因此要採用接合部不會脫
落的方式加以固定。

④水平構面
水平力作用時，水平構面
的外周部會受到壓縮力與拉伸
力的作用，通柱構架要確保與
樓板樑搭接的拉伸耐力；通樑
構架則要確保樑對接的拉伸耐
力。

圖4 通柱與管柱的結構要點

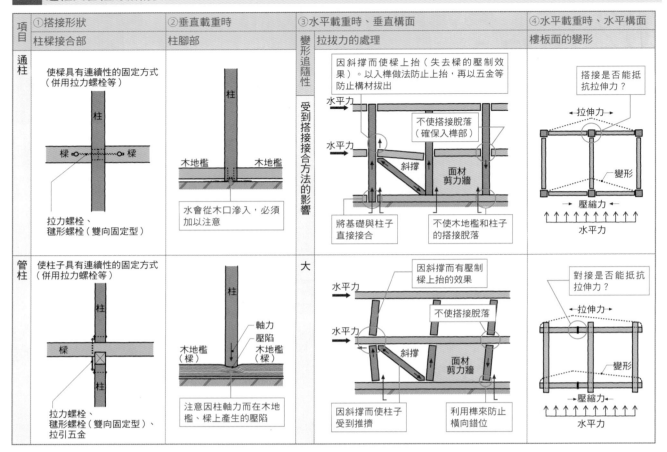

項目	①搭接形狀 柱樑接合部	②垂直載重時 柱腳部	變形追隨性	③水平載重時、垂直構面 拉拔力的處理	④水平載重時、水平構面 樓板面的變形
通柱	使樑具有連續性的固定方式（併用拉力螺栓等） 柱 樑——樑 拉力螺栓、毽形螺栓（雙向固定型）	柱 木地檻 木地檻 水會從木口滲入，必須加以注意	受到搭接接合方法的影響	因斜撐而使樑上抬（失去樑的壓制效果）。以入榫做法防止上抬，再以五金等防止構材拔出 水平力 不使搭接脫落（確保入榫部） 斜撐 面材剪力牆 將基礎與柱子直接接合 不使木地檻和柱子的搭接脫落	搭接是否能抵抗拉伸力？ 拉伸力 變形 壓縮力 水平力
管柱	使柱子具有連續性的固定方式（併用拉力螺栓等） 柱 樑 柱 拉力螺栓、毽形螺栓（雙向固定型）、拉引五金	柱 軸力 壓陷 木地檻（樑） 木地檻（樑） 注意因柱軸力而在木地檻、樑上產生的壓陷	大	因斜撐而有壓制樑上抬的效果 水平力 不使搭接脫落 水平力 斜撐 面材剪力牆 因斜撐而使柱子受到推擠 利用榫來防止橫向錯位	對接是否能抵抗拉伸力？ 拉伸力 變形 壓縮力 水平力

Column　柱子強度不會因剖裂而下降？樑不會因乾裂而折損？

表　確認有無剖裂與結構性能的關係

	斷面積（cm²）	有關壓縮力的斷面性能 斷面二次半徑（cm）		有關彎曲的斷面性能 斷面係數（cm³）		有關變形的斷面性能 斷面二次彎矩（cm⁴）	
	A	ix	iy	Zx	Zy	Ix	Iy
①無剖裂	144	3.46	3.46	288	288	1,728	1,728
②有剖裂	139.8	3.46	3.51	279.5	287.8	1,677	1,727
③貫通剖裂	135.6	3.46	1.63	271.2	127.7	1,627	360

在有貫通剖裂的構材上施加壓縮力時，很容易在剖裂的垂直方向上產生挫屈

當貫通剖裂的垂直方向上受到彎曲力（風壓力）作用時，強度會只剩一半。在預設有貫通剖裂的情況下，最好將剖裂垂直於外牆面

當貫通剖裂的垂直方向上受到彎曲力作用時，撓曲會擴大至四倍以上。在預設有貫通剖裂的情況下，最好將剖裂垂直於外牆面

因為木材含有水分，在乾燥過程中會伴隨乾裂的產生。所謂剖裂是指以人為方式將木材的某一面剖開至材心。這是除去木材水分的其中一種方法。

左圖表是比較剖裂或乾裂對強度的影響。針對①無剖裂、②有剖裂、③貫通剖裂三種類型，進行斷面性能比較。

有剖裂與無剖裂的性能幾乎相等，沒有什麼問題，但貫通剖裂是將木材斷面完全切開，因此即使斷面積看似相同，面對挫屈或 X 軸方向上的彎曲、變形時，其性能就相當低。

因此，當貫通剖裂的方向與施加載重的方向平行時，並沒有什麼問題。不過，當載重方向與剖裂方向垂直時，強度、變形都會出現性能顯著低落的情況，因此要進行補強。

除此之外，螺栓或內栓等接合工具若與剖裂相互干擾會影響接合部的拉伸耐力，因此也要加以注意。

剖裂

貫通剖裂

貫通剖裂對於←→方向的載重很弱

03 通柱的搭接缺損部分不可出現折損？

要讓構材即使折損也不至於散亂地晃動，最好以五金進行補強

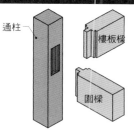

通柱　樓板樑　圍樑

通柱會因為樓板樑與圍樑的接合而出現缺損的情況，進行結構計畫時務必留意到這點

圖1 檢證通柱的搭接耐力

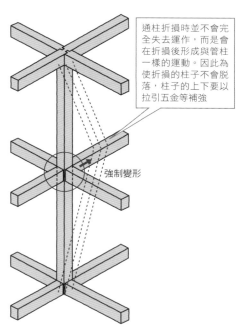

通柱折損時並不會完全失去運作，而是會在折損後形成與管柱一樣的運動。因此為使折損的柱子不會脫落，柱子的上下要以拉引五金等補強

強制變形

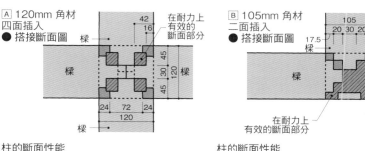

Ⓐ 120mm 角材
四面插入
● 搭接斷面圖

42 16
45
30
45
30
120
樑
樑
24 72 24
120
在耐力上有效的斷面部分

Ⓑ 105mm 角材
二面插入
● 搭接斷面圖

105
20 30 20
17.5　　17.5
50
27.5
27.5
105
27.5
樑
15
在耐力上有效的斷面部分

柱的斷面性能

	斷面積	斷面係數	斷面二次彎矩
①無缺損	144 cm²	288 cm³	1,728 cm⁴
②搭接部分	36 cm²	78 cm³	351 cm⁴
②／①	0.25	0.27	0.20

柱的斷面性能

	斷面積	斷面係數	斷面二次彎矩
①無缺損	110 cm²	193 cm³	1,013 cm⁴
②搭接部分	59 cm²	84.3 cm³	492 cm⁴
②／①	0.53	0.44	0.49

比較Ⓐ與Ⓑ的斷面性能，可知②搭接部分的斷面係數幾乎相等，因此破壞強度也幾乎相等

圖2 通柱的搭接彎曲試驗

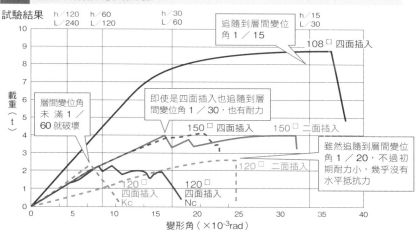

試驗結果

h／120　h／60　　　　h／30　　　　　　h／15
L／240　L／120　　　　L／60　　　　　　L／30

追隨到層間變位角 1／15

108□ 四面插入

層間變位角未滿 1／60 就破壞

即使是四面插入也追隨到層間變位角 1／30，也有耐力

150□ 四面插入　150□ 二面插入

雖然追隨到層間變位角 1／20，不過初期耐力小，幾乎沒有水平抵抗力

120□ 二面插入

120□ 四面插入 Kc　120□ 四面插入 Nc

載重（t）

變形角（×10⁻³rad）

Kc：高溫乾燥材、Nc：天然乾燥材
原注：h／120：層間變位角為 1／120
L／120：對於跨距 L 之變形角為 1／120

經搭接加工的通柱進行彎曲試驗的情形。無論如何都會從搭接部分開始破壞

雖然令第43條第5項中有「對於樓層數量在2層以上的建築物，角隅柱或認定為此類的柱子必須以通柱來設置」的規定，不過同項但書中也有說明，能夠以五金將上下管柱接合起來使載重順利傳遞者，就不一定要以通柱的方式來施做。

受到水平力作用使得1樓與2樓的變形角出現落差時，通柱與2樓樓板樑之間的搭接上會有彎曲應力的作用。以120mm角材四面插入的通柱來說，其對應彎曲的斷面性能比沒有缺損的構材還要低20％左右﹝圖1﹞。

圖2是有搭接的通柱彎曲試驗結果。一般木造住宅的層間變位角在中型地震時為1／120；在大型地震時為1／30左右，因此120mm角材四面插入的通柱在大地震發生時便會折斷。

因此，通柱要使用至少150mm角材以上的材料，若是使用尺寸更小的材料，搭接部分很容易在大地震發生時就折斷，因此結構上會視為管柱，要採取搭接部即使折斷，構材也不至於散亂地晃動的方式，將上下樓層的柱子以五金等加以接合。

橫向材的設計
該注意哪些事情？

在檢視潛變現象或固定於大樑上的小樑變形量時，要記得加算大樑的變形量

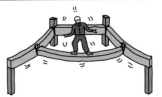

樑的架設方法要考慮撓曲量

圖2 橫向材有四個功用

①將垂直載重傳遞至柱子

②利用剪力牆的外周框架來抵抗水平力

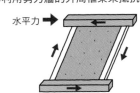

水平力

③利用水平構面的外周框架抵抗水平力

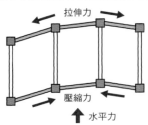

拉伸力

壓縮力

水平力

④利用鄰接外牆的挑空抵抗風壓力

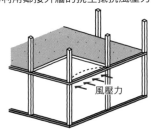

風壓力

圖1 橫向材的種類（樑柱構架式工法）

橫向材是橫向放置在建築物上的構材總稱

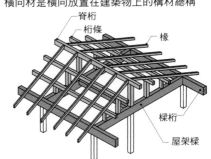

脊桁
桁條
椽
樑桁
屋架樑

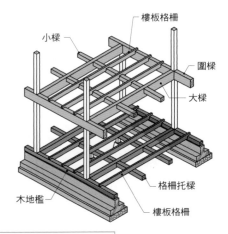

小樑
樓板格柵
圍樑
大樑
木地檻
格柵托樑
樓板格柵

圖3 在小樑上的變形量很大

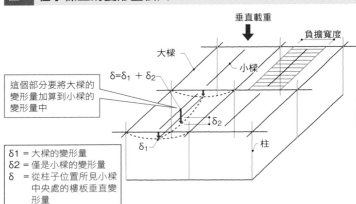

垂直載重

負擔寬度

大樑

小樑

$\delta = \delta_1 + \delta_2$

這個部分要將大樑的變形量加算到小樑的變形量中

δ_2

δ_1

柱

δ_1 = 大樑的變形量
δ_2 = 僅是小樑的變形量
δ = 從柱子位置所見小樑中央處的樓板垂直變形量

力的傳遞
樓板→樓板格柵→小樑→大樑→柱

橫向材的檢核
①強度
②變形（居住性）
變形限制是將變形增大係數視為 2，
並控制在跨距的 1／250 以下

橫向材是架設在水平方向上的構材總稱［圖1］，主要有四個結構功用［圖2］。

針對垂直載重進行強度與變形的檢核。與混凝土等其他材料相比，木材受到含水率等多項條件的影響之下很容易變形，因此橫向材要特別注意撓曲。

因長時間的載重作用而導致變形持續進行的現象，稱為潛變［參照Column］。在建築基準法的告示中有規定，木材的變形增大係數為 2，變形量須在跨距的 1／250 以下。不過，告示只是規定該因應實際的使用狀況來設定變形限制。

當小樑是固定在大樑上時，如果兩者都是以接近基準值來設計，大樑的變形量就要加算到小樑的變形量裡，因此小樑中央的實際撓曲會比 1／250大［圖3］。

如同 P17 所述，載重的傳遞路徑是樓板→樓板格柵→小樑→大樑→柱子，愈後面的構材在結構上的重要性愈高，因此大樑的設計遠比小樑更加重要。

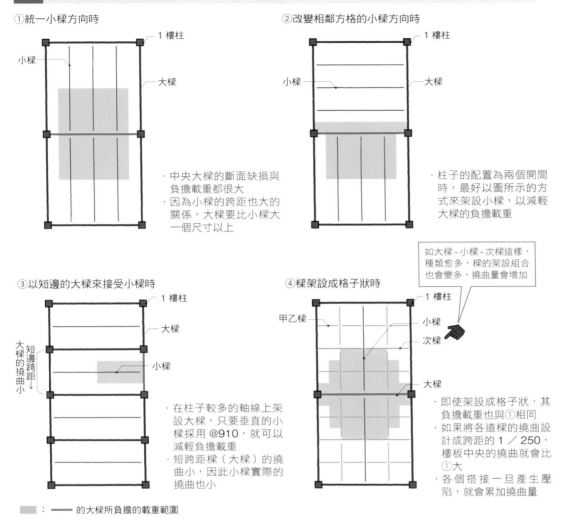

圖4　小樑的架設方式會使負擔載重有很大的變化

①統一小樑方向時

小樑
1樓柱
大樑

・中央大樑的斷面缺損與負擔載重都很大
・因為小樑的跨距也大的關係，大樑要比小樑大一個尺寸以上

②改變相鄰方格的小樑方向時

1樓柱
小樑
大樑

・柱子的配置為兩個開間時，最好以圖所示的方式來架設小樑，以減輕大樑的負擔載重

③以短邊的大樑來接受小樑時

1樓柱
大樑
大樑的短邊跨距
短邊跨距
大樑的撓曲小
小樑

・在柱子較多的軸線上架設大樑，只要垂直的小樑採用@910，就可以減輕負擔載重
・短跨距樑（大樑）的撓曲小，因此小樑實際的撓曲也小

④樑架設成格子狀時

如大樑‐小樑‐次樑這樣，種類愈多，樑的架設組合也會變多，撓曲量會增加

1樓柱
甲乙樑
小樑
次樑
大樑

・即使架設成格子狀，其負擔載重也與①相同
・如果將各道樑的撓曲設計成跨距的1／250，樓板中央的撓曲就會比①大
・各個搭接一旦產生壓陷，就會累加撓曲量

▨ ： ── 的大樑所負擔的載重範圍

在各個接合部上會產生微量的壓陷，因此接合部的數量愈多，累積的壓陷變形量也會增加。

如圖4④樑的架設方式，順著力流路徑來看，單由一根中央樑就幾乎支撐了全部的載重，再加上各個小樑的撓曲與搭接壓陷會累加，因此不得不說這是在結構上屬於不合理的情況。

Column　綜括彈性模數與潛變現象

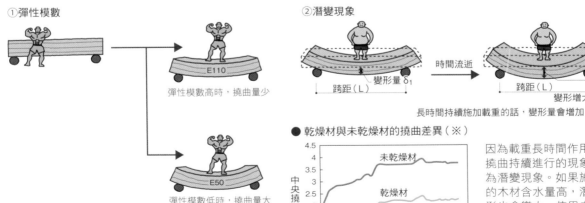

①彈性模數

E110
彈性模數高時，撓曲量少

E50
彈性模數低時，撓曲量大

②潛變現象

跨距（L）
變形量δ₁

時間流逝

跨距（L）
變形量δ₂
變形增大

長時間持續施加載重的話，變形量會增加

● 乾燥材與未乾燥材的撓曲差異（※）

未乾燥材
乾燥材

中央撓曲比

200　400　600　800（日）

在樑上施加載重後，樑會變形而撓曲。這個變形量會隨著構材長度或斷面形狀、材質（變形容易度）而有所變化，要在載重卸除之後能夠恢復到原來狀態的範圍內來計算彈性模數。

因為載重長時間作用而使撓曲持續進行的現象就稱為潛變現象。如果施工時的木材含水量高，潛變變形也會變大。使用未乾燥材的時候，要採取擴大斷面等做法將初期撓曲抑制至少量、或要有起拱處理等的措施

※ 出處：〈構架結構體的變形行為調查報告書〉（（財團法人）日本住宅、木材技術中心）

因應垂直載重時，搭接耐力若不足該如何處理？

可採用的做法有增加入榫尺寸、使用附有勾齒的承接樑五金、通樑系統等

因應垂直載重時的樑搭接試驗。在搭接上會產生壓陷

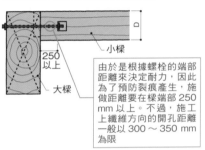

照片1　入榫燕尾搭接型樑材的彎曲試驗。以搭接部的深度來決定耐力

圖1 受垂直載重作用而傳至接合部的作用方式

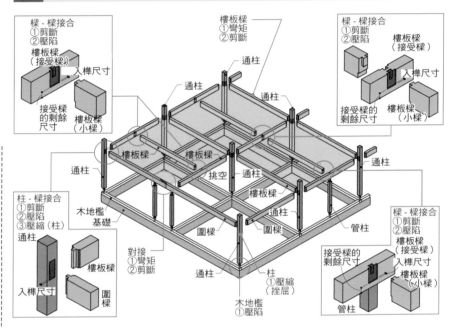

樑-樑接合
①剪斷
②壓陷
樓板樑（接受樑）
入榫尺寸
接受樑的剩餘尺寸
樓板樑（小樑）

樓板樑
①彎矩
②剪斷
通柱
通柱

樑-樑接合
①剪斷
②壓陷
樓板樑（接受樑）
入榫尺寸
接受樑的剩餘尺寸
樓板樑（小樑）

樓板樑
樓板樑
挑空
通柱
通柱
樓板樑
通柱

通柱
木地檻
基礎
通柱
管柱

柱-樑接合
①剪斷
②壓陷
③壓縮（柱）
通柱
入榫尺寸

對接
①彎矩
②剪斷
木地檻
①壓陷
通柱
樓板樑
圍樑
圍樑
柱
①壓縮（挫屈）

樑-樑接合
①剪斷
②壓陷
樓板樑（接受樑）
接受樑的剩餘尺寸
入榫尺寸
樓板樑（小樑）
管柱

圖3 拉引五金的規範注意要點

樑深未滿 300 mm 時使用一根五金
樑深達 300 mm 以上時使用兩根五金

D
小樑
250以上
大樑

由於是根據螺栓的端部距離來決定耐力，因此為了預防裂痕產生，施做距離要在樑端部250 mm 以上。不過，施工上纖維方向的開孔距離一般以 300～350 mm 為限

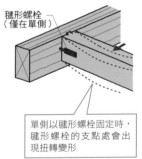

鍵形螺栓（僅在單側）

單側以鍵形螺栓固定時，鍵形螺栓的支點處會出現扭轉變形

圖2 注意樑搭接在承受載重時的運動方式

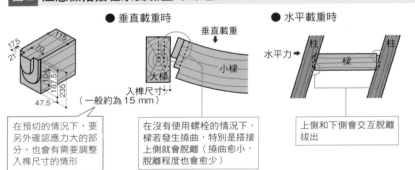

● 垂直載重時

175
115
21
70
104
187.5
235
47.5

在預切的情況下，要另外確認應力大的部分。也會有需要調整入榫尺寸的情形

● 垂直載重時

垂直載重
大樑
小樑
入榫尺寸
（一般約為 15 mm）

在沒有使用螺栓的情況下，樑若發生撓曲，特別是搭接上側就會脫離（撓曲愈小，脫離程度也會愈少）

● 水平載重時

水平力
柱
樑
柱

上側和下側會交互脫離拔出

設計樑斷面時，一定要考慮支撐點的接合方法〔圖1〕。即便構材的強度或變形上具備充分的餘裕空間，也可能因為支撐點上出現變形或破壞，因而失去意義。

從設有入榫燕尾搭接的樑的彎曲試驗結果，會發現樑本身幾乎沒有變形，但搭接部分因壓陷而受到破壞了〔照片1〕。一般來說，入榫尺寸都是單一形狀，並不會考慮樑深的大小，因此需要大的樑斷面時，就會有搭接耐力不足的疑慮。在這種情況下，要採取增加入榫尺寸、使用附有勾齒的接受樑五金、或是通樑系統（架設補強柱）等因應措施。鍵形螺栓只能確保搭接不脫離，對於增加搭接的剪斷耐力毫無助益。

設置拉引五金時要確保樑的端部距離尺寸。當五金是從側面進行固定時，撓曲大的話很容易產生扭轉〔圖3〕，因此要具備足夠的斷面以抑制撓曲。對於負擔載重大的樑則要從兩側夾住使之不會產生偏心情形。

06 樑的對接位置在任何位置上都可以？

設置在彎曲應力與剪斷應力小的部分

採用蛇首對接的樑在進行彎曲試驗後的破壞情形。幾乎無法期待彎曲強度

表 對接的彎曲試驗結果（斷面 120×150mm、杉木）

對接種類		最大載重 P	與無對接 P0 的比率 P／P0	對接種類		最大載重 P	與無對接 P0 的比率 P／P0
	追掛大栓	3,161kg	16.5%		金輪 縱向	2,345kg	12.2%
	蛇首	714kg	3.7%		金輪 橫向	1,081kg	5.6%

原注：依據筆者主持的大木作研習會的實驗數據（1998～1999 年）

蛇首對接的彎曲強度只有實木斷面的 3.7 % 左右

圖 1 因應垂直載重的對接設置方式

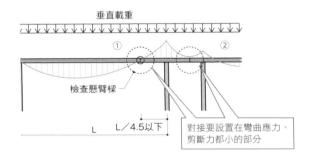

垂直載重

檢查懸臂樑

對接要設置在彎曲應力、剪斷力都小的部分

L L／4.5以下

①懸挑樑部分的擴大圖

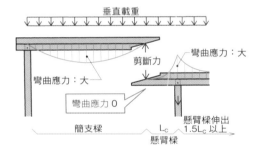

垂直載重

彎曲應力：大
剪斷力
彎曲應力：大
彎曲應力 0

簡支樑
懸臂樑
懸臂樑伸出 1.5L_c 以上
L_c

圖 2 在屋架樑上設置對接的情況

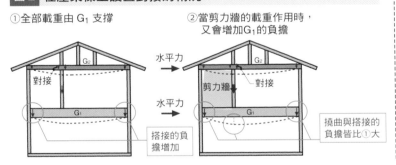

①全部載重由 G1 支撐
②當剪力牆的載重作用時，又會增加G1的負擔

G2
對接
G2
對接
剪力牆
水平力
水平力
G1
G1
搭接的負擔增加
撓曲與搭接的負擔皆比①大

②中央對接部分的擴大圖

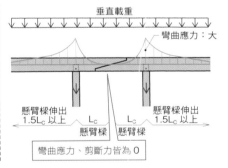

垂直載重
彎曲應力：大
懸臂樑伸出 1.5L_c 以上
L_c
懸臂樑
L_c
懸臂樑伸出 1.5L_c 以上
懸臂樑
彎曲應力、剪斷力皆為 0

決定樑的斷面之後，接下來就是思考搭接該設置在哪裡。

從我至今參與過的實驗來看，如果與實木斷面進行比較的話，對接因應垂直載重的彎曲強度頂多只有它的 15 % 左右[表]。在長跨距的樑中央部分的彎曲應力很大[圖1]，因此原則上對接設置在載重負擔少的短跨距部分。

依此觀念來繪製俯視圖與構架圖，並且以力流路徑來檢視對接的位置。平面上要注意不可設置在接受垂直樑的樑材、或面向外牆的挑空部分（形成耐風樑的部分）上。就立面上來說，樑中間設有柱子的地方絕對不可設置對接，還有其上方的屋架樑也最好極力避免。

在屋架樑上設置對接就會以樓板樑支撐全部的載重，因而要採取大斷面的做法，也要注意搭接強度[圖2①]。當2樓設有剪力牆時，水平載重作用的下會使剪力牆旋轉而產生軸力，撓曲與搭接的負擔也會增加[圖2②]。

07 形成樑上柱時的對應方法

擴大屋架樑、樓板樑的斷面，
或以牆體將屋架樑與樓板樑連結起來做成合成樑

從桁樑傳遞到樑上柱的載重會作用在樑的中央，因此樑的彎曲應力會變大

圖 2樓柱子變成樑上柱時的處理方式

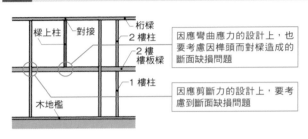

樑上柱 — 對接 — 桁樑
2樓柱
2樓樓板樑
1樓柱
木地檻

因應彎曲應力的設計上，也要考慮因榫頭而對樑造成的斷面缺損問題

因應剪斷力的設計上，要考慮到斷面缺損問題

②以合成樑（結構用合板）來補強

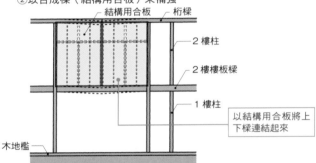

結構用合板 — 桁樑
2樓柱
2樓樓板樑
1樓柱

以結構用合板將上下樑連結起來

③以合成樑（桁架）來補強

桁樑
以90以上的斜撐做成桁架
2樓柱
2樓樓板樑
1樓柱
木地檻

考慮到斜撐的挫屈而採取90mm角材以上（要利用結構計算來檢查）

①屋架樑、桁樑的補強

屋頂載重 — 桁樑
負擔桁樑的範圍
2樓牆體載重
2樓樓板載重
負擔2樓樓板樑的範圍
2樓柱
2樓樓板樑
1樓柱
木地檻

要以即使沒有中央柱也能支撐屋頂載重＋一半的2樓牆體載重的方式來設計，做法是不在桁樑上設置對接、擴大斷面

2樓牆體載重以樓高的一半為分界將載重分配到上下樓層

④以枕樑來補強

對接 — 桁樑
2樓牆體載重
2樓樓板載重
2樓柱
2樓樓板樑
枕樑
1樓柱
木地檻

在端部設置拉引螺栓

2樓樓板樑也能支撐屋頂載重。由於上下樑只是用螺栓固定毫無一體性，因此要以僅用枕樑就能支撐的方式來進行斷面計畫

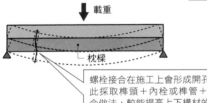

載重

枕樑

螺栓接合在施工上會形成開孔鬆脫，因此採取榫頭＋內栓或榫管＋插針的接合做法，較能提高上下構材的一體性

在計畫上無論如何都無法在2樓柱子的正下方設置1樓柱子時，就要對2樓樓板進行補強。屋頂、2樓牆體、2樓樓板樑等的載重會施加在2樓樓板樑上，因此要以考慮到這些因素的方式來設計。

當樑的中央設有柱子時，在樑上就會產生最大的彎曲應力；在樑端部上則會形成很大的剪斷應力，因此設計上要將各自搭接上所產生的缺損考慮進去。

2樓樓板樑的跨距一旦超過3m，對彎曲應力或剪斷力的處理將非常嚴格。這種情況可以假設沒有柱子搭載在樑上，依此來檢查屋架樑和樓板樑的斷面。因為屋頂載重不會經由2樓樓板樑傳遞至1樓的柱子，所以2樓樓板樑的負擔載重不但減輕，搭接的負擔也會減少，建築物整體的安全性也就提高了［圖①］。

雖然也有利用牆體將屋架樑與樓板樑連接起來形成合成樑的做法［圖②、③］，不過必須利用結構計算來檢查接合方法。在有置入枕樑的情況下，如果只是以螺栓將上下樑連結起來也毫無一體性可言。要以僅有枕樑就能處理應力的方式來決定斷面［圖④］。

08 因應水平力的構架設計上要注意哪些要點？

保持剪力牆構面的構架一體性、以及不讓水平構面外周框架分離。為此對接的位置與拉伸接合將非常重要

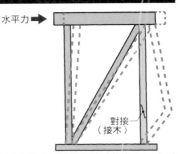

水平力 ➡

對接（接木）

如果柱子上有根部抽換對接（接木 [＊]）的話，當水平力作用時柱子就會從對接部分折損

圖2 剪力牆內設置對接時的因應措施

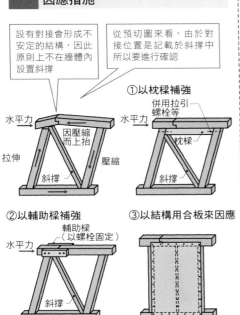

設有對接會形成不安定的結構，因此原則上不在牆體內設置斜撐

從預切圖來看，由於對接位置是記載於斜撐中所以要進行確認

①以枕樑補強

併用拉引螺栓等

水平力

枕樑

斜撐

水平力

因壓縮而上抬

拉伸

壓縮

斜撐

②以輔助樑補強

水平力

輔助樑（以螺栓固定）

斜撐

③以結構用合板來因應

圖1 接合部的形狀與補強方式

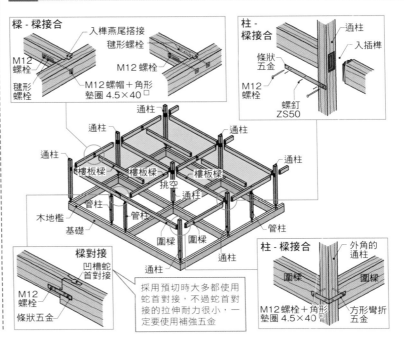

樑-樑接合

入榫燕尾搭接

鍵形螺栓

M12螺栓

鍵形螺栓

M12 螺栓

M12螺帽＋角形墊圈 4.5×40 □

柱-樑接合

通柱

入插榫

條狀五金

M12螺栓

螺釘 ZS50

通柱

通柱

通柱

通柱

樓板樑

樓板樑

樓板樑

挑空

通柱

木地檻

基礎

管柱

圍樑

圍樑

管柱

通柱

樑對接

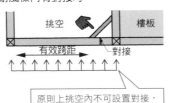

凹槽蛇首對接

M12螺栓

條狀五金

採用預切時大多都使用蛇首對接，不過蛇首對接的拉伸耐力很小，一定要使用補強五金

柱-樑接合

外角的通柱

圍樑

圍樑

M12螺栓＋角形墊圈 4.5×40 □

方形彎折五金

圖3 對接與水平角撐樑

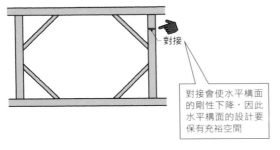

①水平角撐構面內有對接時

對接

對接會使水平構面的剛性下降，因此水平構面的設計要保有充裕空間

②耐風樑內有對接時

挑空

樓板

有效跨距

對接

原則上挑空內不可設置對接，不過設有水平角撐樑時會使耐風樑的有效跨距縮短，亦可達到抑制對接部分的變形

③樑的對接與樓板格柵或樓板接縫的關係

對接

樑

樓地板

樓板格柵

樓地板或樓板格柵的接縫不與樑的對接互為干擾而形成連續時，可以抑制對接的旋轉

構架設計上在處理水平力時，要以設有剪力牆的構架來因應，重點在於要使做為抵抗要素的剪力牆能有效地運作，還有確保水平構面的外周框架不會脫離。換句話說，搭接和對接的接合方法將是關鍵因素 [圖1]。

為使剪力牆的外周框架不至於脫離，原則上不會設置對接。特別是斜撐在三角形的桁架構材中間設有對接時，就會形成不安定的結構，因此要極力避免這種情形。但是為了確保垂直載重的支撐力而不得不在構架內設置斜撐時，要以枕樑或輔助樑補強，藉此可以防止對接部產生旋轉 [圖2①]。

剪力牆採用面材時，釘打在面材上的眾多釘子可以拘束對接旋轉，因此不太會有問題 [圖2③]。

與斜撐時的情形一樣，水平角撐樑與對接也會有相互干擾的問題 [圖3①]。樓地板採用連續鋪設時，對於對接旋轉多少可以起約束作用，不過在沒有樓地板的挑空部分等處，其水平構面的剛性有明顯下降的關係，因此要使水平構面的設計保有充裕空間。

譯注＊ 接木是指換掉柱子根部腐朽部分對接上新的構材。

因應水平力的接合部要注意哪些地方？

由於接合部有很大的軸力作用，因此剪力牆構面內的對接或搭接要採用高的耐力接合做法

蛇首對接的拉伸耐力試驗。因為是以顎口部分來抵抗，因此如果出現乾燥收縮就會使耐力急速下降

表　搭接與對接的短期容許拉伸力

種類		方法	短期容許拉伸耐力（kN）
對接	凹槽蛇首對接 M12 螺栓 條狀五金	內側以角形墊圈 4.5×40mm 角固定	10.1
		以兩片條狀五金包挾，並以雙面剪斷螺栓接合	15.9
搭接	入榫燕尾搭接 鍵形螺栓 M12 螺栓 角形墊圈 4.5×40□＋ M12 螺帽固定	內側以墊圈固定螺帽	10.1
	入榫燕尾搭接 鍵形螺栓 M12 螺栓 角形墊圈 4.5×40□＋ M12 螺帽固定	以兩個鍵形螺栓施做雙面剪斷接合	15.9
	入插榫 條狀五金　通柱 M12 螺栓 螺釘 ZS50	橫向材構材以條狀五金連接，並以螺栓固定兩側	7.5
		上述之外，在兩側的橫向材上釘打螺釘	8.5
	入插榫 圍樑　角隅通柱 M12 螺栓＋ 角形墊圈 4.5×40□　矩形折角五金	將包挾外角通柱的垂直圍樑構材以矩形折角五金連接，在兩側進行螺栓接合	7.5
	入插榫 通柱　角形墊圈 4.5×40□ 角形墊圈 4.5×40□　M12 螺栓 螺釘 ZS50　鍵形螺栓	橫向材下側以鍵形螺栓固定，在通柱上將鍵形螺栓的一端貫通，利用角形墊圈來固定螺帽	7.5
		上述之外，以一根螺釘從鍵形螺栓釘入橫向材	8.5

圖1　剪力牆構面變形時的注意要點

水平力
水平力
剪力牆　對接　剪力牆

接合部如何將水平力傳遞到剪力牆上，其耐力有相當關鍵的作用

圖2　依構法別之水平構面的變形方式

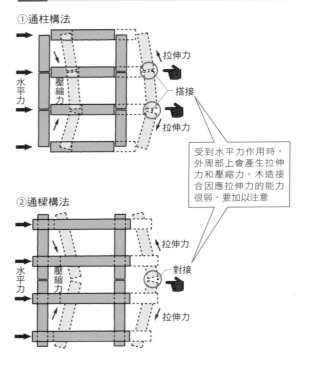

①通柱構法
水平力
壓縮力
拉伸力
搭接
拉伸力

受到水平力作用時，外周部上會產生拉伸力和壓縮力。木造接合因應拉伸力的能力很弱，要加以注意

②通樑構法
水平力
壓縮力
拉伸力
對接
拉伸力

通常會從剪力牆構面整體來思考接合部。受到地震或強風吹襲所形成的水平力在傳遞至剪力牆時，對構架會產生很大的軸力作用［圖1］。因此，剪力牆構面內的對接或搭接要採用高耐力的接合做法，特別是木造沒有什麼拉伸力，因此要確實使用五金加以固定。

廂房部分設有剪力牆時，要以 2 樓樓板樑與廂房的屋架樑形成連續的方式來接合，還要有在閣樓內設置牆體等的措施。

另一方面，水平構面受到水平力作用之後會如圖 2 所示變形，外周部上也會產生壓縮、拉伸的軸力。因此，為了做到變形後接合部不至於脫離，通柱構架的搭接、或通樑構架的對接就要保有因應這些軸力的充分耐力（特別是拉伸耐力）。

一般的搭接或對接的拉伸耐力可以參照［表※］。燕尾對接或蛇首對接很容易受到乾燥收縮的影響而發生接縫部分鬆脫，因此要併用五金固定。

原注 ※　〈木造構架式工法住宅的容許應力度設計（2017 年版）〉（公益財團法人）日本住宅、木材技術中心發行。

10 挑空設計在結構上該注意哪些地方？

對於外牆面上的風壓力要採取耐風處理。耐風柱與耐風樑哪個優先才合理
則要依據柱、樑的跨距與負擔寬度來決定

設置水平角撐的耐風處理例子

圖1 以耐風柱來抵抗風壓力的設計方法

基本

柱

優先貫通柱子時，樑所承受的風壓力最終會由柱子來支撐

① 擴大柱子斷面

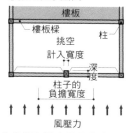

樓板
樓板樑
柱
挑空
計入寬度
深度
柱子的負擔寬度
風壓力

比起增加因應風壓力的計入寬度，擴大平行於風壓力方向的深度，在減輕撓曲的效果上比較高

② 增加柱子的數量

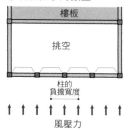

樓板
挑空
柱的負擔寬度
風壓力

減少每一根柱子的負擔載重，有利減輕撓曲

③ 設置止振樑

樓板
止振樑
挑空　挑空
風壓力

以縮短柱子的有效跨距（內部淨高）來因應風壓力，有利減輕撓曲

圖2 以耐風樑來抵抗風壓力的設計方法

基本

樑

優先貫通樑時，柱所承受的風壓力最終會由樑來支撐

① 增加樑的數量

樓板樑
圍樑
圍樑

設置圍樑等構材，減輕每一根樑所負擔的載重，有利減輕撓曲

② 擴大樑的斷面

樓板
挑空
樑寬
風壓力

比起提高樑深，擴大平行於風壓力方向的樑寬，在減輕撓曲的效果上比較高

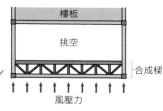

樓板
挑空
合成樑
風壓力

以貓道做為水平桁架來抵抗風壓力

設置貓道等樓板以形成合成樑也是一種解決方法

③ 設置止振樑或水平角撐樑

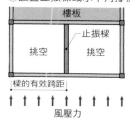

樓板
止振樑
挑空　挑空
樑的有效跨距
風壓力

樓板
挑空
水平角撐
樑的有效跨距
風壓力

縮短樑的有效跨距，有利減輕撓曲

當外牆側設有挑空時，外牆面的柱子或樑就要擔負起抵抗風壓力的作用。最終用來抵抗風壓力的部分分別是通柱系統的柱子；通樑系統的樑，也就是說優先組構起來的部分就是主要的抵抗要素［圖1基本、圖2基本］。抵抗風壓力作用的橫向材就稱為耐風樑。

因應風壓力上柱、間柱的必要斷面會與柱、間柱的間隔（力的負擔寬度）及橫向材間隔長度（柱、間柱的支撐點間距）有關。因此要採用使用平角材做為柱子、縮小柱子間距、在樓板樑或屋架樑層設置止振材等對策［圖1①～③］。

另一方面，耐風樑的設計要注意水平力是作用在樑寬的方向上，因此要有增加樑寬、在外牆面上設置貓道等樓板、設置止振樑等對策。設置水平角撐對於縮短有效跨距也有效果［圖2①～③］。此時，除了要確實接合使端部的搭接不會脫離之外，也要留意不可在耐風樑內設置對接。

3-2
構架

11

接合部的抵抗做法都一樣？

分成僅抵抗作用在搭接上的軸力和同時要承受彎曲應力兩種類型

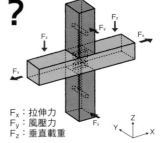

Fx：拉伸力
Fy：風壓力
Fz：垂直載重

在柱與樑的接合部上作用著拉伸力、風壓力、垂直載重

圖2 通柱型的搭接種類（樑柱構架式構法）

①併用五金的接合

㋐鍵形螺栓

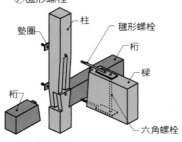

柱、鍵形螺栓、墊圈、桁、樑、桁、六角螺栓

一般性的使用

拉伸力：以鍵形螺栓來抵抗
風壓力、垂直載重：以入榫部分來抵抗
注意：從樑外觀可見鍵形螺栓

㋑雙頭拉引螺栓

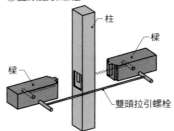

柱、樑、樑、雙頭拉引螺栓

可採取預切施做

拉伸力：以拉引螺栓來抵抗
風壓力、垂直載重：以入榫部分來抵抗
注意：由於很容易出現空隙，因此最好採用可以二度拴緊的類型

②僅用五金的接合

㋐顎掛型

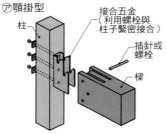

柱、接合五金（利用螺栓與柱子緊密接合）、插針或螺栓、樑

在集成材中使用

拉伸力：以插針的剪斷力（對纖維方向的壓陷）及螺栓墊圈的壓陷來抵抗
風壓力：以垂直於螺栓纖維方向的壓陷來抵抗
垂直載重：以垂直於插針纖維方向的壓陷、以及對螺栓纖維方向的壓陷來抵抗
注意：以樑深來決定五金的做法上，會有因為作用在樑上的載重不均而出現支撐力不足的情況，所以要利用耐力表加以確認

有凸出部的接合五金時

凸出（剪力釘）以利提升剪斷耐力

③不使用五金的接合

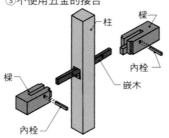

柱、樑、樑、內栓、嵌木、內栓

使用嵌木的內栓打入（或是暗銷固定）

拉伸力：以榫與內栓（暗銷）來防止樑的拔出
風壓力、垂直載重：入榫部分以壓陷抵抗
注意：垂直載重與樑深無關，是以耐力來決定。因此，載重很重的時候要加以注意

㋑掛勾型

掛勾五金（內嵌型）、柱、樑、六角螺栓、插針

用在中大規模建築物的大樑上。不可採取預切方式。抵抗形式和顎掛型相同。

垂直載重：在樑的下側設置勾齒以提升支撐力
注意：從樑的下側可見鐵板

圖1 木結構形式

①樑柱構架式構法

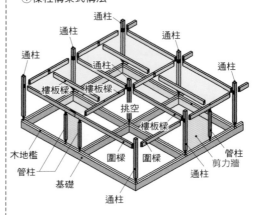

通柱、通柱、通柱、通柱、通柱、通柱、通柱、樓板樑、樓板樑、挑空、樓板樑、木地檻、管柱、圍樑、圍樑、管柱、剪力牆、通柱、基礎、通柱

樑柱構架式是支撐垂直載重的部分，水平力則是以剪力牆來抵抗

②剛性構架

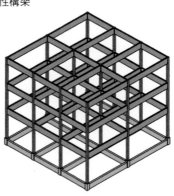

僅以構架就能抵抗水平力的方式所接合的構架

78

接合部的角色是傳遞力至其他構材，在木造中足以左右建築物整體強度或變形，因此是特別重要的部分。此外，相較於RC造或S造而言，木造的接合部形狀較為複雜，種類也相當多，是其特徵。

接合部大致區分為僅用於抵抗一般住宅上的軸力，以及同時可以負擔剛性構架上的彎曲應力等兩種類型[圖1]。

前者又可分成通柱類型[圖2]以及通樑類型[圖3]。兩者都是以連接被分斷的構材為第一優先考量，其次是思考支撐垂直載重、抵抗剪力牆端部上的拉伸力、抵抗面外的風壓力等的力流路徑，依此決定入榫尺寸或榫頭的斷面、五金的做法。後者的接合方法是使用多根螺栓、插針、釘、暗榫等接合工具，使之可以同時抵抗軸力與彎矩[圖4]，其中有①僅用五金的類型、②插入鋼板的類型、③拉力螺栓類型等三種。

圖3 通樑型的搭接種類（樑柱構架式構法）

① 併用五金的接合

㋐ 條狀五金

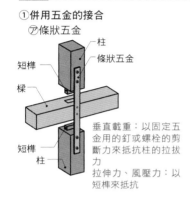

垂直載重：以固定五金用的釘或螺栓的剪斷力來抵抗柱的拉拔力
拉伸力、風壓力：以短榫來抵抗

㋑ 拉引五金

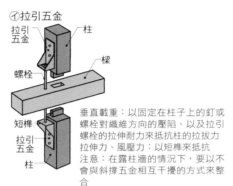

垂直載重：以固定在柱子上的釘或螺栓對纖維方向的壓陷、以及拉引螺栓的拉伸耐力來抵抗柱的拉拔力
拉伸力、風壓力：以短榫來抵抗
注意：在露柱牆的情況下，要以不會與斜撐五金相互干擾的方式來整合

㋒ 雙頭拉引螺栓

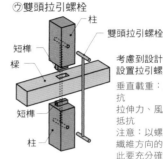

考慮到設計性而在柱斷面內設置拉引螺栓的方法
垂直載重：以拉引螺栓來抵抗
拉伸力、風壓力：以短榫來抵抗
注意：以螺栓前端的鋼棒對纖維方向的壓陷來抵抗，因此要充分確保柱子的端部鑽孔距離

② 不使用五金的接合

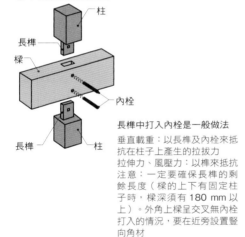

長榫中打入內栓是一般做法
垂直載重：以長榫及內栓來抵抗在柱子上產生的拉拔力
拉伸力、風壓力：以榫來抵抗
注意：一定要確保長榫的剩餘長度（樑的上下有固定柱子時，樑深須有180mm以上）。外角上樑呈交叉無內栓打入的情況，要在近旁設置豎向角材

③ 僅用五金的接合

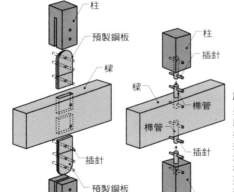

設計性與施工性皆優
垂直載重：以插針對纖維方向的壓陷來抵抗
拉伸力、風壓力：以榫管及版來抵抗
注意：插針的直徑細，很容易對柱子的纖維方向進行拉裂，因此要充分確保插針間隔及柱子的端部鑽孔距離。一旦出現縫隙就無法發揮耐力，因此要注意加工精度

圖4 彎矩抵抗型的接合部種類（剛性構架）

由於木材具有異方性、以及各種材料的性能也有不一的情形，在設計上必須考慮到接合部的耐力會因位置不同而有所差異或材料滑動等問題

① 組合樑型彎矩接合

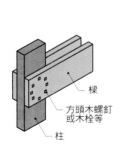

樑 / 方頭木螺釘或木栓等 / 柱

② 鋼板插入插針、鋼板輔助版螺栓型彎矩接合

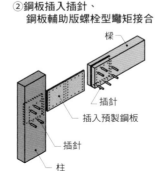

樑 / 插針 / 插入預製鋼板 / 插針 / 柱

③ 拉引螺栓型彎矩接合

㋐ 通柱型

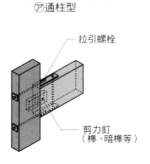

拉引螺栓 / 剪力釘（榫、暗榫等）

㋑ 通樑型

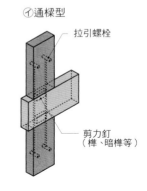

拉引螺栓 / 剪力釘（榫、暗榫等）

剪力牆的作用為何？

抵抗水平力（地震力、風壓力）。剛性低的剪力牆受到力作用時，
柱腳會產生輕微損傷，壁材則會受損

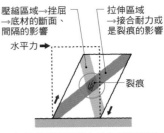

壓縮區域→挫屈
→底材的斷面、
間隔的影響

拉伸區域
→接合耐力或
是裂痕的影響

水平力

裂痕

灰泥牆受到壓縮力的作用而出現
裂痕

圖2　剪力牆要配置在力作用的方向上

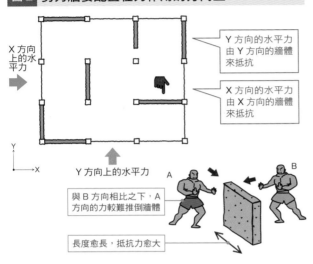

X 方向
上的水
平力

Y 方向的水平力
由 Y 方向的牆體
來抵抗

X 方向的水平力
由 X 方向的牆體
來抵抗

Y 方向上的水平力

與 B 方向相比之下，A
方向的力較難推倒牆體

長度愈長，抵抗力愈大

圖1　僅有構架難以抵抗水平力

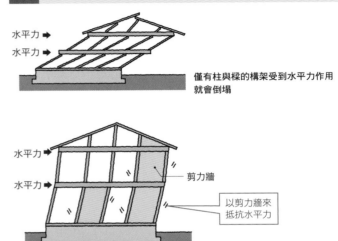

水平力
水平力

僅有柱與樑的構架受到水平力作用
就會倒塌

水平力

水平力

剪力牆

以剪力牆來
抵抗水平力

圖3　剪力牆的抵抗形式分三種

種類	1. 剪斷類		2. 軸力類	3. 彎曲類
	①面材 將結構用合板或石膏板等板材釘定在構架上的剪力牆	②粉刷牆 在以木材或竹子構成的底材上，以土塗布形成的剪力牆，如灰泥牆等	斜撐 將木材配置在構架對角線上的剪力牆	橫穿板、格子面等 將木材咬合構成的牆體
圖				
決定耐力的要素 [※]	◎釘徑與間隔 △面材的板材厚度與強度	○粉刷厚度	○斜撐的固定方式 ○斜撐的板材厚度	○橫穿板的寬度 △橫穿板的深度

原注　※　決定耐力的要素以◎表示最為重要，其次是○、△

隙。

燥、確保各接點上不會產生縫

牆體中，其抵抗力與壓陷面積
成比例關係。雖然強度低，但
是非常具有黏性。要將構材乾
③彎曲類：橫穿板、格子面等
在構材相互咬合所形成的

挫屈長度（間柱間隔）、以及
因應拉伸力的端部接合，都會
對耐力產生影響。
②軸力類：斜撐
因應壓縮力的斜撐厚度與

水泥的強度與塗布厚度的影
響。

此外，灰泥牆或砂漿粉刷等溼
式牆體的耐力，會受到土壤或
徑、長度與間隔會影響耐力。
所形成的牆體。使用的釘子直
膏版等）釘定在橫向材或柱上
將面材（結構用合板或石
①剪斷類：面材、粉刷牆
致區分成以下三類【圖3】。

依據剪力牆的抵抗形式大
2」。

向來抵抗水平力的施力方向一
時候要注意剪力牆是以哪個方
計算來確保耐震性能，不過這
雖然小規模住宅是以壁量
1」。

風壓力等水平力，讓建築物不
會倒塌的最重要結構要素一圖
剪力牆是抵抗地震力或

02 提高壁倍率時該注意哪些事項？

提高壁倍率之後，牆面的變形會變小。另一方面，剪力牆的周邊構材上會產生很大的應力，尤其是接合部的損傷

隨壁倍率的不同，變形與上抬的情況也會改變

圖2 建築基準法上單側斜撐的壁倍率思考方式

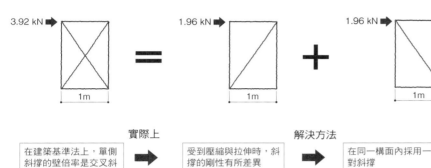

在建築基準法上，單側斜撐的壁倍率是交叉斜撐的一半 ➡ 實際上 ➡ 受到壓縮與拉伸時，斜撐的剛性有所差異 ➡ 解決方法 ➡ 在同一構面內採用一對斜撐

圖1 壁倍率1的牆體

水平變位 δ＝H／120

水平力 1.96 kN

壁倍率1

壁倍率1是指當頂部的變形量為樓層高度的1／120時，每1m的壁體長度有1.96 kN耐力

圖3 壁倍率與平面的比較

① 壁倍率2（＝可承受400 kg／m：3.92 kN／m的水平力）時的剪力牆配置

② 壁倍率5（＝約可承受1 t／m：9.87 kN／m的水平力）時的剪力牆配置

設置少量的剪力牆即可，開口的自由度高

在廂房部分設置高倍率的剪力牆時，或是完全沒有剪力牆時，除了提高廂房屋頂面的剛性之外，也要確實固定繫樑使之不脫離

壁倍率的上限為何是5？

可採行令46條第4項的壁量計算之剪力牆需要經過大臣認定，壁倍率上限定為5。壁倍率高時，剪力牆周邊構材（構架、樓板、接合部等）上也會產生很大的應力，但是壁量計算可以省略水平構面等的詳細檢查，因此考慮到這些周邊構材的安全性而有此規定 [※2]。

壁倍率是表示剪力牆強度的指標，在令46條中有對應剪力牆做法而定的0.5～5.0之規定。

所謂的壁倍率1是指層間變位角為1／120弧度[※1]時的水平耐力，在每1m的壁體長度有1.96 kN的意思[圖1]。壁倍率為2時表示有3．92 kN／m的耐力。可以說數值愈高，牆體愈堅固。

以圖3的建築物受到地震力作用時為例，為了讓建築物的傾斜角度在1／120弧度以下而採用壁倍率2的剪力牆時，通常採取如圖3①的配置，如果是壁倍率5的話，則採用如圖3②的配置。

提高壁倍率就可以減少剪力牆的數量，還可以獲得開放的空間感。不過，剪力牆構面間隔也會因此變長，所以要提高樓板面的水平剛性、確實固定使外周樑的接合部不會受到拉伸力而脫落。再者，每一道牆體的負擔也會增加，因此做為剪力牆外框架的構架接合部也要加強繫緊的方式。

原注 ※1　層間變位角1／120弧度是指在中型地震時（震度5弱程度）的木造容許值，壁量計算是以建築物在中型地震時不能損傷為前提來進行檢驗。此外，壁倍率是依據指定的試驗結果，採納對於最大耐力或最大變形角的安全率所決定的，因此壁量計算也會同時進行大型地震時（震度6強程度）的防止倒塌檢討。
原注 ※2　依據令46條第2項的規定，進行略去容許應力度計算等壁量規定的設計時，也要檢查周邊的構材，因此可以採用更高強度的剪力牆。

03 施做效率佳的剪力牆有何重點？

斜撐在傾斜角度為 45°時效率最好。角度一旦變大（接近垂直），
水平抵抗力就會變小。另一方面，如果面材的四周不加以釘定就無法形成剪力牆

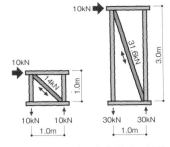

受到相同的水平力作用時，斜撐
愈長加載於斜撐上的力也愈大

照片 構架的種類與變形

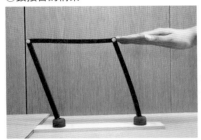

①鉸接合的構架

柱、樑皆以維持直線的狀態下變形

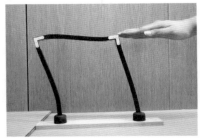

②剛接合的剛性框架

柱、樑皆呈現 S 字形的變形。相較於鉸接
合，雖然水平抵抗力較高，但整體變形大

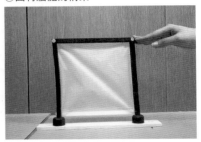

③面材牆體的構架

在對角線上產生的皺褶是受到裂痕或釘子凸
起的關係。整體變形量比①、②小許多

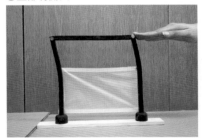

④上部有開口

不受牆體拘束的柱子呈現大幅度的彎曲變形
（天花板或樓板下如果沒有牆體，抵抗力很
小）

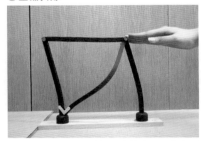

⑤壓縮斜撐

以間柱等來防止斜撐挫屈的做法，要使其耐
力發揮出來將是重點

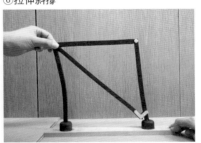

⑥拉伸斜撐

防止接合部拔出是重點

圖1 可視為剪力牆的條件

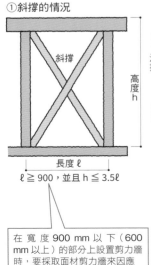

①斜撐的情況

斜撐

高度 h

長度 ℓ

ℓ≧900，並且 h≦3.5ℓ

在寬度 900 mm 以下（600
mm 以上）的部分上設置剪力牆
時，要採取面材剪力牆來因應

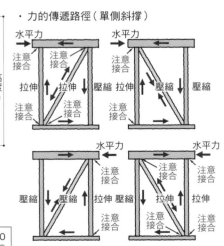

·力的傳遞路徑（單側斜撐）

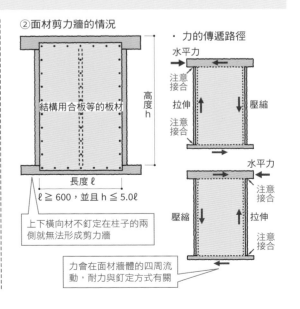

②面材剪力牆的情況

結構用合板等的板材

高度 h

長度 ℓ

ℓ≧600，並且 h≦5.0ℓ

上下橫向材不釘定在柱子的兩
側就無法形成剪力牆

·力的傳遞路徑

力會在面材牆體的四周流
動，耐力與釘定方式有關

以斜撐施作來說，可視為剪力牆的最低限度寬度在900mm以上，高度比在1/3.5以上。另一方面，如果是以結構用合板等面材施做，寬度要在600mm以上，高度比在1/5.0以上[圖1]。剪力牆原則上不設置小型開口，不過像是換氣口等小型開口，只要可以補強還是可以視為剪力牆[圖2]。

斜撐分為壓縮斜撐與拉伸斜撐，具有耐力差異的性質。例如鋼筋斜撐或90mm角材以下的斜撐，其耐力差異就很明顯，因此要配置成交叉斜撐，或是在同一構面內形成一對。同時要以建築物受到左右搖晃時，其耐力不會出現強弱差異的方式來思考。

面材剪力牆要注意釘子的直徑與間距。釘長短的話釘徑也會變細，因而無法獲得所需的耐力，所以釘子長度比面材厚度長時，要將凸出面材的部分彎折90度。

確保釘子的端部鑽孔距離，或釘子是否釘入過深（釘頭部分壓陷到面材內部時，耐力會急速下降）[圖3]。此外，還要留意剪力牆對上下樓層的影響[圖4]。

圖3 釘接合部經常出現的問題

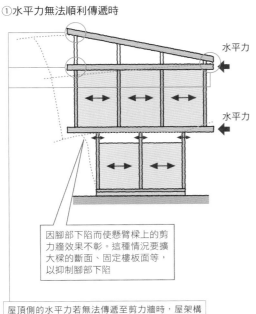

端部鑽孔距離
合板割裂

➡ 板材的端部鑽孔距離小時很容易割裂，因此要確保距離

合板穿孔（釘子拔出）

➡ 板材又薄又軟時很容易出現這種情形。要注意釘子是否釘入過深。加大釘頭面積使壓陷耐力提高

釘子的功用

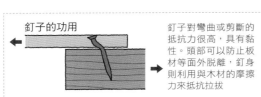

➡ 釘子對彎曲或剪斷的抵抗力很高，具有黏性。頭部可以防止板材等面外脫離，釘身則利用與木材的摩擦力來抵抗拉拔

圖2 在剪力牆設置小開口的方式

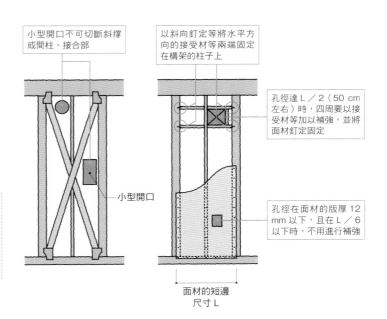

①斜撐

小型開口不可切斷斜撐或間柱、接合部

小型開口

②面材剪力牆

以斜向釘定等將水平方向的接受材等兩端固定在構架的柱子上

孔徑達L／2（50 cm左右）時，四周要以接受材等加以補強，並將面材釘定固定

孔徑在面材的版厚12mm以下，且在L／6以下時，不用進行補強

面材的短邊尺寸L

圖4 剪力牆的配置也要在構架圖中確認

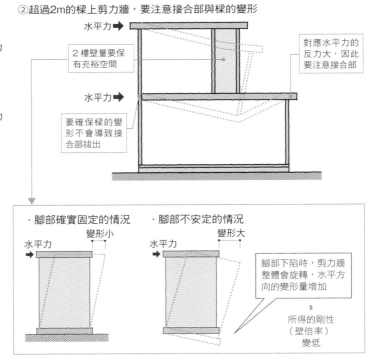

①水平力無法順利傳遞時

水平力

水平力

因腳部下陷而使懸臂樑上的剪力牆效果不彰。這種情況要擴大樑的斷面、固定樓板面等，以抑制腳部下陷

屋頂側的水平力若無法傳遞至剪力牆時，屋架構架就會出現大幅度傾斜。除了採行延伸剪力牆到屋頂側的方法之外，以桁架將屋頂側連結起來的方法要確實固定各個接合部

②超過2m的樑上剪力牆，要注意接合部與樑的變形

水平力

2樓壁量要保有充裕空間

水平力

要確保樑的變形不會導致接合部拔出

對應水平力的反力大，因此要注意接合部

·腳部確實固定的情況
變形小
水平力

·腳部不安定的情況
變形大
水平力

腳部下陷時，剪力牆整體會旋轉，水平方向的變形量增加
＝
所得的剛性（壁倍率）變低

04 為何風與地震的壁量計算方法不同？

風壓力是承受風的計入面積乘上係數。另一方面，地震力與建築物重量成比例關係，建築物重量幾乎與樓板面積成正比，因此地震力的壁量計算是樓板面積乘上係數

對抗地震力所需的必要壁量為必要壁量係數 × 樓板面積，XY 方向的數值相同

地震力

圖2 各樓層的剪力牆所負擔的載重範圍

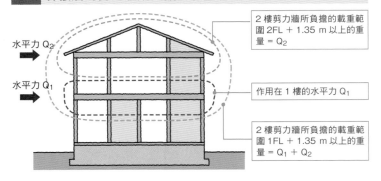

水平力 Q₂

水平力 Q₁

2 樓剪力牆所負擔的載重範圍 2FL + 1.35 m 以上的重量 = Q₂

作用在 1 樓的水平力 Q₁

2 樓剪力牆所負擔的載重範圍 1FL + 1.35 m 以上的重量 = Q₁ + Q₂

圖1 壁量要使耐力合計 > 水平力

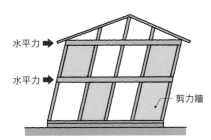

水平力

水平力

剪力牆

為了抵抗水平力，配置牆體數量時要以牆體的耐力合計 > 水平力為依據

圖3 計入面積的計算方法

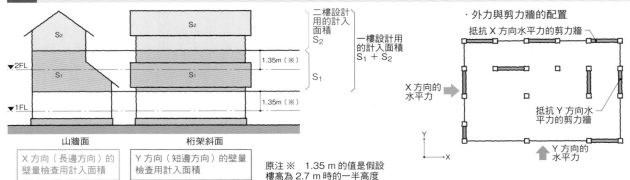

二樓設計用的計入面積 S₂

一樓設計用的計入面積 S₁ + S₂

▼2FL

▼1FL

S₂

S₁

1.35m（※）

S₂

1.35m（※）

S₁

山牆面

桁架斜面

X 方向（長邊方向）的壁量檢查用計入面積

Y 方向（短邊方向）的壁量檢查用計入面積

原注 ※　1.35 m 的值是假設樓高為 2.7 m 時的一半高度

・外力與剪力牆的配置

抵抗 X 方向水平力的剪力牆

X 方向的水平力

抵抗 Y 方向水平力的剪力牆

Y 方向的水平力

表2 因應風壓力的必要壁量（令46條第4項表3）

	區域	乘以計入面積的數值（cm／m²）
（1）	一般地區	50
（2）	特定行政廳指定的地區	特定行政廳指定的數值（50 以上 75 以下）

雖然 1、2 樓的係數相同，不過要加算計入面積（2 樓：S2、1 樓：S2 + S1），因此 1 樓的必要壁量要比 2 樓大

表1 因應地震力的必要壁量 [※1]（令46條第4項 表2）

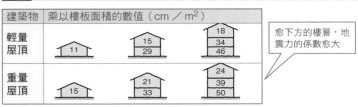

建築物	乘以樓板面積的數值（cm／m²）		
輕量屋頂	11	15 / 29	18 / 34 / 46
重量屋頂	15	21 / 33	24 / 39 / 50

愈下方的樓層，地震力的係數愈大

原注：特定行政廳所指定的軟弱地盤時要以 1.5 倍計算 [※2]

壁量計算是為了確認建築物的水平耐力（存在壁量）是否高於作用在建築物的水平力（必要壁量）[圖1]。剪力牆所負擔的水平力範圍如圖2、3所示，是計算該樓層的1.35 m 以上的範圍。而1.35 m 這種數值是取自法規，法規制訂當時的樓層高度一般都在2.7 m，所以取其一半之上。

所謂的必要壁量是換算作用在建築物上的水平力，對應地震力與風壓力來決定各自所需的必要壁量。

容許應力度計算是將建築物重量乘上係數求出地震力。因為建築物重量大致與樓板面積成正比，因此簡易計算的必要壁量計算是採用地震力計算所得的數值[表1]。另一方面，容許應力度計算的風壓力則是受風面積（計入面積）乘以係數，壁量計算也採取同樣做法一表2]。由於地震力的必要壁量與樓板面積成比例關係，因此X、Y方向的數值相同。不過風壓力與計入面積雖成比例關係，但數值會因為方向而有不同。

原注 ※1　該值是假設各樓層的樓板面積相同為提前，因此當樓板面積不同時要以品確法所定的必要壁量來因應才合理。
原注 ※2　相當於 P15 表 5 的第三種地盤時，則不是以指定區域，而是要以因應地震力的必要壁量 1.5 倍來設計比較好。

84

05 壁量檢查用的樓板面積計算中該注意哪些事項？

從該檢查樓層的樓板算起 1.35 m 以上，
重量重成為要因時就要加算該部分的面積

在壁量計算中樓板面積的計入或不計入範圍，與建築面積或樓地板面積有所差異

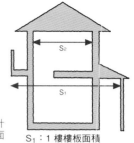

S₁：1 樓樓板面積
S₂：2 樓樓板面積

圖　樓板面積的計算分為計入部分與不計入部分

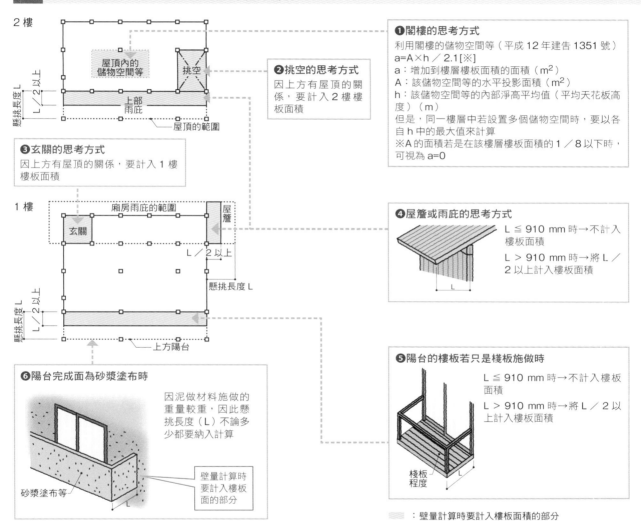

2 樓

屋頂內的儲物空間等
挑空
上部雨庇
屋頂的範圍
懸挑長度 L
L／2 以上

①閣樓的思考方式
利用閣樓的儲物空間等（平成 12 年建告 1351 號）
$a = A \times h / 2.1$ [※]
a：增加到樓層樓板面積的面積（m²）
A：該儲物空間等的水平投影面積（m²）
h：該儲物空間等的內部淨高平均值（平均天花板高度）（m）
但是，同一樓層中若設置多個儲物空間時，要以各自 h 中的最大值來計算
※A 的面積若是在該樓層樓板面積的 1／8 以下時，可視為 a=0

②挑空的思考方式
因上方有屋頂的關係，要計入 2 樓樓板面積

③玄關的思考方式
因上方有屋頂的關係，要計入 1 樓樓板面積

1 樓

廂房雨庇的範圍
玄關
屋簷
L／2 以上
懸挑長度 L
懸挑長度 L
L／2 以上
上方陽台

④屋簷或雨庇的思考方式
L ≦ 910 mm 時→不計入樓板面積
L > 910 mm 時→將 L／2 以上計入樓板面積

⑤陽台的樓板若只是棧板施做時
L ≦ 910 mm 時→不計入樓板面積
L > 910 mm 時→將 L／2 以上計入樓板面積

棧板程度
L

⑥陽台完成面為砂漿塗布時
因泥做材料施做的重量較重，因此懸挑長度（L）不論多少都要納入計算
砂漿塗布等
壁量計算時要計入樓板面的部分
L

▨ ：壁量計算時要計入樓板面積的部分

檢查壁量時的樓板面積之計入與不計入範圍的思考方式，與計算建築面積或樓地板面積不同。如前面所述，「壁量檢查用的樓板面積」是用來計算地震力，因此在考量建築物重量之後會取用樓板面積［圖］。

建築基準法的必要壁量中有對建築重量進行假設，以 2 樓來說是計算「屋頂＋2 樓樓板上 1．35 m 以上的牆體」、1 樓則是計算「屋頂＋2 樓牆體＋2 樓樓板＋1 樓牆體＋1 樓樓板上 1．35 m 以上的牆體」，雨庇則為 910mm 左右。除此之外，建築物若有重量很重的部分也要納入計算。

舉例來說，在 2 層樓建築的屋架內設置閣樓或儲物間等時，不得不由 2 樓剪力牆來負擔的地震力也要加進去。當然，2 樓所承載的部分也會加算到 1 樓。

此外，出簷懸挑超過 910 mm 以上時，必要壁量會比假設的重量還要重，因此屋簷一半左右的面積要計算。但是陽台是在 2 樓樓高一半以下，因此是加算到 1 樓的樓板面積中。

06 建築物上的扭轉 到底是如何發生的？

剪力牆的平衡度不佳時，即使建築物是長方形也會因為水平力而產生扭轉

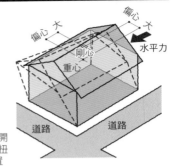

面向兩個方向的道路且設有大開口的建築物，在地震發生時因扭轉而倒塌。要注意剪力牆的配置

圖1 剪力牆配置的基本

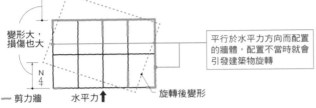

①平衡度不佳的牆體配置

變形大，損傷也大

N/4

剪力牆　水平力↑

旋轉後變形

平行於水平力方向而配置的牆體，配置不當時就會引發建築物旋轉

②平衡度良好的牆體配置

水平力↑

與力的方向平行錯位

牆體配置的平衡度良好，就不會出現像①的旋轉，僅會出現與力的方向平行的錯位

圖2 容易引發扭轉、開口窄小的平面與對策

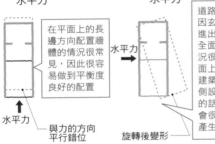

● 向長邊方向施加的水平力

水平力↑

與力的方向平行錯位

在平面上的長邊方向配置牆體的情況很常見，因此很容易做到平衡度良好的配置

● 向短邊方向施加的水平力

水平力→

旋轉後變形

道路側的面寬因玄關或車庫進出等而做成全面開口的情況很多。從平面上來看，在建築物的深度側設置剪力牆的話，平衡度會很差，容易產生扭轉

對策1
壁式

≧600

只要面材剪力牆的寬度在600 mm以上，剪力牆就是有效的。還有在單側設置袖牆以做為收納空間等的方法

對策2
核心形式

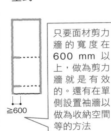

在建築物中心設置以剪力牆圍閉起來的核，就不會引發扭轉。核心部分可以做為用水區域等

對策3
剛性形式

在建築物的短邊方向上配置數個以柱、樑所構成的門型框架，再以剪力牆將門型框架連結起來的方法。想在長邊方向上設置開口也可以。剪力牆以左右平衡的方式進行配置

圖3 4分割法、存在壁量與必要壁量的計算方法（針對各樓層與各方向進行計算）

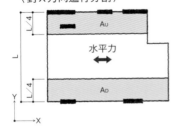

〈對X方向進行分割〉

L/4

L

水平力 ←→

AU

AD

L/4

Y↑
→X

〈對Y方向進行分割〉

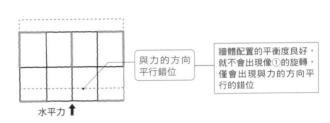

水平力↑

AL

AR

L/4　L/4

L

圖例：U：上側端部、D：下側端部、L：左側端部、R：右側端部
必要壁量：側端部分（▓部分）的樓板面積 × 因應地震力的必要壁量
存在壁量：存在於側端部分（▓部分）的剪力牆長度 × 壁倍率

· 壁量充足率的計算

$$壁量充足率 = \frac{存在壁量}{必要壁量}$$

原注：兩端的壁量充足率皆超過1時，不用進行壁率比的確認

· X方向的水平力
上下分成4等分：檢視X方向的牆體或配置
· Y方向的水平力
左右分成4等分：檢視Y方向的牆體或配置

· 確認壁比率[※]

$$壁率比 = \frac{壁量充足率（數值小的部分）}{壁量充足率（數值大的部分）} ≧ 0.5$$

小的數值是大的數值的1／2以上就OK

與平衡度。

其側面端部部分的壁量充足率

建築物長度分成4等分，確認

分割法[圖3]。這種方法是將

告1352號）」，又稱為4

平衡配置的規定（平成12年建

簡易檢查方法中，有「剪力牆

在木造住宅用的扭轉防止

3]等因應對策。

方向做成剛性構架[圖2對策

以分散或核心形式配置剪力牆，

納空間等隔間牆做成剪力牆，

種危險情況的發生，可以將收

性就會很高[圖2]。為避免這

晃，因扭轉而伴隨倒塌的危險

題，但如果是短邊方向受到搖

向作用的水平力雖然不構成問

開口窄小的建築物，對長邊方

另外，要注意市區等很多

產生扭轉[圖1①]。

有水平力作用時，建築物就會

牆體很多的配置平面中，一旦

舉個例子，在南側開放而北側

塌的情形[P11照片⑥、⑦]。

的力流，因此會出現扭轉而倒

配置，剪力牆上就不會有均等

物，如果剪力牆以偏心的方式

即使是壁量充足率足夠的建築

07 面對拉拔力的作用該考量哪些事情？

常時載重負擔小的外角部分要以低壁倍率來處理，
負擔載重大的部分則以高壁倍率來因應

為了將拉拔力控制在最小，外角部以單側斜撐、中央部以交叉斜撐處理

圖2 剪力面材上有水平力作用時的變形

①沒有以錨定螺栓固定時

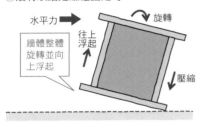

水平力　旋轉
牆體整體旋轉並向上浮起
往上浮起
壓縮

②以錨定螺栓固定時

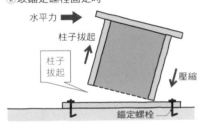

水平力
柱子拔起
柱子拔起
壓縮
錨定螺栓

圖1 單側斜撐上有水平力作用時的變形

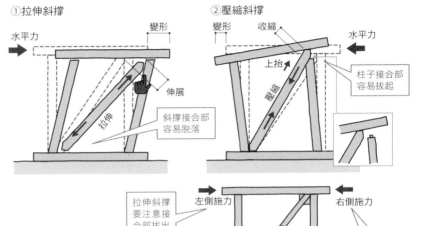

①拉伸斜撐

水平力　變形
伸展
拉伸
斜撐接合部容易脫落

②壓縮斜撐

變形　收縮
上抬
壓縮
水平力
柱子接合部容易拔起

· 單側斜撐的注意要點
如右圖的情況，根據水平力的施力方向分成「拉伸斜撐」或「壓縮斜撐」

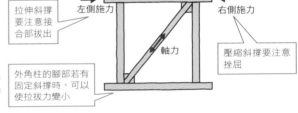

拉伸斜撐要注意接合部拔出
左側施力　右側施力
軸力
壓縮斜撐要注意挫屈
外角柱的腳部若有固定斜撐時，可以使拉拔力變小

圖3 壓制拉拔力的常時載重負擔範圍

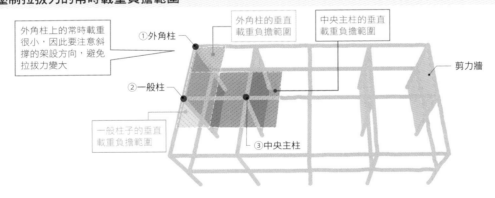

外角柱上的常時載重很小，因此要注意斜撐的架設方向，避免拉拔力變大
外角柱的垂直載重負擔範圍
中央主柱的垂直載重負擔範圍
①外角柱
②一般柱
一般柱子的垂直載重負擔範圍
③中央主柱
剪力牆

剪力牆上受到水平力作用時就會出現圖1的力。水平力施加於左側時，左側柱子上會產生拉伸力，右側柱子上則產生壓縮力。此外，在構架的對角線延伸方向上若有斜撐會出現拉伸力，在收縮方向上則是出現壓縮力。由於水平力從右側作用時，應力就會呈現反向作用。

在柱子上同時有柱子本身的重量等常時載重作用，因此拉拔力是拉伸力減掉常時載重的值。常時載重小的外角柱很容易產生拉拔力［圖3］，所以要考量將單側斜撐固定在外角柱的腳部上、降低拉拔力等對策。

此外，拉拔力與牆體強度和高度是正比關係，換句話說壁倍率的值愈大，牆體高度愈高，拉拔力就愈大。

使用單側斜撐時，受上抬力作用的壓縮斜撐的拉拔力較大。因此做為解決對策，可以將負擔載重小的外角部分的壁倍率抑制在較低的值，並提高負擔載重大的部分的壁倍率。

錨定螺栓的設置方法上要注意哪些要點？

除了以水平力來抵抗拉拔力之外，也可以考慮以橫向錯位來抵抗剪斷力

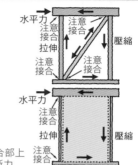

在剪力牆周邊的接合部上會產生拉拔力或剪斷力

圖2 錨定螺栓的設置位置

①接近剪力牆兩端的柱子下部的位置

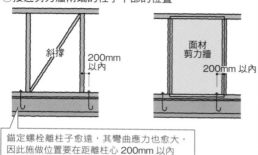

斜撐　200mm以內

面材剪力牆　200mm以內

錨定螺栓離柱子愈遠，其彎曲應力也愈大，因此施做位置要在距離柱心200mm以內

②木地檻端部　③木地檻對接部分

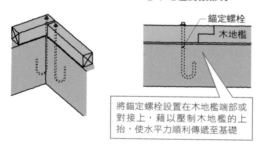

錨定螺栓
木地檻

將錨定螺栓設置在木地檻端部或對接上，藉以壓制木地檻的上抬，使水平力順利傳遞至基礎

④上述①～③以外採取間隔3m以下（3層樓建築則為2m以下）

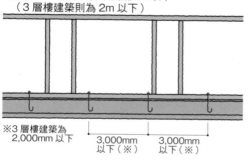

※3層樓建築為2,000mm以下

3,000mm以下（※）　3,000mm以下（※）

圖1 抵抗水平力的錨定螺栓運作機制

①貫通木地檻時

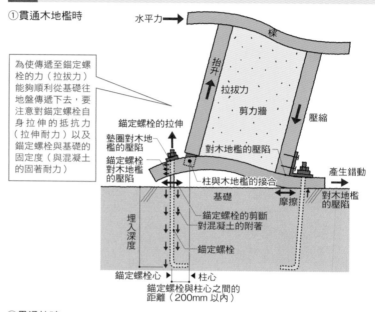

水平力

為使傳遞至錨定螺栓的力（拉拔力）能夠順利從基礎往地盤傳遞下去，要注意對錨定螺栓自身拉伸的抵抗力（拉伸耐力）以及錨定螺栓與基礎的固定度（與混凝土的固著耐力）

抬升　拉拔力　剪力牆　壓縮

錨定螺栓的拉伸
墊圈對木地檻的壓陷
錨定螺栓對木地檻的壓陷
柱與木地檻的接合
對木地檻的壓陷
產生錯動
摩擦
對木地檻的壓陷
基礎
錨定螺栓的剪斷
對混凝土的附著
錨定螺栓
埋入深度
錨定螺栓心　柱心
錨定螺栓與柱心之間的距離（200mm以內）

②貫通柱時

壓陷　拉伸　剪斷
拉拔力
容易出現縫隙
水平力
壓縮力
壓縮
木地檻
附著
摩擦　摩擦
剪斷
容易出現縫隙

在反覆承受水平力作用之下，柱子與木地檻的接合部容易有空隙。採用貫通木地檻的做法，其剪力牆的性能較為安定

當地震力或風壓力作用時，錨定螺栓具有防止建築物上抬與錯位的功用。

剪力牆受到水平力作用之後，剪力牆端部的其中一邊柱子上就會出現拉拔力，另一邊柱子則產生壓縮力。同時，木地檻與基礎之間也會有水平力的作用。

拉拔力的抵抗機制如圖1所示，其中確保與混凝土的固著耐力很重要。為此，一定要確保錨定螺栓的埋入長度，施工時的螺栓也要確實固定。混凝土澆置時產生移動或是隨後才埋入螺栓的做法，由於固著性能明顯低落，因此無法抵抗拉拔力。

為了防止橫向錯位，設置抵抗剪斷用的錨定螺栓也很重要，所使用的螺栓與拉拔用的不同〔圖2〕。特別是壁倍率高的牆體上會有水平力集中的現象，因此要增加螺栓數量。

錨定螺栓的配置很複雜，應該要畫出基礎俯視圖或木地檻俯視圖（紀錄對接或錨定螺栓位置），在施工前確實檢查位置或高程等事項〔圖3〕。

圖3 設置錨定螺栓時的注意要點

①確保螺帽凸出的部分，其螺紋有三紋以上

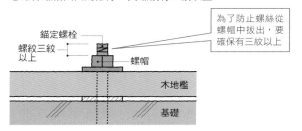

錨定螺栓
螺紋三紋以上
螺帽
木地檻
基礎

為了防止螺絲從螺帽中拔出，要確保有三紋以上

無論如何都無法確保凸出的螺帽螺紋在三紋以上時

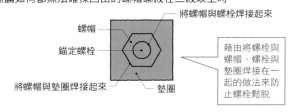

將螺帽與螺栓焊接起來
螺帽
錨定螺栓
將螺帽與墊圈焊接起來
墊圈

藉由將螺栓與螺帽、螺栓與墊圈焊接在一起的做法來防止螺栓鬆脫

②木地檻對接與錨定螺栓的位置

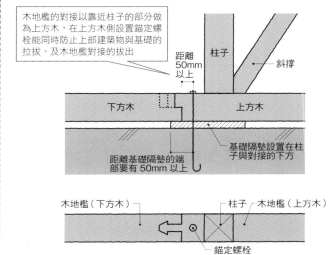

木地檻的對接以靠近柱子的部分做為上方木，在上方木側設置錨定螺栓能同時防止上部建築物與基礎的拉拔、及木地檻對接的拔出

距離50mm以上
柱子
斜撐
下方木
上方木
距離基礎隔墊的端部要有 50mm 以上
基礎隔墊設置在柱子與對接的下方

木地檻（下方木）
柱子
木地檻（上方木）
錨定螺栓

③澆置版式基礎時將錨定螺栓固定的方法

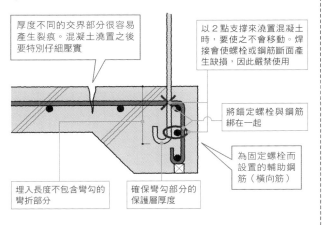

厚度不同的交界部分很容易產生裂痕。混凝土澆置之後要特別仔細壓實

以 2 點支撐來澆置混凝土時，要使之不會移動。焊接會使螺栓或鋼筋斷面產生缺損，因此嚴禁使用

將錨定螺栓與鋼筋綁在一起

為固定螺栓而設置的輔助鋼筋（橫向筋）

埋入長度不包含彎勾的彎折部分

確保彎勾部分的保護層厚度

④採用高壁倍率牆體時的錨定螺栓配置法

在高倍率的剪力牆上有很大的水平力作用，因此要設置用以防止橫向錯位（剪斷力）的錨定螺栓。倍率 4 左右的剪力牆，其寬度在 900mm 左右時，剪力牆中央下部的基礎上要放入一根錨定螺栓

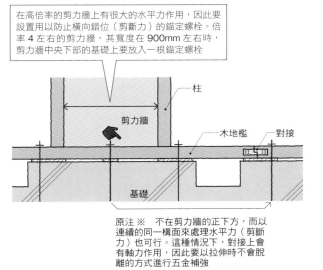

柱
剪力牆
木地檻
對接
基礎

原注 ※ 不在剪力牆的正下方，而以連續的同一構面來處理水平力（剪斷力）也可行。這種情況下，對接上會有軸力作用，因此要以拉伸時不會脫離的方式進行五金補強

Column 不可對錨定螺栓進行彎折調整

彎折調整是指當錨定螺栓偏離設定的位置時，將螺栓彎曲強行回到正規的位置上。

強行施力在螺栓上有引發品質降低的問題，或是受到人為彎折的螺栓在拉拔力作用之下，就會隨之拉直並產生類似扭轉的力。這種情況一旦發生就會出現與耐力試驗不同的應力，因此有固定釘容易脫離、無法發揮所需的耐力、最糟糕的情況還會出現柱子彎折等疑慮。

雖然也有因應位置錯位的五金，不過如果考慮到與上述相同的抵抗機制的話，錨定螺栓的配置也要繪製到木地檻俯視圖等，並且施工前檢查位置，在澆置混凝土時利用夾具調整適當的設置也是很重要的工作。

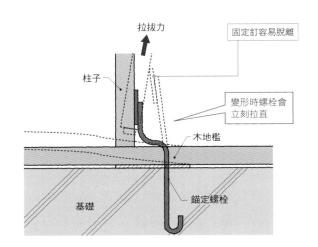

拉拔力
柱子
固定釘容易脫離
變形時螺栓會立刻拉直
木地檻
基礎
錨定螺栓

水平構面的功用為何？

支撐垂直載重，將水平力傳遞至剪力牆

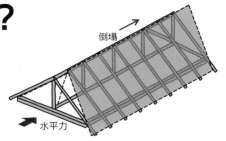

倒塌

水平力

要特別注意屋架構架可能會因桁架方向的水平力而倒塌

圖1 「水平構面」的兩種功用

①支撐垂直載重

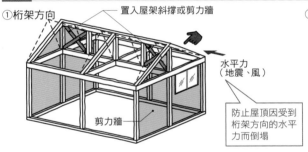

傳向樑　　樓板　　傳向樑

樑　　　支撐人員或家具等　　　樑

②將水平力傳遞至剪力牆

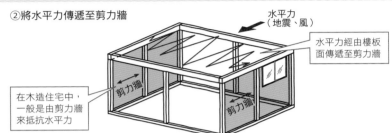

水平力
（地震、風）

水平力經由樓板面傳遞至剪力牆

在木造住宅中，一般是由剪力牆來抵抗水平力

剪力牆

剪力牆

圖2 提升屋架構架的「水平剛性」方法

①桁架方向

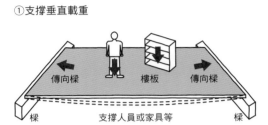

置入屋架斜撐或剪力牆

水平力
（地震、風）

剪力牆

防止屋頂因受到桁架方向的水平力而倒塌

②樑跨距方向

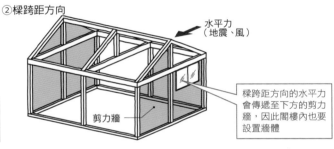

水平力
（地震、風）

樑跨距方向的水平力會傳遞至下方的剪力牆，因此閣樓內也要設置牆體

剪力牆

圖3 關於傳遞屋頂的「水平力」

①屋頂面的水平力無法傳遞至剪力牆

空　空　空　空

水平力

2樓　　剪力牆

1樓　　剪力牆

②解決方法

a) 在剪力牆上方設置剪力牆

屋架樑的對接上會有軸力作用，因此要以五金等確保拉伸強度

b) 在2樓剪力牆的同一構面內設置剪力牆

c) 設置桁架

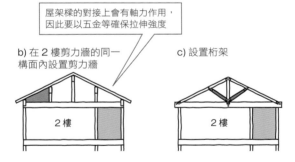

2樓　　　　　2樓　　　　　2樓

「水平構面」是指如同樓板構架或屋架構架，以水平向配置的構成要素。這些除了支撐自身重量與活載重等垂直向的載重之外，同時也具有傳遞地震或風壓等水平力至剪力牆的重要功用〔圖1〕。

特別是屋架構架，要有包含「因風吹而上掀」的對策在內，使桁架方向或樑跨距方向都能確實將施加在屋頂上的水平力傳遞至2樓剪力牆的結構。也就是說，必須認知到「在屋架構架整體的水平剛性」〔圖2〕。

如圖3①的例子，2樓剪力牆如果只做到屋架樑下側，就無法順利將屋頂面的水平力傳遞至2樓的剪力牆。為了解決這種情況，有幾個方法可以採納。

首先是在2樓剪力牆的正上方設置同等的閣樓牆體〔圖3②a〕。再者是在同一構面內設置閣樓牆體，使水平力傳遞至2樓剪力牆的做法〔圖3②b〕。除此之外，還有將屋架構架做成桁架結構的做法〔圖3②c〕。

02 該如何提高樓板構架的水平剛性？

抑制樓板格柵翻落或者採取無樓板格柵的做法

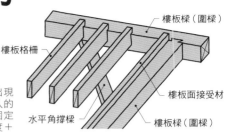

嚴禁樓板格柵與水平角撐出現缺角。以樓板格柵完全嵌入的情況而言，水平角撐樑所固定的樑深必須在樓板格柵深度＋水平角撐深度以上

圖1 樓板格柵的樓板

① 樓板結構

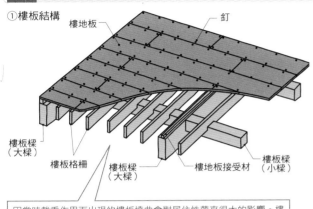

樓地板
釘
樓板樑（大樑）
樓板格柵
樓板樑（大樑）
樓地板接受材
樓板樑（小樑）

因常時載重作用而出現的樓板撓曲會對居住性帶來很大的影響。樓板中央部分的撓曲是樓地板、樓板格柵、小樑、大樑等各自變形量的加總和 [P70 圖3]，因此樑若是以滿足建築基準法最低限度的變形量來進行計畫時，樓板中央部分就會出現非常大的值

② 樓板格柵的架設方式
a 空鋪

b 完全嵌入

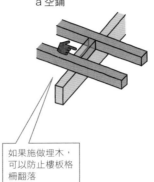

c 半嵌入

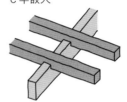

如果施做埋木，可以防止樓板格柵翻落

圖3 水平角撐樑的架設方式

以水平角撐樑所架設的水平構面，有每根水平角撐樑的負擔面積愈小，剛性愈高的傾向

4,550
2,730
底邊長（750mm左右）

如上圖，以水平角撐樑架設時，每根水平角撐樑的負擔面積為 4.55m×2.73 m÷4 根＝ 3.11m²

圖2 無樓板格柵樓板

① 樓板結構

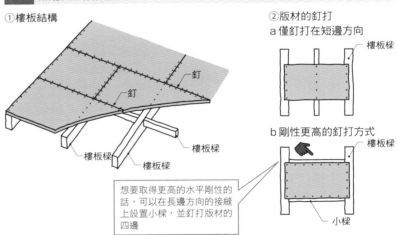

釘
釘
樓板樑
樓板樑
樓板樑

② 版材的釘打
a 僅釘打在短邊方向

樓板樑

b 剛性更高的釘打方式

樓板樑
樓板樑
小樑

想要取得更高的水平剛性的話，可以在長邊方向的接縫上設置小樑，並釘打版材的四邊

樓板構架的種類大致分成兩類。一種是在樓板樑上架設樓板格柵，再鋪設樓地板所形成的「樓板格柵構架樓板」[圖1]，另一種是不架設樓板格柵而以厚的樓地板直接釘打在樓板樑上所形成的「無樓板格柵樓板」[圖2]。

樓板格柵的架設方法可以分成空鋪、完全嵌入、半嵌入等三種[圖1a~c]。

以垂直載重的傳遞能力而言，承載於樑上的大斷面空鋪或半嵌入具有相對的優勢。不過，以水平剛性來說，則是樓板格柵不會翻落的完全嵌入、以及無樓板格柵樓板比較優秀。無樓板格柵的樓地板一般僅釘打版材的短邊方向[圖2a]。

此外，要提高水平剛性，就最好在樓地板與樑之間的縫隙上施做埋木或填塞版等，以防止樓板格柵翻落[圖1a]。特別是設有剪力牆的構面上會有很大的軸力作用，採取這種對策也是有必要的。

除此之外，就提高水平剛性來說，也有置入水平角撐樑的做法[圖3]。水平角撐樑原則上設置在主要構面的四個角。

03 所謂的樓板倍率是表示什麼的數值？

樓板倍率是樓板的剛度指標。剛性高的樓板，其數值愈大

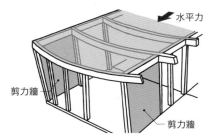

樓板構架或屋架構架除了支撐垂直載重之外，也負責傳遞水平力至下樓層的剪力牆

圖1 樓板倍率的思考方式

樓板倍率 1 的樓板

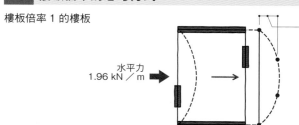

平行於水平力方向上的變形為 1／150 弧度

使平行於水平力方向上的變形為 1／150 弧度，此時擁有因應 1.96 kN／m 的力所需的水平剛性之樓板，其樓板倍率為 1。水平力變成 2 倍（1.96 kN×2）時，樓板倍率為 2

圖2 屋架構架的樓板倍率是斜面與水平面的加總

①屋架構架的樓板倍率

②斜度愈大，椽條愈容易翻落

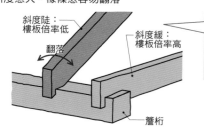

椽條相當於樓板構架中的樓板格柵。由於斜度愈大就愈容易翻落，因此即使採用相同的做法，斜度愈陡，樓板倍率也會愈低

圖3 風壓力中的樓板深度與水平剛性的關係

①樓板深度淺時

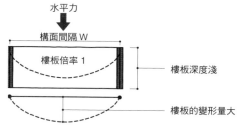

②樓板深度長時

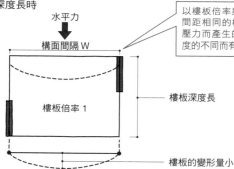

以樓板倍率與剪力牆的構面間距相同的樓板來說，因風壓力而產生的變形量會隨深度的不同而有所差異

樓板倍率是水平構面在因應水平力時的剛性指標。樓板倍率 1 指的是每 1 m 有 1.96 kN 的水平力作用在深度方向時，其變形角為 1／150 弧度的樓板［圖 1］。具有與剪力牆的壁倍率相同的特性，也就是樓板倍率愈高，樓板的水平剛性也愈高，愈不容易變形。

此外，可以將具有斜度的屋頂視為水平面來思考屋架構架的樓板倍率。因此，屋頂面（斜度面）的樓板倍率可以計算到屋架樑的高程（水平面）上所設置的水平角撐中一圖 2］。不過，前提是屋架斜撐或剪力牆要與屋架構架的結構組合為一體。

總而言之，水平構面的設計要注意風壓力作用在深度方向上時，即使樓板倍率相同，變形量也會因為樓板面的深度不同而有所差異。樓板面的深度淺時，水平方向的變形量大，深度長則變形量小一圖 3］。對於深度淺的建築物要注意樓板倍率的設計。

04 地震力與風壓力的差異涉及到樓板面？

地震力與樓板面積成正比關係。風壓力則是與計入面積成正比，而不是樓板面積。因此深度變大，變形量也會變小

地震與樓板面積成正比

風壓力與計入面積成正比

水平力包含地震力與風壓力，力的性質有所差異

圖1 地震力與風壓力的差異

在地震力、風壓力、構面間距、樓板倍率之中，僅有深度是以2倍來處理

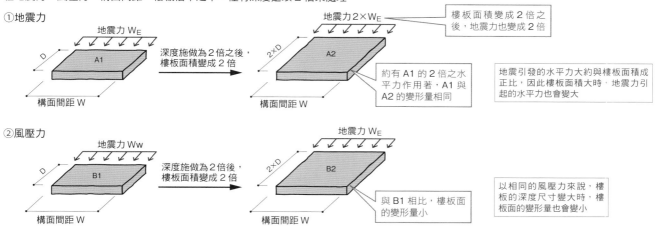

①地震力

地震力 W_E

構面間距 W

深度施做為2倍之後，樓板面積變成2倍

地震力 2×W_E

構面間距 W

樓板面積變成2倍之後，地震力也變成2倍

約有A1的2倍之水平力作用著，A1與A2的變形量相同

地震引發的水平力大約與樓板面積成正比，因此樓板面積大時，地震力引起的水平力也會變大

②風壓力

地震力 Ww

構面間距 W

深度施做為2倍後，樓板面積變成2倍

地震力 W_E

構面間距 W

與B1相比，樓板面的變形量小

以相同的風壓力來說，樓板的深度尺寸變大時，樓板面的變形量也會變小

圖3 上下樓層的剪力牆線錯位時

①力無法傳遞至下方樓層的剪力牆時

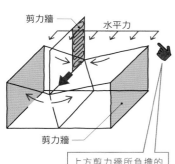

剪力牆

水平力

剪力牆

上方剪力牆所負擔的力無法傳遞到1樓剪力牆時，樓板會出現局部的大幅度變形

②力透過樓板面傳遞至下方樓層的剪力牆時

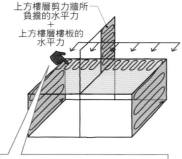

上方樓層剪力牆所負擔的水平力 + 上方樓層樓板的水平力

樓板面上有水平力的作用。力量藉由樓板面從上方剪力牆向下方剪力牆傳遞時，要加算作用在樓板面上的水平力，因此要提高上方樓層樓板的樓板倍率

圖2 要注意作用在水平構面上的邊緣應力

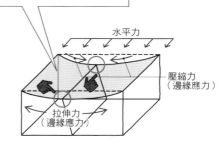

建築物受到水平力作用之後，水平構面就會變形而產生邊緣應力。特別是因應拉伸力時，外周樑的對接及搭接要有足夠的強度耐力

水平力

壓縮力（邊緣應力）

拉伸力（邊緣應力）

透過水平構面傳遞的水平力有地震力和風壓力，這兩種力的性質不盡相同。

①

因地震引起的水平力與建築物的重量成正比關係，而建築物的重量大致又與樓板的面積成正比關係。換句話說，可以說因地震產生的水平力幾乎與建築物的樓板面積成正比〔圖1①〕。

另一方面，風壓力則與計入面積成正比關係。即使承受的風壓力相同，樓板深度淺的變形量相對大很多，因此要有高的樓板倍率來因應。另外樓板深度長的話，該部分的樓板倍率低一點也沒關係〔圖1②〕。

水平構面會因為負擔的力不同，其必要的樓板倍率也會有所不同。因此，水平構面的設計要以地震力與風壓力中，數值較大的一方進行檢證。

此外，由於做為剪力牆構面與外框架的樑上會產生邊緣應力〔※〕。因此要確保外周樑的對接與搭接的強度〔圖2〕。

2—除此之外，當上下樓層的剪力牆線產生錯位時，也要加算作用在樓板面上的水平力〔圖3—①〕。

3—。

水平構面與剪力牆有何關連性？

當剪力牆的剛性高時，水平構面的剛性也要提高。屋頂若不以均等變形的方式來承受水平載重的話，地震發生時就會損傷

屋頂面的剛性很低，因此地震發生時會產生不均勻的變形而導致瓦片掉落

圖　比較剪力牆與樓板剛性的關係

① 基礎案例

存在壁量：建築基準法的 1.0 倍
壁倍率：2.0
屋頂面的樓板倍率：0.35

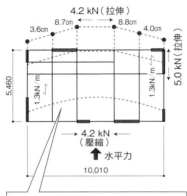

如果只在外周設置剪力牆，剪力牆的構面間隔會拉長，屋頂（樓板）面的變形也會不均勻。不均勻的變形將導致屋頂損傷

② 在①中加入隔間牆

存在壁量：建築基準法的 1.4 倍
壁倍率：2.0
隔間牆：1.0
屋頂面的樓板倍率：0.35

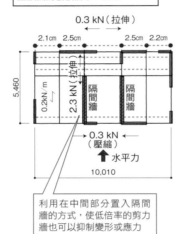

利用在中間部分置入隔間牆的方式，使低倍率的剪力牆也可以抑制變形或應力

③ 提高①的壁倍率

存在壁量：建築基準法的 1.4 倍
壁倍率：4.0
屋頂面的樓板倍率：0.35

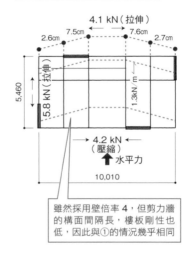

雖然採用壁倍率 4，但剪力牆的構面間隔長，樓板剛性也低，因此與①的情況幾乎相同

此處為重點

製作剛性樓板的目的
為使水平力均等分配到剪力牆上，樓板不可產生有害變形

剪力牆的剛性低，且構面間隔短時
↓
樓板面的水平剛性低也沒關係

剪力牆的壁倍率高，且構面間隔長時
↓
需要傳遞的水平力變大，因此必須提高樓板面的水平剛性

④ 與③相同的壁倍率，提高屋頂面的樓板倍率

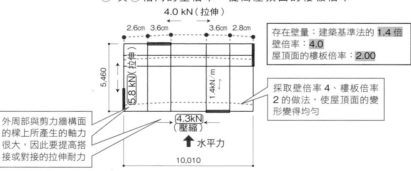

存在壁量：建築基準法的 1.4 倍
壁倍率：4.0
屋頂面的樓板倍率：2.00

外周部與剪力牆構面的樑上所產生的軸力很大，因此要提高搭接或對接的拉伸耐力

採取壁倍率 4、樓板倍率 2 的做法，使屋頂面的變形變得均勻

此接合部要確實固定。

傳向剪力牆的水平力很大，因此水平構面上勻的變形〔圖④〕。水平構面上均倍率也一併提高就無法達到均提高壁倍率時，不將樓板

另一方面，只提高圖①的壁倍率的話，就僅有屋頂面的變形數值會稍微小些，依然有不均勻的情況〔圖③〕。因此接合耐力低也沒有關係。

若在圖①中增加壁倍率1.0的隔間牆，變形不但變得均勻，產生在各部分的應力數值也會變小〔圖②〕。因此接合部的原因。

的原因。現象就是引發地震時瓦片掉落出現大幅度變形〔圖①〕。這個之下，屋頂面的中央部分就會向。如此一來，在水平力作用而使剪力牆構面間隔拉長的傾係，會有僅滿足外周部的壁量的2樓因為必要壁量較少的關一般來說，2層樓建築

行關連性的思考。的水平剛性與剪力牆的配置進生，要將樓板構架、屋架構架的疑慮。為了防止這種情形發即使壁量充足也會有部分損傷前提。若無法滿足這個條件，均勻分配到各道剪力牆上是大在壁量計算中，水平力能

屋架構架只要能承受屋頂重量即可？

要注意因水平力引發的撓曲。特別是斜向樑露出的情況下，要有外推力 [※1] 的對策

利用繫桿（鋼棒）做為斜向樑的外推力對策

圖4 傳遞水平力有問題的剪力牆例子

水平力 →

水平力 →

水平力 →

到屋架樑為止的牆體

到天花板面為止的牆體

變形大

該部分若沒有剪力牆，屋頂面的水平力就無法傳遞到下方2樓的剪力牆上

天花板面

變形大

該部分若沒有剪力牆，2樓的水平力就無法傳遞到下方1樓的剪力牆上

圖1 要注意屋簷上掀

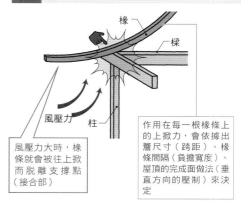

椽

樑

柱

風壓力

風壓力大時，椽條就會被往上掀而脫離支撐點（接合部）

作用在每一根椽條上的上掀力，會依據出簷尺寸（跨距）、椽條間隔（負擔寬度）、屋頂的完成面做法（垂直方向的壓制）來決定

圖5 斜向樑構架上產生外推力的處理方法

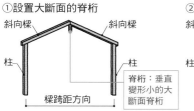

①設置大斷面的脊桁

斜向樑　斜向樑

柱　柱

脊桁：垂直變形小的大斷面脊桁

樑跨距方向

②在頂部附近使用水平材

斜向樑　斜向樑

繫桿

柱　柱

將斜向樑構材繫緊以確保水平剛性

樑跨距方向

③設置屋架樑

斜向樑　斜向樑

吊柱

柱　柱

樑跨距方向

屋架樑：將屋架樑與柱、斜向樑繫緊以確保水平剛性

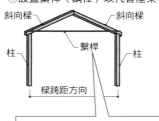

④設置繫桿（鋼棒）以代替屋架樑

斜向樑　斜向樑

繫桿

柱　柱

樑跨距方向

繫桿會在垂直載重（拉伸）時產生作用，水平力或偏移載重則會以壓縮作用在繫桿上，因此無法發揮效果。設計時要加以注意

圖2 脊桁撓曲時就會出現外推力

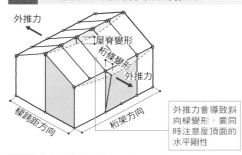

外推力

屋脊變形

桁條變形

外推力

樑跨距方向

桁架方向

外推力會導致斜向樑變形，要同時注意屋頂面的水平剛性

圖3 屋架構架的橫向倒塌

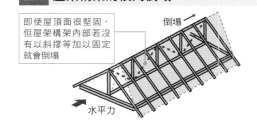

即使屋頂面很堅固，但屋架構架內部若沒有以斜撐等加以固定就會倒塌

倒塌

水平力

從設計上來說，屋簷盡可能輕薄比較容易處理屋架構架的結構。不過實際放到結構上的嚴格條件下檢視，那些不起眼的地方往往隱藏各式各樣的問題。

第一個例子是屋簷椽條的支撐方法。為了防止支撐點受到暴風上吹而脫離，要利用五金確實固定在簷桁上［圖1］。

其次是屋架構材的斷面不足問題。因為很少承載人員的關係，因此很多案例都採用小的構材斷面。不過，脊桁等一旦出現過大的撓曲就會演變成導致外牆推出、裂痕或漏水的原因，或在數十年出現一次的大雪中崩塌［圖2］。因桁架方向上沒有斜撐［圖3］、或者因閣樓內沒有牆體而使2樓剪力牆幾乎無法發揮效果的實際案例也很多［圖4］。

再者，還有誤解「屋架構架＝三角形＝桁架所以是強壯的結構」。如斜向樑這種構架上，外推力會產生在支撐點上，因此要採取圖5的對策來減輕外推力。

原注 ※1　脊桁一旦出現撓曲就會推壓桁樑並往水平方向擴展。這種擴展的力就稱為外推力。
原注 ※2　又稱為屋架斜撐。指的是為了防止屋架構架倒塌而在屋架支柱或桁條等上，以斜向釘打固定的斜撐。

07

屋架構架的形式中
有哪些不同的注意點？

和式屋架要注意屋架樑斷面或屋架斜撐、外推力對策等，
西式屋架則要注意接合部或主椽尾端的補強等

隨著屋頂形狀的不同，
屋簷懸挑部分的處理也
不盡相同

圖2 和式屋架（桁條、椽形式）的確認要點

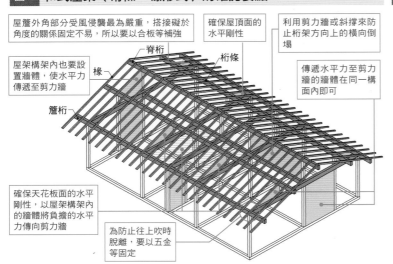

屋簷外角部分受風侵襲最為嚴重，搭接礙於角度的關係固定不易，所以要以合板等補強

屋架構架內也要設置牆體，使水平力傳遞至剪力牆

確保屋頂面的水平剛性

利用剪力牆或斜撐來防止桁架方向上的橫向倒塌

傳遞水平力至剪力牆的牆體在同一構面內即可

脊桁

桁條

椽

簷桁

確保天花板面的水平剛性，以屋架構架內的牆體將負擔的水平力傳向剪力牆

為防止往上吹時脫離，要以五金等固定

圖1 作用在和式屋架樑上與西式屋架樑上的力

①和式屋架　垂直載重

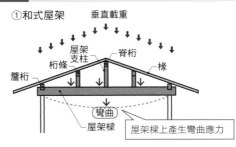

屋架支柱

脊桁

桁條

椽

簷桁

屋架樑

彎曲

屋架樑上產生彎曲應力

②西式屋架　垂直載重

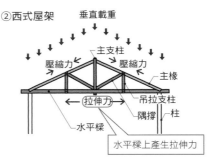

主支柱

壓縮力

壓縮力

主椽

拉伸力

吊拉支柱

隅撐

柱

水平樑

水平樑上產生拉伸力

圖3 和式屋架（斜向樑形式）的確認要點

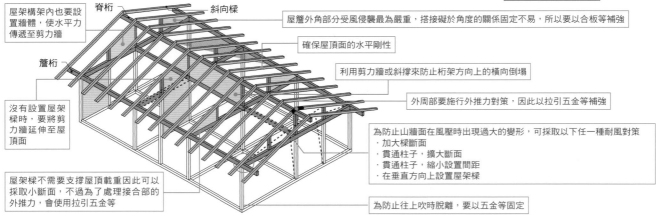

屋架構架內也要設置牆體，使水平力傳遞至剪力牆

脊桁

斜向樑

簷桁

屋簷外角部分受風侵襲最為嚴重，搭接礙於角度的關係固定不易，所以要以合板等補強

確保屋頂面的水平剛性

利用剪力牆或斜撐來防止桁架方向上的橫向倒塌

外周部要施行外推力對策，因此以拉引五金等補強

沒有設置屋架樑時，要將剪力牆延伸至屋頂面

為防止山牆面在風壓時出現過大的變形，可採取以下任一種耐風對策
・加大樑斷面
・貫通柱子，擴大斷面
・貫通柱子，縮小設置間距
・在垂直方向上設置屋架樑

屋架樑不需要支撐屋頂載重因此可以採取小斷面，不過為了處理接合部的外推力，會使用拉引五金等

為防止往上吹時脫離，要以五金等固定

屋架構架的形式分成和式屋架與西式屋架［圖1］。和式屋架是以屋架樑支撐屋頂的大部分載重，因此屋架樑的斷面大。西式屋架則由於構架的斷面小，只有軸力作用，因此構材斷面小，不過要注意接合方式。

和式屋架有桁條、椽與斜向樑兩種形式［圖2、3］。

前者若能確保屋架樑的必要斷面，屋架支柱的位置就可以自由配置，因此可以變化出各式各樣的屋頂形狀。不過僅以屋架支柱是無法抵抗水平力的，要在樑跨距方向、桁架方向上設置屋架斜撐等的剪力牆［圖2］。此外，後者大多省略屋架樑，所以要有以下的外推力對策。

①將脊桁、桁樑的撓曲抑制至少量

②剪力牆延伸至屋頂面（斜向樑）

③固定屋頂面以確保水平剛性

④山牆面要進行耐風處理，可採取擴大柱子斷面或設置屋架樑

在考量屋架構架整體的水平剛性之下，斜向樑形式也應該採用每兩個開間左右就設置屋架樑的做法。

圖4 西式屋架的確認要點

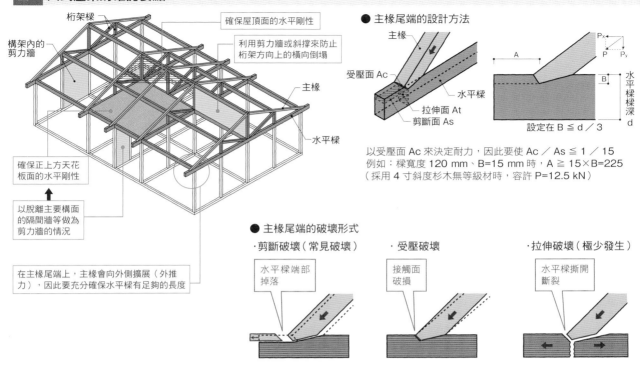

桁架樑

構架內的剪力牆

確保屋頂面的水平剛性

利用剪力牆或斜撐來防止桁架方向上的橫向倒塌

主樑

水平樑

確保正上方天花板面的水平剛性

以脫離主要構面的隔間牆等做為剪力牆的情況

在主樑尾端上,主樑會向外側擴展(外推力),因此要充分確保水平樑有足夠的長度

● 主樑尾端的設計方法

主樑

受壓面 Ac

拉伸面 At

剪斷面 As

水平樑

設定在 B ≦ d／3

水平樑樑深 d

以受壓面 Ac 來決定耐力,因此要使 Ac／As ≦ 1／15
例如:樑寬度 120 mm、B=15 mm 時,A ≧ 15×B=225
(採用 4 寸斜度杉木無等級材時,容許 P=12.5 kN)

● 主樑尾端的破壞形式

·剪斷破壞(常見破壞)

水平樑端部掉落

·受壓破壞

接觸面破損

·拉伸破壞(極少發生)

水平樑撕開斷裂

圖5 懸挑部分的確認要點

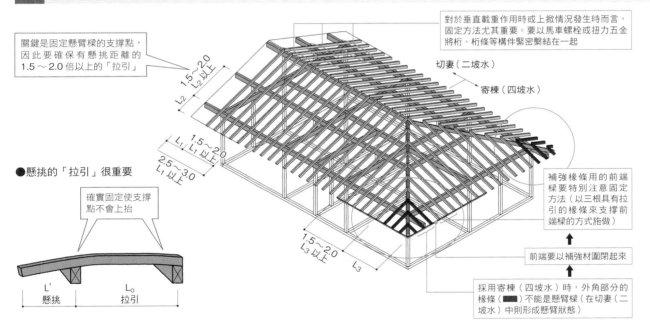

關鍵是固定懸臂樑的支撐點,因此要確保有懸挑距離的 1.5～2.0 倍以上的「拉引」

對於垂直載重作用時或上掀情況發生時而言,固定方法尤其重要。要以馬車螺栓或扭力五金將桁、桁條等構件緊密繫結在一起

切妻(二坡水)

寄棟(四坡水)

●懸挑的「拉引」很重要

確實固定使支撐點不會上抬

L'
懸挑

L₀
拉引

補強椽條用的前端樑要特別注意固定方法(以三根具有拉引的椽條來支撐前端樑的方式施做)

前端要以補強材圍閉起來

採用寄棟(四坡水)時,外角部分的椽條(■)不能是懸臂樑(在切妻(二坡水)中則形成懸臂狀態)

1.5～2.0
L₂ 以上
L₂

1.5～2.0
L₁ 以上
L₁

2.5～3.0
L₁ 以上

1.5～2.0
L₃ 以上
L₃

西式屋架是由主樑、吊柱、斜向材、水平樑所組成的桁架[圖4]。由於桁架方向可以抵抗水平載重,因此不用像和式屋架一樣設置牆體,但要確保各接合部都能抵抗拉伸力與壓縮力。此外,桁架方向上與和式屋架同樣都要設置屋架斜撐或牆體。

桁架的接合部一定要特別注意主樑尾端[※]的部分。這個部分要以不會產生剪斷破壞或拉伸破壞來決定斷面尺寸。

很多案例都是一味重視出簷的外觀卻缺乏結構上的考慮。在「懸挑部分」上需要有特別反力用的「拉引」[圖5]。

屋頂會從兩個方向懸挑出外角,此處有不能是懸挑樑的椽條,因此椽條前端的封簷板或破風板以做為補強材來說具有相當重要的功用。

另外,離角隅部有段距離的椽條則是負擔外角部分的載重,因此一定要將斷面擴大並確實固定支撐點。

原注 ※ 指的是西式屋架的主樑與水平樑的接合部。

97　3 各結構要素的設計重點

4

耐震評估與補強

01 木造耐震評估要做哪些事情？

耐震評估大致有表 1 列舉的三個種類。除了最常聽到的一般評估之外，
在精密評估中還有保有水平耐力計算等詳細的計算方法

表 1 木造建築物的耐震評估方法 [※1]

簡易評估		以居住者為對象的評估方法，主要是透過興建年代與建築物形狀等，來大致掌握建築物狀況的評估
一般評估		建築技術者所採行、使用上最為廣泛的評估方法，主要進行壁量計算程度的檢證
精密評估	1	相當於壁量計算或是容許應力度計算 [※2] 的檢證方法
	2	進行保有水平耐力計算 [※3]、臨界耐力計算 [※4]、歷時回應解析等的深度評估

表 2 從年代別來看木造建築物的結構特徵

年代	明治、大正	1950 年（昭和 25 年）～	1959 年（昭和 34 年）～	1981 年（昭和 56 年）～	2000 年（平成 12 年）～
必要壁量（地震力）乘以樓板面積所得數值（cm／m²）	無規定（建築物老舊而無圖面時，建築物的壁量可以從該建築物興建的年代來推測）	輕型屋頂／重型屋頂 原注：軟弱地盤時要以 1.5 倍來因應	輕型屋頂／重型屋頂 原注：軟弱地盤時要以 1.5 倍來因應	昭和 62 年～ 3 層樓建築的規定 輕型屋頂／重型屋頂 原注：軟弱地盤時要以 1.5 倍來因應	令 46 條的壁量規定無變更 規定剪力牆配置要有良好的平衡 品確法的制訂（新的壁量規定）
必要壁量（風壓力）乘以計入面積所得數值（cm／m²）	無規定	無規定	昭和 46 年～ 樓板面積的計算方式。面積以樓板高程測定之 沿岸基地：1.5 倍、市區基地：2／3 倍	一般地區：50 指定地區：50～75	令 46 條的壁量規定無變更 品確法的制訂（新的壁量規定）
層間變位角	無規定	無規定	中型地震時 1／60	中型地震時 1／120	中型地震時：1／120 大型地震時：1／30
基礎	連續基礎、燭式基礎 抱石、連續砌石、磚、無鋼筋混凝土	連續基礎、燭式基礎 石、疊石、無鋼筋混凝土	連續基礎、燭式基礎 石、疊石、無鋼筋混凝土 錨定螺栓（點狀配置）	連續基礎、版式基礎 鋼筋混凝土 錨定螺栓（點狀配置）	版式基礎、連續基礎、地盤改良 鋼筋混凝土（基礎配筋的規定） 錨定螺栓
構架	徒手加工 杉、柏、松、欅	徒手加工 杉、柏、松、欅	徒手加工 杉、柏、美國西部鐵杉、花旗杉	徒手加工、預切 杉、柏、美國西部鐵杉、花旗松	預切 花旗松、集成材、杉、柏
接合部	傳統的對接與搭接 入榫、內栓、楔形物、日式釘、西式釘 官舍系列為螺栓、條狀五金	燕尾、蛇首 插榫、西式釘 官舍系列為螺栓、條狀五金	燕尾、蛇首 插榫、西式釘 鍵形螺栓、匸形釘	燕尾、蛇首 插榫、西式釘 鍵形螺栓、匸形釘、Z 形五金	燕尾、蛇首＋輔助五金 插榫＋補強五金 認定五金（搭接的繫緊方法之規定）
剪力牆	灰泥牆、板牆 斜撐（釘定）	灰泥牆、板牆 斜撐（釘定）	灰泥牆、板牆 斜撐（釘定）	石膏版、結構用合板 斜撐（釘定）	結構用合板、新建材版材 斜撐（五金固定）
樓板構架	樓板格柵構架、鋪設製材板、無水平角撐	樓板格柵構架、鋪設製材板、無水平角撐	樓板格柵構架、鋪設製材板、水平角撐	樓板格柵構架、鋪設製材板、水平角撐、鋪設結構用合板	無樓板格柵、鋪設厚版合板 樓板格柵構架、鋪設製材板、水平角撐
屋架構架	和式屋架、橫穿板、鋪設製材板 無屋架斜撐及水平角撐 官舍系列為西式屋架、水平角撐及屋架斜撐	和式屋架、橫穿板、鋪設製材板 無屋架斜撐及水平角撐 官舍系列為西式屋架、水平角撐及屋架斜撐	和式屋架、鋪設製材板 有無屋架斜撐及水平角撐為一半一半	和式屋架、鋪設製材板 屋架斜撐及水平角撐	和式屋架、鋪設製材板、鋪設合板 屋架斜撐及水平角撐 斜向樑＋鋪設厚版合板
主要完成面	瓦屋頂（底層土）、銅板瓦、茅草及稻草屋頂 板牆、抹灰	瓦屋頂（底層土）、鐵板瓦 板牆、抹灰、砂漿	瓦屋頂（底層土）、鐵板瓦、水泥瓦 板牆、砂漿、雨淋板	金屬屋面、瓦屋頂、石棉瓦 砂漿、雨淋板	金屬屋面、瓦屋頂 砂漿、雨淋板
構法	樑柱構架式構法	樑柱構架式構法	樑柱構架式構法、框架牆體、預製	樑柱構架式構法、框架牆體、預製	樑柱構架式構法、框架牆體、預製

原注：本表是筆者從至今進行過的耐震評估對象中，針對約略特徵所整理的成果

耐震評估的目地是為了防止建築物在大地震時倒塌，其評估方法有三種類型 [表 1]。

設計者或施工者必須具備高端技術與判斷力才有能力進行耐震評估或耐震補強。對建築物的現況有了正確的評估之後，除了決定應優先補強的地方之外，不僅是結構方面，也要將居住性、施工環境等納入考量，做出包含施工性、成本在內的綜合判斷。

一般的獨棟住宅採取一般評估或精密評估法 1 的壁量計算即可。不過大規模興建、或形狀特殊的學校等建築物，最好也採用容許應力度計算。臨界耐力計算則是在相對良好的地盤上、以及可以期待地震力有所輕減的情況下比較有效。

評估建築物的壁量必須視該建築物是依據哪個年代的法規，因此建築年代會對耐震性有很大的影響 [表 2]。

1981～2000 年間興建的木造住宅並沒有針對剪力牆的配置或接合方法等，進行促使剪力牆有效發揮作用的規定，因此即便滿足壁量規定，幾乎所有的建築物都有耐震不足的情況 [※6]。

原注：※1 木造住宅的耐震評估通常是依據〈2012 年修訂版木造住宅的耐震評估與補強方法〉（（一財）日本建築防災協會）。※2 為結構計算最基本的計算方法，求出各構材或接合部上產生的彎曲應力與軸力，要確認數值在長期及短期容許應力度以下。※3 在容許應力度計算中針對大地震所採行的計算方法。※4 加施考慮到建築基地的地盤特性之下的地震震動，由此計算搖晃程度的方法。※5 受到過去記錄到的特定地震波作用，從各時間帶的回應變形量或回應剪力力的最大值所求得的解析。
※6 2017 年 5 月 16 日（一財）日本建築防災協會公布的「新耐震基準的木造住宅耐震性檢證法」，概略內容參照本書 6 相關資料 [P176]

02 在現場調查中該重點確認的要點有哪些？

確認支撐垂直載重的安全性、剪力牆是否能有效運作。
藉由現場檢查天花板內部或樓板下方等掌握建築物的結構

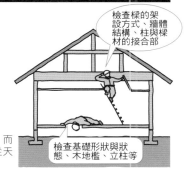

檢查樑的架設方式、牆體結構、柱與樑材的接合部

現場調查有可能因室內裝潢的關係，而無法檢查結構的狀況。這種時候要從天花板內部或樓板下方等處進行確認

檢查基礎形狀與狀態、木地檻、立柱等

表1 耐震評估中的確認項目

項目	確認項目
地盤與基礎	裂痕：不均勻沉陷、有無鋼筋 基礎形式與配置（與上部結構之間的平衡）
建築物形狀	平面形狀：L、T、ㄇ字形、大型挑空等 立面形狀：退縮、懸挑等 屋頂形狀；切妻（二坡水）、寄棟（四坡水）、歇山頂等
老朽程度	是否有溼氣重的傾向（用水區域、一樓樓板下方、閣樓） 是否有構材腐朽或白蟻問題

項目	確認項目
剪力牆的量	是否有合乎建築物重量所需的量 是否被天花板面切斷（關係到牆體的強度） 是否有屋架斜撐
剪力牆的配置	是否偏心 是否距離過遠（與樓板面的對應）
接合方法	柱與木地檻、樑之對接方法 有無錨定螺栓與配置

表2 評估用的項目與設定的規範

● 無開口牆體的基準耐力之思考方法 [※1]

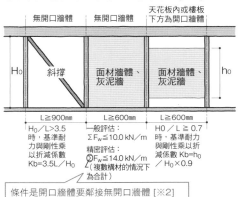

H0／L>3.5 時，基準耐力與剛性乘以折減係數 Kb=3.5L／H0

一般評估：ΣFw≦10.0 kN／m
精密評估：ΣFw≦14.0 kN／m（複數構材的情況下為合計）

H0／L≧0.7 時，基準耐力與剛性乘以折減係數 Kb=h0／H0×0.9

條件是開口牆體要鄰接無開口牆體 [※2]

建築物規範	設定的載重（每單位樓板面積、N／m²）
輕型建築物	屋頂：石棉瓦（950）、外牆：木摺砂漿（750）、內牆：版牆（200）
重型建築物	屋頂：棧瓦（1,300）、外牆：灰泥牆（1,200）、內牆：版牆（200）
非常重的建築物	屋頂：鋪土瓦屋頂（2,400）、外內牆：灰泥牆（1,200 ＋ 450）
各建築共通	樓板載重（600）、活載重（600）

基礎規範	規範與健全度	耐震性能
基礎 I	健全的 RC 造連續基礎或是版式基礎	地震時不因彎曲、剪斷而崩塌，錨定螺栓、拉引五金不因此而拔出，是保有建築物的一體性、且可以充分發揮上部結構的耐震性能之基礎／耐震補強後的牆體正下方也不會產生破壞的健全 RC 造基礎
基礎 II	有裂痕的 RC 造連續基礎或者版式基礎、無鋼筋混凝土造的連續基礎、在柱腳設有柱腳繫樑的 RC 造底盤上，將柱腳或柱腳繫樑等繫緊固定的抱石基礎／輕微裂痕的無鋼筋混凝土造的基礎	基礎 I 及基礎 III 以外者
基礎 III	抱石、砌石、疊石基礎、有裂痕的無鋼筋混凝土造基礎等	地震時有鬆脫的疑慮，無法保有建築物一體性的基礎

● 開口牆體的基準耐力之思考方法

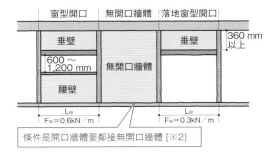

360 mm 以上

600～1,200 mm

Lw
Fw=0.6kN／m

Lw
Fw=0.3kN／m

條件是開口牆體要鄰接無開口牆體 [※2]

接合部規範	規範與健全度
接合部 I	適用平成 12 年建告 1460 號的規範
接合部 II	鍵形螺栓、山形版 VP、轉角五金 CP-T、CP-L、內栓
接合部 III	插榫、釘定、ㄇ形釘等（構面兩側是通柱時）
接合部 IV	插榫、釘定、ㄇ形釘等

樓板規範 [※3]	主要規範	設定樓板倍率
樓板規範 I	合板	1.0 以上
樓板規範 II	水平角撐＋粗板	0.5 以上，未滿 1.0
樓板規範 III	無水平角撐	未滿 0.5

現場調查時該確認的結構要點有以下兩點。

① 支撐垂直載重的安全性

② 剪力牆是否有效發揮作用

為釐清這兩點得掌握建築物的形狀、構架方式、剪力牆的做法與配置、樓板或屋架構架的構成、基礎形式等。在現場調查中，除了確認對耐震性有直接影響的牆體做法與配置、樓板噪音或傾斜、牆體或基礎的裂痕狀況之外，也要以目視方式確認樓板下方或天花板內部是否有第 102 頁、第 103 頁的結構問題 [表1]。

表 2 是與評估有關的結構要素規範。

此外，如果事先繪製各樓層柱與牆體的位置平面圖，在現場就能立刻聚焦在撓曲等檢查重點上。

尤其 1 樓與 2 樓的外牆面或柱位出現錯位的位置上，周邊樓板樑是以怎樣的方式組成、搭接是否有壓陷或拔出，都是目視確認的重點。除此之外，掌握其上的屋架構架與對接位置，還有加載於樓板樑上的載重也很重要。

原注 ※1　折減係數 Kb 依據精密評估法 1。※2　計入耐力的開口牆體原則上要鄰接無開口牆體，連續開口牆體的長度 Lw ≦ 3.0 m。採用無開口牆率的計算方法時，請參照（一財）日本建築防災協會〈2012 年修訂版木造住宅耐震評估與補強方法〉。※3 挑空在寬度 4 m 以上時，樓板規範要取用下一個級數。

① **平面圖** 1樓也要標示基地邊界線　事先在各層平面圖上標出1樓柱與2樓
以虛線標示該層以上的雨　➡ 柱、及該層牆體，比較容易掌握確認要點
庇、陽台、閣樓等

② **立面圖** ➡ 紀錄裂痕狀況

③ **地盤資料** 附近的數據或地形圖等 ➡ 要注意現場一帶的地形，以步行方式留意
附近的建築物或道路是否有裂痕等

1樓的主要構面

> Y方向的牆體少時會導致2樓容易扭轉，因此牆體產生裂痕或縫隙的可能性很大

> 由於與鄰地之間幾乎沒有縫隙，因此聚集的溼氣容易使牆體、木地檻腐朽。與鄰地之間有高低差時，籬笆就可能傾斜

○ 1樓的主要構面
○ 2樓的主要構面
⊙ 1樓的輔助構面

ぬ り ち と へ ほ　に は ろ い

450　8,190　300
3,640　1,820　2,730

N

門廊　玄關
櫥櫃
和室
舊廊

洗臉台兼更衣室
浴室
廚房
飯廳
儲間
起居間
儲間

1,820
2,730　7,280
2,730

① ② ③ ④ ⑤ ⑥ ⑦ ⑧ ⑨

Y → X

樑柱構架式的浴室周邊，多處木地檻、柱、斜撐等的腐朽情況嚴重

沒有通氣口的關係，不但溼氣重，蟻害也很嚴重的樓板下方

> 要確認排水處理方式。如果滲透陰井附近的基礎或外牆出現裂痕，下陷的可能性就很大

> 該附近的1樓剪力牆較少，因此2樓如果有人員走動就可能發出聲響。外牆側要確認天花板是否有雨漬痕跡。有雨漬痕跡時就有可能使樑搭接遭到拔出

✕ 1樓柱
■ 2樓柱
━ 牆體

因為滲透陰井的位置很接近建築物的關係，導致地盤沉陷、建築物受到大幅度的破壞

因基地填土碾壓不充分而引起地盤下陷，樓板支柱抬起的情形

設備廠商在改修時打通的人孔，可知基礎是無鋼筋的做法

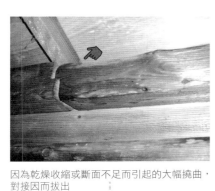

因為乾燥收縮或斷面不足而引起的大幅撓曲，對接因而拔出

牆體只做到天花板，與屋架樑之間有縫隙導致牆體耐力降低

負擔載重大、屋架樑折損。因為斷面上沒有污損，因此推測是受到東日本大地震等前些年地震的衝擊破壞

為了貫通通氣口而切角的斜撐，這樣的構材無法發揮作用

從圖面來看，屋架構架有可能將載重集中到這條線上。1樓沒有柱子時可以推測會有撓曲

從樑的對接來看，常見燕尾對接、蛇首對接、台持對接的拉伸耐力雖小，但沒有五金補強的情況，很容易因水平力而造成損壞

當2樓柱的下方沒有1樓柱子的區域，出現
· 樓板傾斜
· 有雨漬痕跡
· 敲擊柱子會發出震動聲響
等現象時，為推測樓板的撓曲，要調查樓板樑的架設方式。搭接被拔出或壓陷的可能性也很大

2樓的主要構面

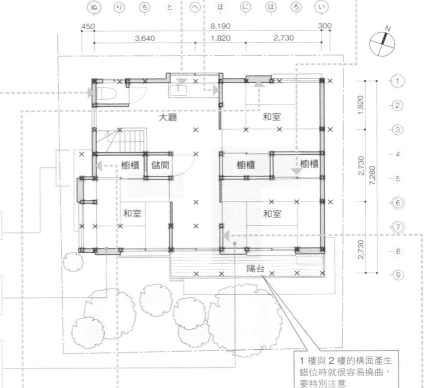

1樓與2樓的構面產生錯位時就很容易撓曲，要特別注意

事先在調查前的資料上註明全部的「類似」部分，在現場調查中就結構上是否發揮效用進行記錄

✕	1樓柱
▬	2樓柱
═	牆體

天花板側邊有雨漬痕跡。引發原因往往都是因為屋架構架或2樓樓板構架的問題

釘定的斜撐。毫無拉伸耐力效果，大幅影響耐震性

樓板樑的搭接出現壓陷，接受樑也有割裂情形。樑的架設方式有問題，因此也要將屋架構架納入檢討範圍

為有效進行現場調查而要具備的知識

若是居住中的住宅,可能會受到調查時間的限制,因此一定要先預設問題點,
對於補強方式也有某種程度的思考之後,再進行現場調查

在狹小幽暗且有很多障礙物的環境中進行調查是相當耗費體力的作業

結構上要知道的部分

進行建築物的結構設計或評估時,要知道的部分有「外力」與「耐力」兩個項目。建築上有哪些載重作用、以及如何承受,為此整理的各種前提條件就是「補強」。

外力是指施加在建築物上或個別構材上的載重,大致區分成垂直載重與水平載重[P16~17]。

垂直載重來自於建築物本身的重量(固定載重)及家具或雪等活載重,也就是作用在常時重力方向,另外還有水平載重作用時在剪力牆的外周柱上產生的拉拔力或壓縮等變動軸力。

水平載重主要有地震力及風壓力兩類(有地下室時,土壓力會作用在常時水平方向)。地震力會受到建築物重量和高度、地盤的震動性質等影響。風壓力則主要受到建築物的計入面積與建造基地的基準風速的影響。

因此,為計算作用在建築物上的外力就必須取得以下這些項目的訊息。

① 屋頂、樓板、外牆、內牆等

① 屋頂、樓板、外牆、內牆等構架或樓板等水平構面的做法

② 各空間的用途→活載重
③ 建築基地的垂直積雪量與雪的單位重量
④ 鋼琴、金庫、太陽能光電版等特殊活動物品的重量及設置範圍
⑤ 建築物的平面、剖面、立面形狀
⑥ 建築基地的住址(地震地域係數、基準風速、標高→積雪載重)
⑦ 地形、地盤的性質[地盤調查數據、土壤液化潛勢圖,J-SHIS圖等,表1]

除此之外,為檢查基礎的埋入深度,最好也調查凍結深度。

表2是現場調查確認表,列有建築物概要欄位、以及和「外力」有關的地形、地盤等項目。另一方面,結構特徵、狀況欄位是與建築物的「耐力」有關的項目。

耐力是指建築物的強度,主要受到構架構材的材料強度與斷面尺寸、剪力牆做法、數量、配置、構材之間的接合方法等影響[P8]。此外,屋架

的重量(完成面做法)

與有無設置挑空、退縮也是判斷剪力牆的配置是否有效所進行的測量,並不是為了檢查劣化的程度,更重要的目的是判斷結構上是否有問題。

此外,針對基礎或外牆的裂痕、樓板或柱子的傾斜所進行的測量,並不是為了檢查劣化的程度,更重要的目的是判斷結構上是否有問題。

在耐震評估中,構材的劣化程度與基礎規範也是計算建築物強度所必要的項目[P107表3]。

要掌握的資訊[P9、P24~25]。

表1 用於掌握大致地形、地盤性質調查時的參考資料 [*]
1)國土地理院 http://maps.gsi.go.jp/ 標準地圖、主題圖-都市圈活斷層圖、主題圖-明治時期的低窪地 等
2)政府地震調查研究推進本部 http://www.jishin.go.jp/ 地震評估-活斷層的長期評估 等
3)國土交通省 國土調查(土地分類基本調查、水文基本調查等) http://nrb-www.mlit.go.jp/kokjo/inspect/inspect.html 5萬分之一都道府縣土地分類基本調查 等
4)國立研究開發法人防災科學技術研究所 J-SHIS地震潛勢站 http://www.j-shis.bosai.go.jp/ 表層地盤-地盤增幅率 等
5)關於土壤液化或土石災害,參考各都道府縣或市町村網頁的防災相關資訊 上述之外,也可以參閱民間地盤調查協會網頁中關於鑽探柱狀圖等

譯注* 台灣可應用的相關地質調查,可參考以下資料。
1. 行政院農業委員會水土保持局「土石流防災整備管理系統」https://dfdpm.swcb.gov.tw/dfdv/ 可查詢有關土石流潛勢溪流、土石流觀測、防災地圖等。
2. 國家災害防救科技中心「災害潛勢地圖網站」https://dmap.ncdr.nat.gov.tw/?section=m_1 斷層與土壤液化、海嘯溢淹、土石流與山崩、淹水潛勢。

表2 木造建築物的耐震評估用現場調查確認表

年　　　　月　　　　日

評估人		
公司名稱（負責人）	（負責人：　　　　　　　　　　　　　　　　）	
聯絡人	TEL：　　　　　　　　　　　　　　　FAX：	
現場調查日期	年　　　月　　　日～　　　日	

建築物概要		
建築物名稱		地震地域係數：Z=
所在地		垂直積雪量：　　　　　　cm、凍結深度：　　　　cm
屋齡	年（西元　　年）　　月（屋齡　　年以上	有無增改建：□有（　　年）□無
結構、樓層數	結構：□木造　　□混合結構　　□其他（　　　）	層數：　　　　　層
主要完成面	屋頂：	外牆：
規模	建築面積：　　　　　m²	基地面積：　　　　　m²
	簷高：　　　　　m	最高高度：　　　　　m
主要用途	□住宅　　□集合住宅　　□其他（　　　　　）	
圖面所在	設計圖：□有（　　　　　）□無	
	結構圖：□有　　□無　　　地盤資料（　　　　　）：□有　　□無	

結構特徵與狀況		
建物形狀等	建築物形狀：□正方形、長方形（　m×　m） 　　　　　　□其他（　　　　　）	狀況：
	屋頂形狀：	
地盤	地形：　　　□平坦、普通　　□懸崖地、急遽傾斜	狀況：
	地盤：　　　□良好、普通的地盤 　　　　　　□不良的地盤 　　　　　　□非常不良的地盤（填埋地、填土、軟弱地盤）	
基礎	□基礎 I　（健全的 RC 造連續、版式基礎） □基礎 II　（有裂痕的 RC 造、無鋼筋混凝土） □基礎 III　（抱石、砌石、有裂痕的無鋼筋混凝土）	狀況：
軸組	構法：　　　　　　材種：	狀況：
	柱：　　□未滿 120 角材　　　　腐朽、蟻害、缺損等 　　　　□120～240 角材（　角）　　□有（　　） 　　　　□240 角材以上　　　　　□無	
耐力壁	牆體做法 斜撐：　　□有（　mm×　mm）　□無 垂壁、腰壁：□有（　　　　　）　□無	狀況：
水平構面	閣樓：　□樓板做法 I（合板）　　2 樓樓板：□樓板做法 I 　　　　□樓板做法 II（水平角撐＋粗板）　　　　□樓板做法 II 　　　　□樓板做法 III（無水平角撐）　　　　　　□樓板做法 III	狀況：
	挑空：　□有（　　　）□無	
接合部	□接合做法 I（告示規範） □接合做法 II（鐁形螺栓、版、內栓等） □接合做法 III（榫、釘定、∏形釘等）　※ 兩端通柱 □接合做法 IV（榫、釘定、∏形釘等）	狀況：
其他		

備註	

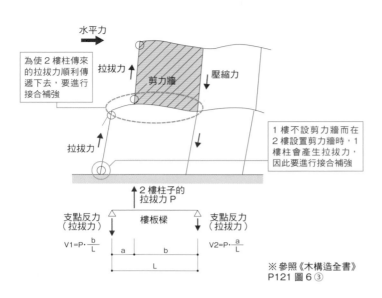

圖2 上下樓的柱子錯位時的拉拔力傳遞方式

水平力

為使2樓柱傳來的拉拔力順利傳遞下去，要進行接合補強

拉拔力

剪力牆

壓縮力

拉拔力

1樓不設剪力牆而在2樓設置剪力牆時，1樓柱會產生拉拔力，因此要進行接合補強

2樓柱子的拉拔力P

支點反力（拉拔力）　樓板樑　支點反力（拉拔力）

$V_1 = P \cdot \dfrac{b}{L}$　　　$V_2 = P \cdot \dfrac{a}{L}$

a　　b　　L

※參照《木構造全書》P121圖6③

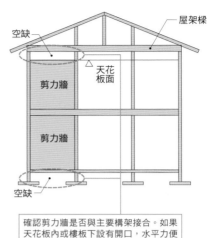

圖1 剪力牆的連續性確認

空缺　　屋架樑

天花板面

剪力牆

剪力牆

空缺

確認剪力牆是否與主要構架接合。如果天花板內或樓板下設有開口，水平力便很難傳遞到剪力牆，因此建築物的耐震性會變低

結構性問題的調查與對策

建築物上產生的問題主要有建築物整體或是樓板的傾斜、樓板噪音、大幅度橫向搖晃、裂痕、漏水等（傾斜、搖晃、漏水）。

這些問題的原因歸咎於裝修材性能或固定方法不良，或是結構上的強度不足。結構上的原因大致分為①剪力牆不足、②構架的強度不足、③基礎不完善等三個項目。

① 剪力牆不足

可舉例出以下幾點：

・牆體數量少
・剪力牆的配置偏移
・剪力牆的壁倍率低
・剪力牆周邊構材的接合強度不足
・剪力牆無效〔圖1、P102～103照片〕

因此，調查時除了要將剪力牆做法與配置繪製在平面圖上，也必須查看閣樓內部或樓板下方，確認查看柱頭柱腳的接合狀況。此外，當牆體數量少的時候，也要調查有無設置柱斷面與垂壁、腰壁等。柱斷面在150角材以上時，柱子就可以視為水平抵抗要素。

② 構架的強度不足

構架問題主要有樓板樑的斷面不足、或搭接的支撐力不足等。問題就出在樓板樑與屋架樑的架設方式、柱子與對接對接及搭接狀況。此外，在進行增建時，為了確認構架的連續性，也會調查既有部分與增建部分之間的接合狀況。

從探求構架問題的方法而言，除了觀察樓板或柱的傾斜狀況之外，也有以拳頭敲擊柱子利用聲響來判斷的方法。有載重作用的柱子會發出沉重咚咚聲、觸感相當堅硬，而沒有承受樓板柱等載重的柱子相

特別是上下樓層的柱子位置產生錯位時就要加以注意，即使上下樓層的柱子位置一致，因樑的架設方式或對接位置而引發的問題也屢見不鮮〔P71圖4、P73圖2〕。問題不在於樓板構架而是屋架，目前已經有很多優良的屋架構架改修、補強對策，可以減輕

要有建築物整體或是樓板的傾斜、樓板噪音、大幅度橫向搖晃、裂痕、漏水等（傾斜、搖晃、漏水）。此外，事先拍下各空間的展開圖影像，可以彌補現場調查時的疏漏與漏記等狀況。

與剪力牆有關的接合部如圖2所示，要注意樑上承載剪力牆時的情況。在2樓柱上產生的拉拔力會透過樓板樑傳遞到周邊的1樓柱，不過因為1樓沒有設置剪力牆，因此1樓柱的接合會變不足，要多加注意。

若是將垂壁、腰壁計入樓板樑的負擔。此外，在承受岡立柱的樑或長跨距的樑中，很多都有「重疊樑」的強度與剛性明顯不足的情況〔P74〕。

因此，調查時最好繪製出包含屋架平面圖在內的各樓層構材斷面圖。此時，除了構材斷面之外，也要盡可能查清對接的位置。還有樓板有落差、或屋頂形狀複雜時，也要有構架圖。全部調查有難度時，可以將1樓與2樓的平面重疊起來檢視〔P102～103〕。針對2樓的外牆或隔間牆下方當做起居空間使用的地方，重點確認有無樓板噪音或傾斜、漏水等情況。

耐力的話要參照第101頁表2的圖，測量具代表性位置的高度。

表 3

部位		材料、構材等	劣化情形	存在點數		劣化點數
				建物屋齡未滿10年	建物屋齡超過10年以上	
屋頂鋪設材		金屬版	有變褪色、生鏽、鏽孔、錯位、捲起	2	2	2
		瓦、石版	有破裂、缺口、錯位、掉落			
天溝		簷、連接管	有變褪色、生鏽、破裂、錯位、掉落	2	2	2
		縱向天溝	有變褪色、生鏽、破裂、錯位、掉落	2	2	2
外牆完成面		木製板、合板	有水痕、生苔、破裂、死節、錯位、腐朽	4	4	4
		窯業系雨淋板	有生苔、破裂、錯位、掉落、填封材斷裂			
		金屬雨淋板	有變褪色、生鏽、鏽孔、錯位、捲起、縫隙、填封材斷裂			
		砂漿	有生苔、0.3mm以上的龜裂、剝落			
外露的構體			有水痕、生苔、腐朽、蟻道、蟻害	2	2	2
陽台	欄杆牆	木製板、合板	有水痕、生苔、破裂、死節、錯位、腐朽		1	1
		窯業系雨淋板	有生苔、破裂、錯位、掉落、填封材斷裂			
		金屬雨淋板	有變褪色、生鏽、鏽孔、錯位、捲起、縫隙、填封材斷裂			
		與外牆的接合部	外牆面的接合部上出現龜裂、間隙、鬆脫、填封材斷裂、剝離		1	1
	地板排水		經由牆面排出或者沒有排水計畫		1	1
內牆	一般居室	內牆、窗下緣	有水痕、剝落、龜裂、發霉	2	2	2
	浴室	磁磚牆	縫隙龜裂、磁磚破裂	2	2	2
		磁磚以外	有水痕、變色、龜裂、發霉、腐朽、蟻害			
樓板	樓板面	一般居室	有傾斜、過度震動、樓板作響	2	2	2
		走廊	有傾斜、過度震動、樓板作響		1	1
	樓板下方		基礎裂痕或樓板下方構材有腐朽、蟻道、蟻害	2	2	2
合計						
因劣化度的折減係數 dK＝1－劣化點數／存在點數＝						

原注1：因劣化的折減係數計算方法
　　1.判斷建物屋齡（未滿10年 或者 10年以上）
　　2.在可以確認存在的「部位」之「存在點數」上以○標記，計算出合計值
　　3.調查存在部位的劣化情形。可以確認「劣化情形」時，在「劣化點數」上以○標記，計算出合計值
　　4.依據2、3的合計點數算出「因劣化度的折減係數 dK」→ dK＝1－[劣化點數的合計]／[存在點數的合計]
原注2：計算結果未滿0.7時以0.7視之
原注3：以一般評估法進行補強設計時，在補強後的評估上劣化折減係數要在0.9以下

對沒有那麼堅硬的觸感。還有，敲擊柱子如果引發周邊樓板或窗發出震動聲時，通常周邊的屋架樑或樓板樑的搭接就會出現大幅壓陷[P103右下角照片一]，或稍微向外偏離的情形。

除此之外，造成漏水等的原因可以歸因於耐風處理[P77]不夠充分。在切妻（二坡水）山牆面的閣樓或挑空面向外部的位置上，要確認柱、間柱的斷面或間隔、屋架樑、圍樑的對接位置等。

當屋架構架採取斜向樑的形式時，為考量到外推力處理的問題，要確認脊桁的撓曲或桁架方向的牆面或柱子是否向外側傾斜[P95圖2]。

因漏水腐蝕而造成斷面缺損在明顯的位置時，要進行立柱等應急措施，支撐垂直載重是最優先的考量。

柱子的載重負擔狀況或樑的對接位置等，雖然不會直接影響上部結構的評估點，不過支撐垂直載重的結構體應該要有最低限度的功用，還有是否撤除柱子對改修計畫也會有很大的影響，因此要加以注意深入調查。

磚、砌石等或沒有基腳的疊石、抱石或沒有基礎的基礎，或者無鋼筋混凝土的基礎，還是以鋼筋混凝土施做但因為基礎樑的配置而形成島狀基礎，或換氣口、人孔設置在載重負擔重的柱子附近等，就很容易出現不均勻沉陷的情況。特別是設備配管或電氣配線的地方，很容易將基礎或軀體切斷，要加以注意[照片4、P102右下角照片、P103左側中央照片等]。

是否有不均勻沉陷可從1樓的樓板高程或基礎的裂痕狀況來判斷。採取疊石等堆疊類型的基礎時要檢視溝縫的狀況。此外，外牆採用砂漿或抹灰等做法時，也要參考裂痕的狀況。

如第58頁圖1所示調查周邊狀況之後，若基礎出現如第63頁表2所示因結構造成的裂痕時，除了進行裂痕修補之外，還要採取以格子狀配置RC造基礎樑等的補強措施。在沒有裂痕或不均勻沉陷的健全情況下，只要不增加載重，基礎維持原狀也是可以的。

不過，如果是採取增設剪力牆、或提高壁倍率等的補強時，地部分的沉陷量差異[P65]或者震動時會有壓縮或拉伸的變動軸力作用，因此需要進行基礎補強工作[P116]。此外，為使腳部受到水平載重時不會散亂搖晃（確保平面剛性），最好以連續的方式設置基礎樑。很難新增基礎時，可以在主要構面上設置連續的連接版等來進行補強[P117]。在可能發生土壤液化的區域要考慮到土壤液化之後的修復性，最好採用以格子狀設置基礎樑的RC造版式基礎。

其他像是有擋土牆的造成重，基礎維持原狀也是可以的。

的情形，就一定要確實進行。

其他 有鋼骨材料時

部分有使用到鋼骨構材時，除了斷面形狀以外，也要調查與木造部分的接合狀況。

在玄關門廊等處僅有凸出於外部的柱子是鋼管製、或長跨距樓板樑是採用鋼骨材料的情況下，由於鋼骨部分僅支撐垂直載重的關係，因此建築物整體的結構種別仍判定為木造。這種情況肯定是以木造部分的剪力牆來確保建築物的耐震性。

懸挑在一個開間以上的停車場、或陽台等範圍相對較寬的場所採用鋼骨框架時，必須視為平面混合結構。因為木造與鋼骨造的震動性質有差異，所以要利用伸縮縫分離兩者，原則上以各自能夠抵抗水平力的方式進行計畫[圖3]。

確認鋼骨框架的焊接狀況是結構上很重要的工作，不過實際很難確認其健全性，特別是像是附著在木造住宅一部分的框架，大多數都沒有確實做好焊接工作。此外，鋼材與木造部分之間的接合部也常發生雨水滲入而造成螺栓或鋼材生

除此之外，排水處理問題所造成的不均勻沉陷的案例也很多。基地比傾斜地或周邊地盤低，或是設有垂直排水溝或滲透陰井、外部水溝等的外角部分，其基礎下方因積水而下陷的情況很多[P102左下角照片]。

這種情況要在外周部澆置劣質混凝土，然後以盡量讓水遠離建築物的方式重新檢視排水計畫[P117]。

在現場進行地盤調查時，若是不均勻沉陷顯著、必須得重新施做基礎、應該補強地盤

屋頂載重作用

照片① 除了樓板載重大之外，也有屋頂載重的作用、及過大的撓曲

照片② 從照片①下方仰視的情況。○部分設有對接，有向外脫離的情形。很多時候是若不拆除樓板樑，根本無法找出問題

照片④ 因設備配管而被切斷的無鋼筋混凝土基礎

照片③ ➡部分無論有沒有重的屋頂載重作用，下方是既沒有柱，屋架樑斷面也小。屋架構架以小斷面材續接，不穩定的構件也很多

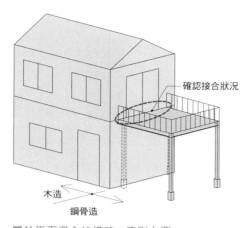

圖3 鋼骨部分的思考方式

確認接合狀況

木造 　鋼骨造

屬於平面混合結構時，原則上要設置伸縮縫以不同結構看待。
很難進行鋼骨部分的補強時，要確保木造部分有足夠的壁量（將鋼骨部分的面積也計入）

※ 伸縮縫的設置方法參照《木構造全書》P51 專欄

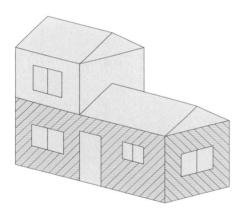

圖4 提高耐震性的補強範例

觀察過去的地震災害，1樓的破壞案例占有壓倒性的數量。以防止這個情況發生的做法來説，如上圖只是將1樓的外牆面整體以結構用合板面材鋪設，就有相當不錯的補強效果

鏽，進而引發木材腐蝕、裂痕或大幅撓曲的情形。

改修計畫的標準

在提高建築物的耐震性上，不管是採用減少外力或者提高耐力，還是組合兩種的做法，目的都是讓耐力大於外力。

減少外力的做法中有將屋頂或外牆輕量化、縮減建築面積等方法。

提高耐力的做法則有增設剪力牆或採用高倍率牆體、提高接合強度（對應拉拔力用的固定五金）、擴大構材斷面等補強方法。無論哪種補強方式，能夠因應負擔載重的補強才是重點。

雖然也可以拆除不具負擔載重的柱子，不過要盡量留下載重負擔重的柱子或樑對接附近的柱子。此外，2樓的外角柱下方要設置柱子。在不得已必須拆除柱子而形成岡立柱的情況下，必須慎重處理周邊屋架樑或樓板樑的補強。

影響工程費最關鍵的要素在於屋頂、外牆、基礎。

一般來說，不改變外牆或屋頂、僅改修室內側比較能夠控制成本，不過同時要處理漏水或斷熱改修時，也有更換屋頂、從牆體外側改修反而比較好的案例【圖4】。即使屋頂或外牆沒有劣化，也有為了耐震而改輕量化的案例。因此最好先計算出整體所需的壁量，然後從平面上判斷補強的可能性。

剪力牆補強到什麼程度也會左右於是否進行基礎改修，因此在確立補強方針上，首先檢視剪力牆的必要量將是基本的工作。

以大部分的情形來說，很多是拆除鋼骨造的部分比較好，但不得已必須保留的時候，就要以木造部分能夠負擔全部水平力的方式將鋼骨造部分的面積也計入以確保壁量，並且特別注意接合部的拉伸接合—參照 P25圖 6，除此之外，鋼骨造部分要設置水平斜撐，以水平力能夠傳遞到木造部分的方式進行補強。

04 從耐震評估到評估報告，應該注意哪些事項？

不僅提出數值，也要加強原因或對策的考察

此為橫向材遭到拔出的案例，推測是因為上層樓板的撓曲所引起

圖1 一般評估的流程

①必要耐力的計算 Qr

②保有耐力的計算 edQu=Qu・eKfl・dK

牆體、柱的耐力 Qu=Qw＋Qe
無開口牆體的耐力 Qw
其他耐力要素的耐力 Qe
方法1：有開口牆體的耐力 Qwo
方法2：柱的耐力 Qc
依耐力要素的配置等的折減係數 eKfl
依劣化程度的折減係數 dK

③評估結果

上部結構評點
＝保有耐力 edQu／必要耐力 Qr
地盤、基礎的注意事項

表1 耐震性的判定

上部結構評點	判定		上部結構評點	判定
1.5 以上	不會倒塌		0.7 以上未滿 1.0	有倒塌可能性
1.0 以上未滿 1.5	大體上不會倒塌		未滿 0.7	倒塌可能性很高

照片1 柱子的折損案例。在整體壁量少、120mm 角材以下的細柱上設置剛性高的牆體或腰壁時，就有很高的機率會發生照片中的破壞

照片2 屋頂鋪設材料掉落的破壞案例。除了瓦片是否有加以固定之外，還可以從屋架構材的斷面不足或有無屋架斜撐、2樓剪力牆構面間距等來推斷

圖2 耐震評估中常見的關鍵字

1. 牆體基準耐力
在耐震評估中，僅判斷大地震時的建築物有無倒塌的疑慮。牆體基準耐力是採用從終點耐力中求出的短期容許耐力
原注：與從壁量計算（令第46條）的壁倍率所換算的短期容許剪斷力不同，斜撐設定為低量

●設置結構用合板時

結構用合板厚度9
單面鋪設
（隱柱牆做法）

・壁倍率 2.5
・短期容許剪斷耐力 2.5×1.96=4.90 kN／m
・牆體基準耐力 5.20 kN／m

●設置斜撐時

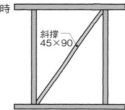

斜撐 45×90

・壁倍率 2.0
・短期容許剪斷耐力 2.0×1.96=3.92 kN／m
・牆體基準耐力
端部五金 3.20 kN／m
（BP2或同等品）
端部釘打 2.60 kN／m

2. 折減係數
視建築物的劣化狀況，將耐震要素的有效性打折用於評估的係數。折減的種類大致分為下列4種。
①依據柱頭、柱腳接合部
②依據基礎做法
③依據耐力要素的配置
④依據構材的劣化

3. 必要耐力 Qr
抵抗極少發生的大地震所需的耐力。指的是作用在建築物的地震力。單位為 kN。

4. 保有耐力 edQu
現狀建築物為了抵抗地震震動所保有的耐力。單位為 kN。

木造住宅的耐震性能評估以「上部結構評點」的得分分數值來表示。如果評點在1.0以上就可以視為在大地震發生時可免於倒塌的結構〔表1〕。

評估的流程的計算而言，有①就必要耐力的計算如圖1所示。

因應建築物做法，將每單位樓板面積的必要耐力表（參照P165譯注）數值乘上樓板面積、以及②算出地震力等兩種方式。

一般評估法是採用前者。部分有2樓的情況下，以兼顧1、2樓面積比的品確法為基準的必要壁量計算方法比較合理。

建築物所保有的耐力計算除了包含無開口的剪力牆之外，新建時的壁量計算中不做計算的砂漿等裝修、腰牆或垂壁、或者傳統構法中附垂壁的粗柱等也要納入計算。因為耐震評估是以防止建築物在大地震時倒塌為主要目的的關係。

表2是耐震評估報告的範例。沒有記在上部結構評點中，但結構上需要注意的事項要寫入備註，並向住戶詳細說明。

表2 評估概要書的書寫方式

耐震評估概要書（木造）

評估人	
公司名稱（負責人）	○○建築設計事務所　（負責人：○○　一級建築師：0000000）
聯絡人	TEL：03-0000-0000　　FAX：03-0000-0000
現場調查日期	2013 年 11 月 11 日～ 12 日

建築物概要	
建築物名稱	○○宅
所在地	東京都○○市○○ 0-0-00　地震地域係數：Z=1.0　垂直積雪量：30 cm
屋齡	1996 年（平成 8 年）3 月（興建 10 年以上）　有無增改建：□有（　年）☑無
結構與樓層數	木造　2 層樓
主要完成面	屋頂：棧瓦鋪設（無底層土）　外牆：砂漿鏝刀壓實矽石噴塗
規模	建築面積：66 m² 　基地面積：98 m² 　簷高：5.2 m 　最高高度：6.1 m
主要用途	獨棟住宅
圖面等資料	有設計圖（但無結構圖）　附近地盤資料（鑽探柱狀圖）

結構特徵和狀況		
建築物形狀	L 形平面的切妻（二坡水）屋頂，部分有 2 樓　短邊長度在 6 m 以上	
地盤	表層 2 m～ 5 m 黏土、其下為砂礫　填土、有擋土牆（漿砌、高度 1 m 左右、不見溝縫錯位或移動等情形）	優良、普通的地盤
基礎	鋼筋混凝土造（配筋情形不明）　版式基礎	基礎 II
構架	樑柱構架式構法　柱為 105 mm 角材　樑是杉木與松木、木地檻為扁柏	
剪力牆	無斜撐　石膏版上是泥作完成面	
水平構面	屋架構架為和式屋架，有水平角撐、無屋架斜撐　2 樓樓板面鋪板、水平角撐所在位置不明。無挑空	樓板做法 III
接合部	釘打、ㄇ形釘	接合部 IV
其他	土間 [*] 部分及上部結構均健全	劣化度：0.9（興建 10 年以上）

評估概要	
評估方法	☑一般評估法　□精密評估法 1　□精密評估法 2（　）　□三次元立體解析
依據規準等	日本建築防災協會發行〈木造住宅耐震評估與補強方法〉2012 年修訂版
應用程式	☑使用　□無使用　軟體名稱：○○公司　○○版本 00

評估方法	樓層	方向	牆、柱的耐力 Qu（kN）	因耐力要素的配置等之折減係數 eKfl	因劣化度的折減係數 dK	保有耐力 edQu（kN）	必要耐力 Qr（kN）	上部結構評點 edQu／Qr	判定
	2	X	55.05	1.00	0.90	49.55	133.89	0.37	倒塌可能性高
		Y	54.45	1.00	0.90	49.01	133.89	0.37	倒塌可能性高
	1	X	50.89	0.80	0.90	36.64	307.19	0.12	倒塌可能性高
		Y	62.81	1.00	0.90	56.53	307.19	0.18	倒塌可能性高

評估概要

- 建築物的耐震性能在各樓層、各方向上都在上部結構評點 0.7 以下。
- 主要原因首要是耐力要素不足。再者，1 樓南側上開口多、耐力要素偏在北側也是原因之一。
- 因此為提升建築物的耐震性能，要將既有牆體部分做為剪力牆，同時也要進行剪力牆周邊的接合補強，此外在 1 樓南側增加新的剪力牆也是有效的做法。除此之外，屋頂也可以考慮改採金屬版鋪設以減輕建築物的重量（減輕地震力）。
- 雖然屋架構架大致沒有問題，不過可以考慮在脊桁軸線上適度配置屋架斜撐。2 樓樓板面維持現狀也不會有問題，只是要以五金補強使外周樑的接合部不至於脫落。
- 雖然不清楚基礎是否有鋼筋，不過目前狀態健全並無裂痕，因此可以判斷不會有問題。
- 除此之外，在本次的調查範圍內並未見構材腐朽，不過進行補強時要再次確認。

右側標註說明：

■ 影響必要耐力的項目
□ 影響建築物保有耐力的項目

①建築物的重量會影響必要耐力

②短邊長度在 4 m 以下時要依比例增加必要耐力

③基礎狀況會影響牆體耐力

④柱徑在 120 mm 角材以上的話，就有可能計入建築物的耐力

⑤不只是剪力牆的做法，還要確認與橫向材的接合狀況（閣樓、樓板下方等）

⑥當樓板或屋架構架的做法出現剪力牆偏移時，就會對建築物的耐力產生很大的影響

⑦柱頭、柱腳的接合狀況對牆體的耐力也有很大的影響

⑧重要！不只是紀錄數值結果，也要寫下原因或預想破壞、對應策略等評語，並向住戶詳實說明

一般評估法的地盤、基礎中，涉及地震時的假定破壞或對上部結構有不良影響可能的因素要特以注意事項寫入表中。另一方面，在精密評估法中的地盤、基礎中，「各部檢查」是針對地盤、基礎、水平構面的損傷、柱的折損、橫向材接合部的脫落、屋頂鋪設材掉落。是否能否順利在剪力牆上流動是很重要的確認工作—第 2、3、6 章」。

從瓦片的固定狀況來判斷屋頂鋪設材掉落的可能性不是那麼容易，或許從 2 樓剪力牆的構面間距、無屋架斜撐等狀況來判斷會比較好 [照片 2]。

結構設計上新建或改修的注意事項原則上是相同的。不僅限於範例的事項，應該從「確保建築物的安全性」的觀點進行評估。與其說是耐震評估，實際上要視為「結構評估」。

01 補強計畫中必須進行怎樣的檢查？

為提高耐震性，不能只是思考局部，應該要納入相關的構架、垂直構面、水平構面、基礎、地盤，做整體性的檢查

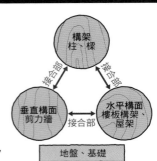

從建築物的構架、水平構面、垂直構面、基礎的關連性著手，配置出平衡度良好的剪力牆

圖1 掌握耐震性與補強計畫的要點

概略的結構計畫

《地盤與上部結構》

● 優良地盤 ➡ 壁量適度配置即可 ➡ 稍微補強基礎即可

● 不良地盤 ➡ 依比例增加壁量 ➡ 要確實補強基礎

> 在無鋼筋混凝土的情況下，鋼筋要以植筋的方式固定在既有基礎上，再增築混凝土

> 除了特定行政廳指定的軟弱地盤區域之外，相當於第3種地盤時，要以 1.5 倍來設計必要壁量 [P 84 表1]

《剪力牆與整體結構》

● 壁倍率 高 ➡ 提高水平構面剛度 ➡ 也要提升接合耐力 ➡ 基礎採用 RC　集中配置型

● 壁倍率 低 ➡ 水平構面柔軟也沒關係 ➡ 柱與牆體會增加　分散配置型

　　　　　　因為拉拔力小，因此接合部稍微處理即可

> 直接補強抱石基礎時，因為拉拔力要小，因此降低壁倍率

> 為減少牆體量而提高壁倍率時，剪力牆要以不變形的狀態旋轉向上抬起來因應。因為接合部會產生拉拔，因此接合部要緊密接合

表1 補強的優先順序

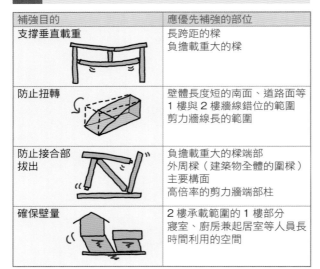

補強目的	應優先補強的部位
支撐垂直載重	長跨距的樑 負擔載重大的樑
防止扭轉	壁體長度短的南面、道路面等 1 樓與 2 樓牆線錯位的範圍 剪力牆線長的範圍
防止接合部拔出	負擔載重大的樑端部 外周樑（建築物全體的圍樑） 主要構面 高倍率的剪力牆端部柱
確保壁量	2 樓承載範圍的 1 樓部分 寢室、廚房兼起居室等人員長時間利用的空間

圖2 補強設計的進行方式

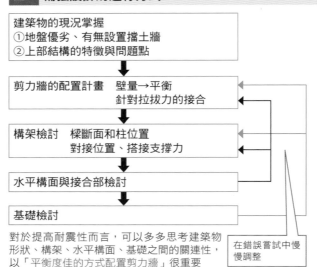

建築物的現況掌握
①地盤優劣、有無設置擋土牆
②上部結構的特徵與問題點

↓

剪力牆的配置計畫　壁量→平衡
　　　　　　　　　針對拉拔力的接合

↓

構架檢討　樑斷面和柱位置
　　　　　對接位置、搭接支撐力

↓

水平構面與接合部檢討

↓

基礎檢討

對於提高耐震性而言，可以多多思考建築物形狀、構架、水平構面、基礎之間的關連性，以「平衡度佳的方式配置剪力牆」很重要

> 在錯誤嘗試中慢慢調整

在耐震評估上，通常會先整理建築物的現況問題點，再著手進行補強計畫。需要補強的建築物中，不僅是結構上的問題而已，許多案例還伴隨包含外牆或屋頂防水、隔熱、設備配管等在內的問題，因此要做綜合性的改修檢討。

一開始就要整理出確保建築物安全性的優先次序，與新建的思考方式相同，以彼此相關聯的構架、剪力牆、水平構面、基礎、地盤做整體性的計畫[圖1]。

圖2是結構計畫的進行順序。

首先從基地的地盤狀況掌握建築物的耐震性（也就是壁量）基準，再配置剪力牆。因房屋形狀等而採用高壁倍率的牆體、或剪力牆的構面間距變長時，為使力量集中在剪力牆上，水平構面、接合部到基礎都要確實加以補強。反之，可以在多處設置牆體時，因為力量得以分散，因此接合部與水平構面都只要稍微補強即可。

受限於成本而無法進行整體補強時，可以依照表1所示的部位進行優先補強。

表 2 補強方法的分類

補強目的	補強部位等			具體的補強方法
垂直支撐性能的提升 針對常時載重確保安全性	基礎補強			設置樁 地盤改良 增設鋼筋混凝土基礎 設置基礎樑 裂痕補修
	構架補強			設置柱子 設置補強柱、枕樑 [※1] 固定接合五金 替換樑
	更換腐朽構材			
耐震性能的提升 減輕外力 肥滿 → 纖瘦	減輕地震力 建築物重量輕量化	變更屋頂做法		去除底層土 鋪瓦替換成金屬版鋪設
		變更牆體做法		去除土牆、砂漿牆體 變更成乾式施工法
	免震			
	制震			
耐力提升 骨瘦如柴 → 粗壯結實	增加耐力要素	設置剪力牆		開口部設置牆體
		變更做法		變更為高倍率的做法
		補強既有牆體		固定斜撐五金 增打版的固定釘 設置屋架斜撐或連接版 [※2] 剪力牆所承載的樑以枕樑等加以補強、或者在下方樓層設置柱子
	接合補強			在剪力牆端部柱上以因應拉拔力的五金加以固定 設置錨定螺栓
	基礎補強			增設鋼筋混凝土造的基礎
	框架補強	木造		設置輔助牆
		鋼骨		設置耐震桿
			設置剛性構架	構架內部的固定 外部固定
維持平面形狀 軟趴趴 → 堅挺	減輕偏心率	整理剪力牆配置計畫		因應負擔載重來配置剪力牆
		補強水平構面		設置合板鋪設、水平角撐 設置連接版、屋架斜撐
	順利傳遞應力	主要構面的接合補強		拉引螺栓等的固定
	防止接合部拔出	外周樑的接合補強		
	基礎補強		設置劣質混凝土	內部全面 內部核心配置 外周部
			以格子狀配置基礎樑	

（補強方法表中提示框）
- 將龜裂部分進行 V 形切割後填入環氧樹脂等
- 將無鋼筋混凝土連續基礎或砌石造、抱石、疊石等做成鋼筋混凝土基礎時
- 因為地震力與建築物重量成正比,因此建築物裝修材的輕量化與耐震力的提升有關連性
- 透過確實釘打版的四周,發揮面材剪力牆的效果
- 當 1 樓樓板下方有很多腐朽的構材時,也有將樓板掀起整體澆置劣質混凝土的做法。在建築物外周以 RC 造的犬走 [＊] 圍閉也可以
- 提高基礎的面剛性有助於腳部不至於散亂搖晃

表 2 是依據結構上的觀點將補強方法加以分類的結果。

在建築物的安全性上最優先的部分是支撐垂直載重。不只要更換腐朽的構材,還要找出因斷面不足而遭到拔出的接合部、或構材有折損的地方,並且立刻架設柱子支撐。

耐震性能的提升可以分成表 2 的三個要素。

減輕作用在建築物的外力（地震力）方法中,除了減輕建築物重量之外,還有免震或制震的做法。

增設剪力牆是提高建築物耐力的一般做法,不過也有增加鋼骨構架等的補強方式。併用異種結構材料時,為了與木造部分形成一體性,要特別注意接合方法。

在不破壞平面形狀的前提下,為求建築物的一體性,除了抑制偏心率至少量,防止扭轉破壞、穩固水平構面使各構架不會散亂搖晃之外,緊密接合構材之間以確保即使出現大幅傾斜也不會倒塌也是很重要的工作（特別是外周部）。

原注 ※1　因圍樑等橫向材的耐力不足而置入在樑或桁等橫向材下方的輔助性構材。　※2　為防止樓板下的支柱翻倒所設置的構材。
譯注 ＊　設置在牆外圍與水溝之間的小通道,走道寬度只夠小狗通行故稱犬走。

02 該進行耐震補強的地方 是怎麼決定的？

首先要從建築物整體的特徵著手，使補強目的明確化，依此決定補強的位置。
補強要考量居住性、施工性、成本等的平衡

日本住宅大多採二樓退縮設計，以致上下構架不一致、構面錯位的案例很多

圖 依據部位來檢查耐震補強方法

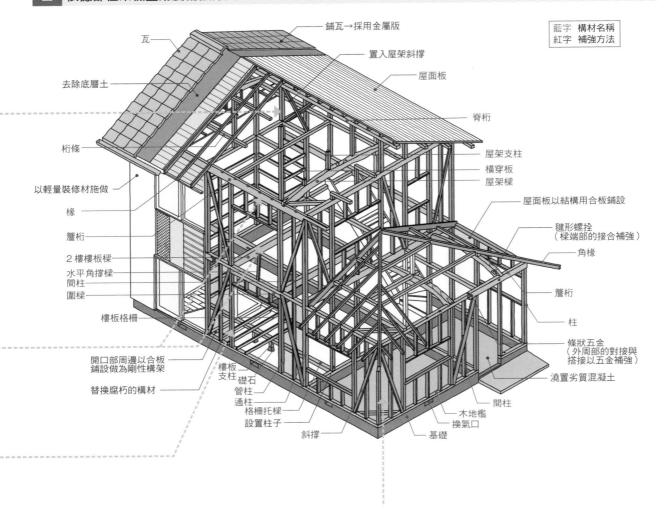

藍字 構材名稱
紅字 補強方法

鋪瓦→採用金屬版
瓦
去除底層土
桁條
以輕量裝修材施做
椽
簷桁
2樓樓板樑
水平角撐樑
間柱
圍樑
樓板格柵
開口部周邊以合板鋪設做為剛性構架
替換腐朽的構材
樓板支柱
礎石
管柱
通柱
格柵托樑
設置柱子
斜撐

置入屋架斜撐
屋面板
脊桁
屋架支柱
橫穿板
屋架樑
屋面板以結構用合板鋪設
毽形螺拴（樑端部的接合補強）
角椽
簷桁
柱
條狀五金（外周部的對接與搭接以五金補強）
澆置劣質混凝土
間柱
木地檻
換氣口
基礎

基礎與木地檻

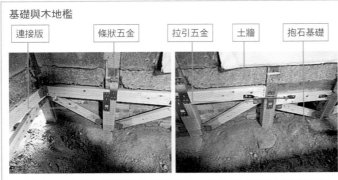

連接版　條狀五金　拉引五金　土牆　抱石基礎

以壁倍率1.5左右的斜撐做為連接版的做法。為保持既有抱石基礎的狀態，要以幾乎不會在抱石基礎上產生拉拔力的方式進行改修，使用壁倍率低的斜撐（具備良好地盤是其條件）

在形成大空間的房間中，因其腳部的水平剛性也很重要，因此最好澆置劣質混凝土。鋼筋要利用化學錨栓與既有的邊墩混凝土接合

樑與簷桁

既有樑
枕樑

既有樓板樑　新設樓板樑
新設樓板格柵

對接部分以條狀五金補強

閣樓內的剪力牆以合板鋪設

以螺栓接合枕樑與既有樑

除了做為隔間牆之外，柱子的接木部分或斷面缺損部分以跨越的方式用合板鋪設起來，兼顧構架補強作用

外牆或屋面板以合板鋪設補強

螺栓接合

為了在牆邊放置書架，要補強樓板格柵與樓板樑。增加牆邊的樓板格柵數量，以新材料從樓板樑兩側夾住再以螺栓接合，新設材料端部以接受樑五金支撐

屋架構架

屋架斜撐

屋脊軸線　具有剪力牆的軸線

厚版合板

因屋脊軸線容易倒塌，要設置屋架斜撐

從屋脊的屋架斜撐傳遞過來的水平力會再傳向剪力牆，因此設置厚版合板

柱與斜撐

補強柱

耐風處理上挑空的山牆面要以補強柱加以補強

既有柱
新設柱

去除柱的腐朽部分再以新構材續接（接木）的剪力牆，要採用面材施做比較妥當

新斜撐

切斷既有斜撐的腐朽部分後，利用五金將新材接合起來（經實驗確認耐力方可使用）

03 基礎的補強方法

基礎的補強主要考量 1）要能支撐常時載重、2）防止基礎在地震時水平移動（維持平面形狀的一體性）、3）處理拉拔力。

建築物重量增加時也要增加底版的面積。在重量沒有改變的情況下，雖然對於 1）不會有問題，不過剪力牆增加的地方要能壓制拉拔力，並且對於產生在剪力牆端部柱子上的變動軸力，也必須確保有相應的底版面積。

除此之外，寒冷地區要有凍結對策，或者傾斜地方要有排水處理等。另外，為了防止既有基礎的下陷、移動，除非要抬高建築物，否則開挖深度不可比現狀深

圖 基礎補強

①鋼筋混凝土基礎補強

在 RC 造的情況下，抑制鋼筋鏽蝕發生對於耐久性有直接的影響，因此修補裂痕是很重要的工作。中性化進展到鋼筋時，要採取鹼性處理等對策。

此外，因應剪力牆的增設或柱子移動，也要增加基礎樑。與既有基礎的接合一般採用化學錨栓。

· 在蜂窩等澆置不良的地方，要將脆弱處敲除並澆置混凝土
· 0.3 mm 以上的裂痕要採取注入環氧樹脂等的補強
· 鋼筋露出部分進行防鏽處理

②無鋼筋混凝土基礎補強

只要無裂痕的建築物重量不增加，對於常時載重來說並不會有什麼問題，不過隨著剪力牆的增設而產生拉拔力的位置，要以 RC 基礎連續圍閉，確實處理拉拔力。此外，為確保地震時的基礎保有一體性，也最好在內部或外周設置版。

· 新設無鋼筋混凝土造的基礎以求基礎一體性
· 對 0.3 mm 以上的裂痕進行修補

無鋼筋混凝土基礎的補強範例

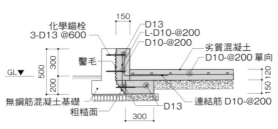

④抱石基礎補強

因為礎石在地震時很容易移動，因此要以劣質混凝土加以圍閉。此外，如果拉拔力可能超過 10 kN 以上時，要新設 RC 造的基礎樑。

· 為了約束礎石的水平移動，主要構面及剪力牆正下方部分要澆置劣質混凝土
· 劣質混凝土的寬度及長度要依據圖面或說明書的規定

③磚及砌石基礎補強

因為疊砌結構在地震時很容易崩塌，因此會以 RC 造的基礎圍閉以防止崩壞。拉拔力是利用 RC 部分來處理，要思考接合方式。

此外，為防止寒冷地區的基礎下方凍結，要採取在外部結構部分進行斷熱處理的措施。

· 新設鋼筋混凝土造的基礎以求基礎一體性

磚及砌石基礎補強範例

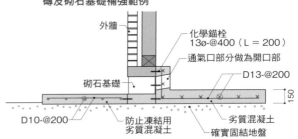

劣質混凝土的設置要領（在不產生拉拔的情況下）

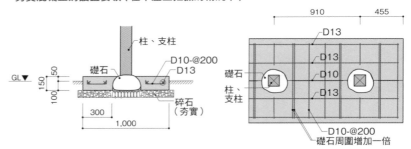

· 構架中設有剪力牆的樓板下方部分，以與上部有效壁長具有同等以上的長度，設置斜撐或面材牆體
· 拉拔力在 10 kN 以上（柱腳接合做法在平成 12 年建告 160 號的「へ」以上）時，要設置鋼筋混凝土的邊墩

拉拔力未滿 10 kN 的接合範例

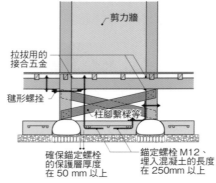

拉拔力 10 kN 以上的接合範例

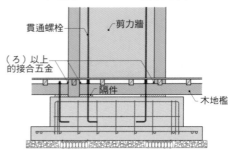

⑤剪力牆的腳部　以柱腳繫樑加以補強

為了不損及做為文化財的價值，這是當基礎只能做在礎石下方時的補強方法中的一例。以柱腳繫樑夾住既有柱子，再設置錨定螺栓。因為錨定螺栓會出現空隙，因此最好控制補強剪力牆的壁倍率在 2.0 左右，並以分散配置來因應。

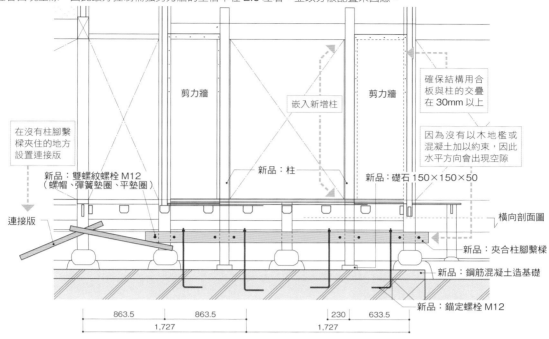

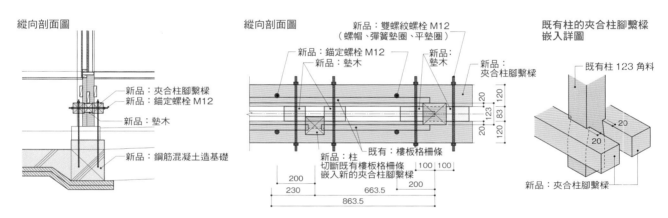

⑥外部構體補強

建築物如果處於容易積水的地區時，建築物外周要確實做好排水處理。此外，如果是靠近擋土牆時，要確認建築物的傾斜狀況或擋土牆有否異常，若有異常就要有防止擋土牆移動的對策。

以從後山來的泉水及雨水不會進入建築物的方式來做排水處理

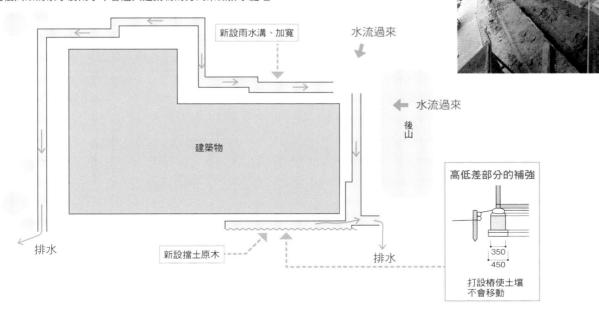

04 構架的補強方法

最具效果的基本構架補強方法是設置柱子。不過基於平面在法規上的限制、或對基礎的影響，樑的補強是絕對必要進行的工作。在此除了針對一般的枕樑、重疊樑補強提出注意要點之外，也會介紹束樑或輕型鋼材的使用方法、以及對於利用隔間牆的桁架構架的思考方式。

此外，也會針對經常被忽略的耐風處理提出補強說明。

圖1 單材與重疊樑的斷面係數與斷面二次彎矩

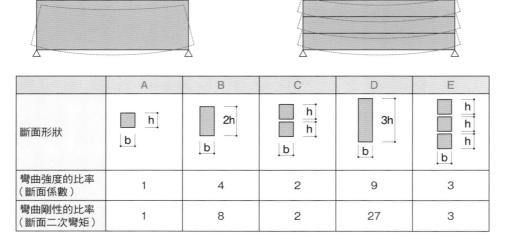

①單材　　　　　　②重疊樑　　　　　僅將單材加以堆疊的話，疊合的面會錯位＝撓曲變大

	A	B	C	D	E
斷面形狀	h, b	2h, b	h/h, b	3h, b	h/h/h, b
彎曲強度的比率（斷面係數）	1	4	2	9	3
彎曲剛性的比率（斷面二次彎矩）	1	8	2	27	3

斷面係數　$Z = \frac{1}{6}bh^2$

斷面二次彎矩　$I = \frac{1}{12}bh^3$

進行改修工程之際，在既有樑上疊合新樑「重疊樑」的補強方式很常見。不過，很多人誤將只是堆疊起來的樑看做等同於既有樑與新設樑合併樑深的實木，為此發生問題的案例屢見不鮮，因此必須特別注意。如果將力量加載在只是簡單堆疊的樑上，就會出現如圖②的偏移錯位情形。從結構上來看，這樣只有橫向並列的效果而已 [表C]。表B是偏移錯位幾乎不會出現的做法，使其與具有兩倍樑深的實木同等的結構性能。表B的強度性能比率是表C的兩倍；變形性能更達4倍之多，其差異相當顯著。

圖2 長跨距樑的種類

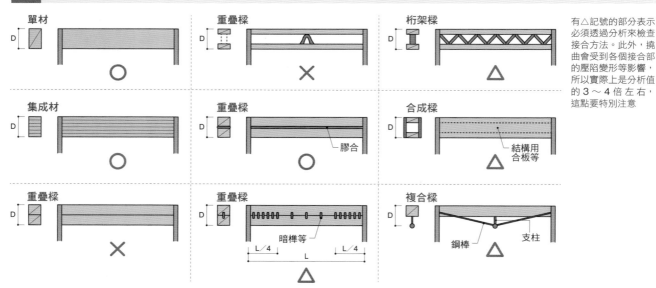

有△記號的部分表示必須透過分析來檢查接合方法。此外，撓曲會受到各個接合部的壓陷變形等影響，所以實際上是分析值的3～4倍左右，這點要特別注意

長跨距的構成方法有很多種，有在上下樑之間放上以斜向材料連接形成的桁架、也有以鋼棒等拉力材組合而成的複合樑、還有將結構用合板兩面釘打起來使上下材連接的合成樑等 [上圖]。

桁架是將斜向材垂直於水平面45°～60°所形成的構架，這種方式可以期待結構上的效果。此外，木造的桁架只要盡可能以「壓縮力作用在構材上的方式」配置斜向材即可。一旦變成拉伸材就必須注意構材的接合方式。

採用複合樑的情況亦同，因應拉伸力的接合方法會顯得相當重要。以結構用合板連接的合成樑，其結構耐力受到釘子直徑與數量的影響。

圖3 採用枕樑與補強柱的２樓樓板樑之補強範例

雖然可以用重疊樑來補強，但過去曾有搭接大幅壓陷而引發問題的案例。要計算出加載於這道樓板樑的載重，除了檢查非一體性的重疊材的撓曲與強度之外，也要檢視搭接的壓陷情況，設置補強柱以確保支撐力。
【重點】雖然無法做到如同實木的「一體性」，但有必要使重疊材呈現「均一變形」，因此要利用螺栓將上下材接合起來。

① 重疊樑形式的樓板樑補強

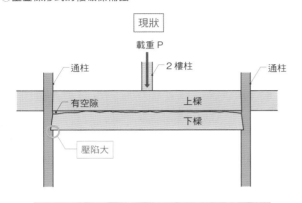
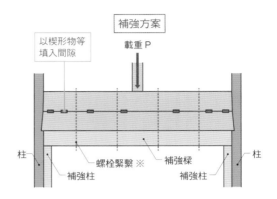

只是將材料堆疊，並無法使上樑與下樑形成一體，所以不僅撓曲變大，就連下樑的搭接也會出現問題

為使三道樑變形均一，材料的間隙要以楔形物等埋入，並以螺栓固定

② 運用隅撐的樓板樑補強

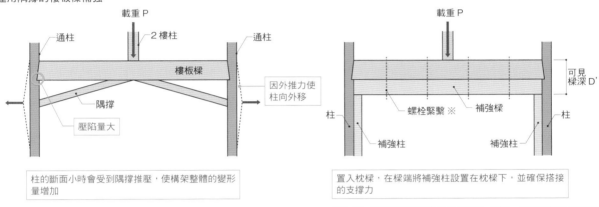

柱的斷面小時會受到隅撐推壓，使構架整體的變形量增加

置入枕樑，在樑端將補強柱設置在枕樑下，並確保搭接的支撐力

原注 ※　單用螺栓固定的重疊材沒有一體性，在檢查撓曲與強度時，要將既有樑與枕樑個別分開計算出的斷面性能加總起來

圖4 採行補強柱與枕樑的補強範例

楔形物

只有ㄇ形釘的傾斜部分下沉

這裡出現明顯壓陷

新設枕樑

新設補強柱

利用千斤頂調整高程

新設補強柱

暫時支撐用的柱子

圖5 採用夾合樑的樓板樑補強範例

這是為了在隔間牆邊緣設置書架而增設樓板格柵並補強樓板樑的範例。因為樓高的關係，很難在既有樑下方設置枕樑，要從兩側置入新材料再以螺栓接合。愈靠近剪斷力愈大的端部，其螺栓數量也要愈多，這點很重要。此外，搭接部分之所以會將鋼片凹折成鉤狀來承載直交樑，主要是考量到接合部上不能產生割裂。

●天花板平面圖

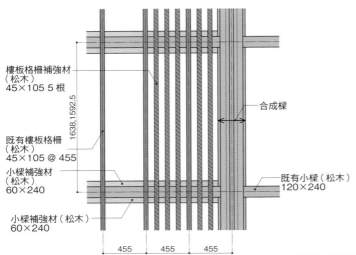

樓板格柵補強材（松木）45×105 5根
既有樓板格柵（松木）45×105 @ 455
小樑補強材（松木）60×240
小樑補強材（松木）60×240
1638、1592.5
合成樑
既有小樑（松木）120×240
455　455　455

・更換腐朽構材
・原則上不在跨距中央設置對接。不得以需要設置對接時要以枕樑補強
・枕樑要以能處理應力的方式進行設計

下列事項要另外進行計算
・樓板格柵的斷面及間隔
・補強樑的斷面及接合方法
松木類可採用美西側柏、赤松、黑松、落葉松中的任何一種，含水率要在20%以下

●夾合樑構架圖

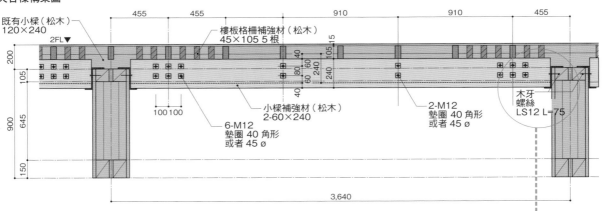

既有小樑（松木）120×240
455　455　910　910　455
樓板格柵補強材（松木）45×105 5根
2FL▽
200
105
900
645
150
100 100
小樑補強材（松木）2-60×240
6-M12 墊圈40 角形 或者45 ø
15　105 40 80 60 240
2-M12 墊圈40 角形 或者45 ø
木牙螺絲 LS12 L=75
3,640

●接受小樑補強材的五金詳圖

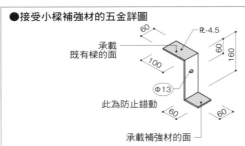

承載既有樑的面
R-4.5
60　60　160
100
Φ13
此為防止錯動
承載補強材的面
60　60

因為只以螺栓的剪斷力進行接合很容易產生割裂，因此以顎（黃色部分）來承載

●夾合樑固定詳圖

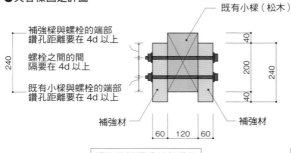

既有小樑（松木）
補強樑與螺栓的端部鑽孔距離要在4d以上
螺栓之間的間隔要在4d以上
既有小樑與螺栓的端部鑽孔距離要在4d以上
240　40　200　40
補強材　補強材
60　120　60

螺栓的間隔或端部鑽孔距離尺寸要依據學會木質規準來施做

空隙留5mm左右
240
實際的受壓面

鋼版尺寸以插入補強材所需的空隙來決定

設置小樑補強材接受五金

圖6 採取輕型槽鋼的樓板樑補強範例

樓高限制嚴格時也可採取鋼材來因應的方法。因為鋼材的彈性模數高，可以將補強樑的深度控制在最小，不過材料本身很重，選擇人力可搬運的輕型鋼比較好。此外，鋼料與木材之間一旦有縫隙就很容易發出聲響，因此除了以螺栓固定之外，最好以楔形物等來填塞縫隙。

● X8 軸線構架圖

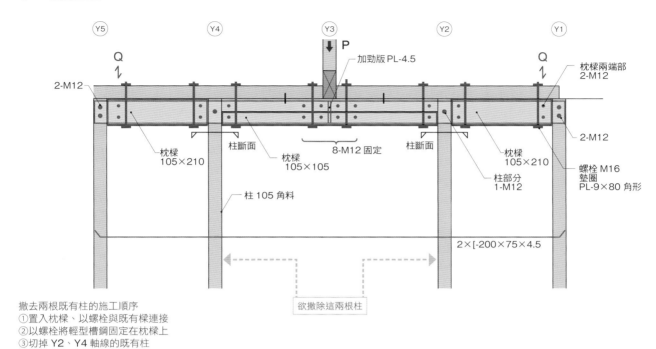

撤去兩根既有柱的施工順序
①置入枕樑、以螺栓與既有樑連接
②以螺栓將輕型槽鋼固定在枕樑上
③切掉 Y2、Y4 軸線的既有柱

● Y3 軸線構架圖

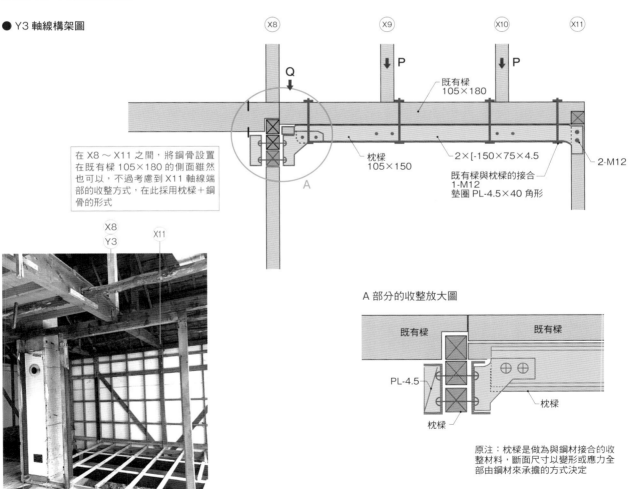

在 X8～X11 之間，將鋼骨設置在既有樑 105×180 的側面雖然也可以，不過考慮到 X11 軸線端部的收整方式，在此採用枕樑＋鋼骨的形式

A 部分的收整放大圖

原注：枕樑是做為與鋼材接合的收整材料，斷面尺寸以變形或應力全部由鋼材來承擔的方式決定

圖7 以構架整體來思考的樓板樑補強範例　※ 斜向材以因應壓縮作用有效的方式簡單接合

這是在 2 樓新設的隔間牆中配置斜向材、將牆壁整體做成桁架構架的案例。以屋架載重直接傳遞至 1 樓的隅撐或柱子做為決定斜向材方向與 2 樓柱子位置的標準。2 樓樓板樑是以斜向板釘定在兩道平行弦桁架外側的合成樑，不過改修後的載重將有所增加，因此在中央處新設柱子。如此一來，拉伸力就會作用在中央部的斜向材上，又因為此處很難進行接合補強，因此在平行弦桁架的間隙插入與既有材反方向的斜向材，採取僅用壓縮材就能抵抗的方式來補強。

●補強構架圖

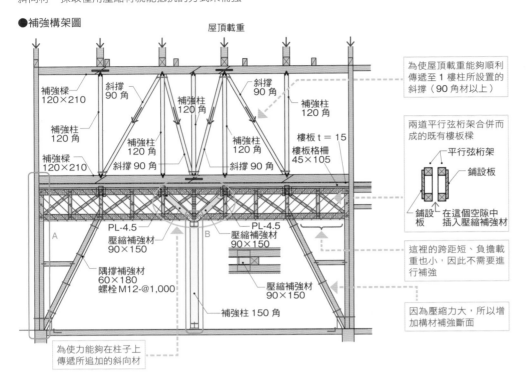

屋頂載重

補強樑 120×210
斜撐 90 角
補強柱 120 角
斜撐 90 角
補強柱 120 角
補強樑 120×210
補強柱 120 角
補強柱 120 角
補強柱 120 角
斜撐 90 角
斜撐 90 角
樓板 t = 15
樓板格柵 45×105

PL-4.5
壓縮補強材 90×150
PL-4.5
壓縮補強材 90×150
A
B
隅撐補強材 60×180 螺栓 M12-@1,000
壓縮補強材 90×150
補強柱 150 角

為使力能夠在柱子上傳遞所追加的斜向材

為使屋頂載重能夠順利傳遞至 1 樓柱所設置的斜撐（90 角材以上）

兩道平行弦桁架合併而成的既有樓板樑
平行弦桁架
鋪設板
鋪設板
在這個空隙中插入壓縮補強材

這裡的跨距短、負擔載重也小，因此不需要進行補強

因為壓縮力大，所以增加構材補強斷面

利用 2 樓隔間牆的補強

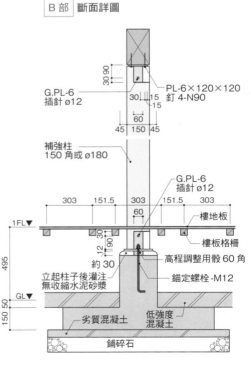
在新設補強柱的正上方插入壓縮補強材

補強前
設置柱子的中央部分因考慮到沖壓作用，所以加厚版厚度

補強後
與既有的合成樑相同，袖牆也是斜向板鋪設。從外觀可見結構用合板的剪力牆

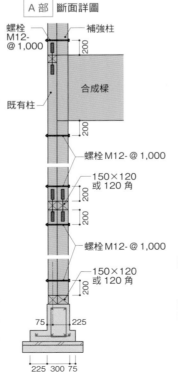

A 部 斷面詳圖

螺栓 M12-@1,000
補強柱
200
合成樑
既有柱
200
螺栓 M12- @1,000
150×120 或 120 角
200
200
螺栓 M12- @1,000
150×120 或 120 角
200
75 225
225 300 75

B 部 斷面詳圖

30.90
G.PL-6 插針 ø12
PL-6×120×120 釘 4-N90
30 15 15
60
45 150 45
補強柱 150 角或 ø180
G.PL-6 插針 ø12
303 151.5 303 151.5 303
60
樓地板
樓板格柵
高程調整用骰 60 角
1FL▼
12 30 90
立起柱子後灌注無收縮水泥砂漿
錨定螺栓 -M12
495
GL▼
150 50
劣質混凝土
低強度混凝土
鋪碎石

122

圖8 耐風補強的範例

在有大型挑空的外牆面或閣樓的山牆面等上，要有相應的耐風處理 [P 77]。此處介紹的是以柱子補強的範例、以及以樑補強的範例。

①以補強柱補強

在既有柱邊設置輔助柱並延伸到屋架樑的位置

輔助柱（因為不負擔垂直載重，因此不需要設置木地檻）

②以止振材補強

除了水平斜向材、山牆面的屋架樑、鄰接的水平樑之外，連接屋架樑與相鄰的水平樑，藉此將風壓力傳遞至水平斜向材

③以耐風樑與水平角撐補強

水平角撐

設有挑空的南側外牆要設置耐風樑與水平角撐以因應風壓力

水平角撐

在與既有柱的間隙置入夾合材再以螺栓拴緊

夾合材　補強樑　既有柱

既有屋架樑

05 剪力牆的補強方法

耐震補強的主要重點是剪力牆的增設。不是只要滿足必要數量即可,而是必須充分思考既有構架與基礎狀況,還有對應拉拔力的接合方法,依此決定種類、強度、配置,是相當講究平面調整的能力。
在此針對斜撐補強、面材補強、框架型的補強,個別說明留意要點。

圖1 柱子上有接木時的補強

①有斜撐固定的情況

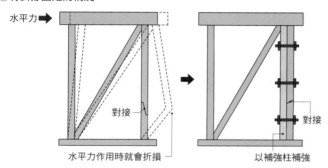

水平力➡

對接

水平力作用時就會折損

以補強柱補強

②有面材固定的情況

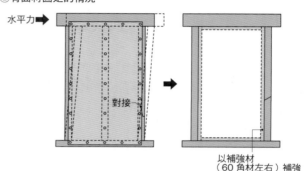

水平力➡

對接

以補強材
(60角材左右)補強

圖2 錨定螺栓的配置稀疏時的框架補強

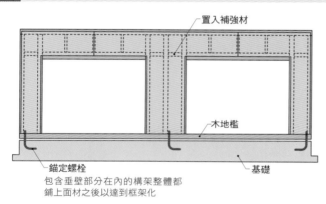

置入補強材

木地檻

錨定螺栓
包含垂壁部分在內的構架整體都
鋪上面材之後以達到框架化

基礎

圖3 斜撐補強

①斜撐端部的接合
· 以符合建告1460號規定的方式進行補強

②斜撐交叉部的接合
· 未滿90角材的斜撐不做切口(禁止相嵌)
· 90角材以上且任一方被分段時,要依下圖要領補強

任一方呈分段時的收整範例

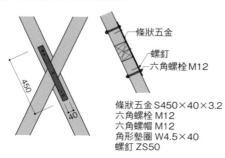

條狀五金

螺釘
六角螺栓M12

450
40

條狀五金 S450×40×3.2
六角螺栓 M12
六角螺帽 M12
角形墊圈 W4.5×40
螺釘 ZS50

③斜撐所固定的構架
· 斜撐剪力牆內設有對接時,為使對接部分不會產生旋轉,要以枕柱或補強柱補強
當閣樓內部的直交樑以堆疊方式架設時也同樣要進行補強
· 斜撐剪力牆內要以450mm間隔設置間柱或橫穿板等的挫屈防止材

對接部分的補強要領　　　　閣樓等的補強要領

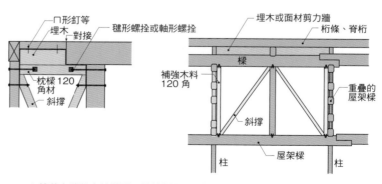

□形釘等
埋木
對接
鍵形螺拴或軸形螺拴
枕樑120
角材
斜撐

埋木或面材剪力牆
桁條、脊桁
樑
補強木料
120角
斜撐
屋架樑
柱
重疊的
屋架樑
柱

· 1樓剪力牆從木地檻到2樓樓板面、2樓剪力牆則從2樓樓板樑到屋頂面,皆以連續的方式來設置。當閣樓或雙層樑等出現空隙時,就要設置屋架斜撐、埋木、面材等,以水平力順利傳遞到剪力牆為前提進行補強(參照右上圖)

圖4 在剪力牆上設置小型開口

● 不影響剛性或耐力的小型開口以下列任一種方式處理
① 斜撐剪力牆時
イ：小型開口不可設置在會切斷斜撐及間柱的位置
ロ：小型開口不可設置在會切斷接合部的位置

② 面材剪力牆時
イ：D≦12×t且D≦L／6時，不需要補強
ロ：D≦L／2（50 cm左右）時，四周要以接受材等進行
　補強，再以面材釘定

t：面材厚度
L：面材短邊尺寸
D：孔徑
　（形狀為矩形時則為對角線長度）

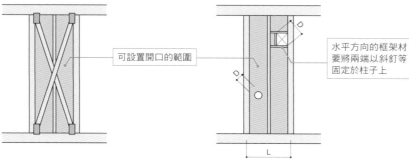

斜撐剪力牆時　　　　**面材剪力牆時**

可設置開口的範圍

水平方向的框架材
要將兩端以斜釘等
固定於柱子上

照片1　有換氣口的結構用合板牆的水平施力方式試驗。開口下方以斷面同間柱的補強材釘打。開口周邊沒有損傷，壁倍率也與無開口牆體具有相等的耐力

圖5 框架型的補強方法

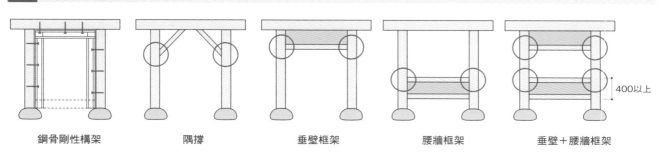

400以上

鋼骨剛性構架　　**隅撐**　　**垂壁框架**　　**腰牆框架**　　**垂壁＋腰牆框架**

相較於門形的方式，口
字形更佳
考慮到固定方式，既有
柱子要在120角材以上

上圖 ◯ 部分會產生彎矩，要注意搭接損壞問題

基準：4M角材左右的
喬木，柱子要在180角
材左右

提高牆體強度後，柱子上產生的彎曲及剪斷力會擴大，因而出現
折損現象。應考慮柱徑與牆體強度之間的平衡

一般來說，柱子要在150角材以上。不過，僅就這個
尺寸要負擔建築物整體的水平力是相當困難的，因此
實際上也要設置剪力牆的情況很多

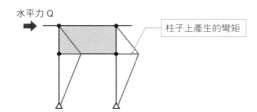

水平力 Q

柱子上產生的彎矩

牆體強度高的話，可負擔的水平力也會增大
→柱子上產生的彎矩變大
→搭接部分折損的可能性：大

照片2　腰牆框架型的補強範例。樓板下設有斜撐。確保搭接即使損壞，也不能對強度造成影響

屋架構架的補強方法

由於屋架構架的構材斷面小、僅因應 2 樓柱位來設置對接，所以樓板樑若負擔過大的載重時就可能出現問題，這種情形相當常見。在此介紹以 1、2 樓的柱位一致做為屋架樑支撐點的思考、及補強屋架構架的方法。

除此之外，為提高水平剛性，要以屋架斜撐或水平樑連續設置的方式來思考。

圖 1 屋架構架各式補強方法

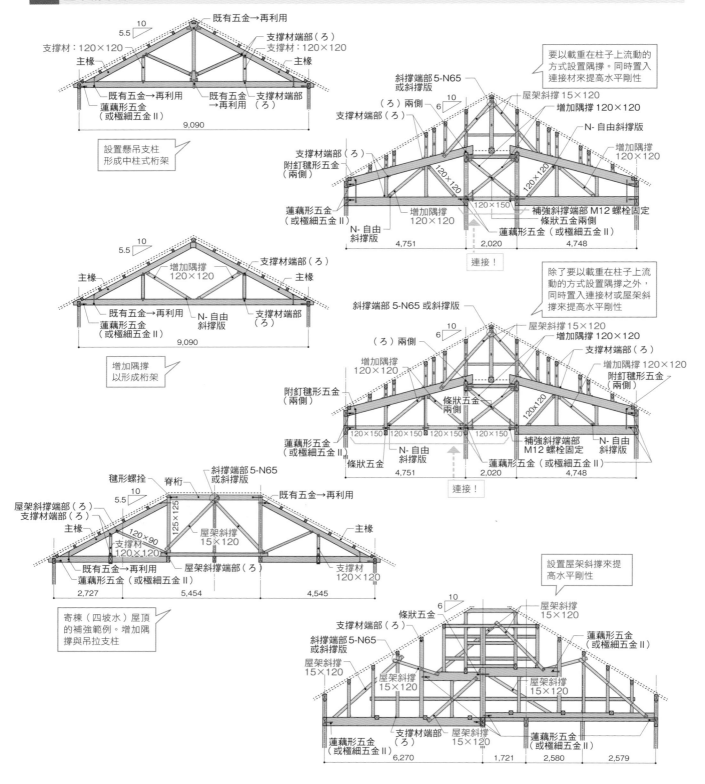

圖2 西式屋架構架的補強範例

中柱式桁架上產生的軸力

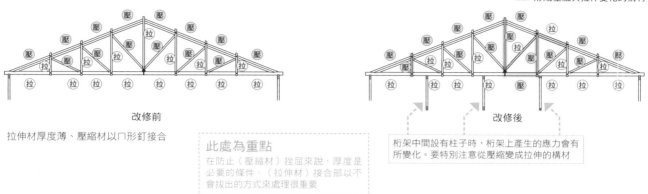

改修前

拉伸材厚度薄、壓縮材以ㄇ形釘接合

形成壓縮與拉伸變化的構材

改修後

桁架中間設有柱子時，桁架上產生的應力會有所變化。要特別注意從壓縮變成拉伸的構材

此處為重點
在防止（壓縮材）挫屈來說，厚度是必要的條件。（拉伸材）接合部以不會拔出的方式來處理很重要

水平樑中間設置柱（支撐點）時的
軸力變化與構材補強

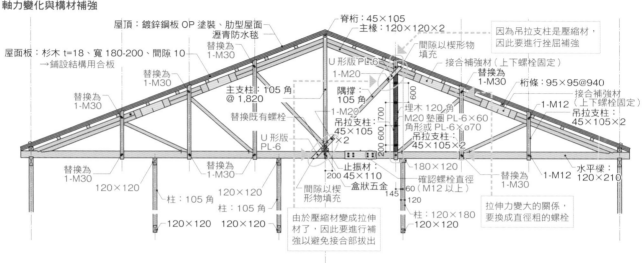

屋頂：鍍鋅鋼板 OP 塗裝、肋型屋面
瀝青防水毯

脊桁：45×105
主椽：120×120×2

屋面板：杉木 t=18、寬 180-200、間隙 10
→鋪設結構用合板

替換為 1-M30

間隙以楔形物填充

因為吊拉支柱是壓縮材，因此要進行挫屈補強

接合補強材（上下螺栓固定）

替換為 1-M30

桁條：95×95@940

U 形版 PL-6
1-M20

替換為 1-M30

主支柱：105 角
@ 1,820

替換既有螺栓

隅撐：105 角
1-M20

吊拉支柱：
45×105×2

埋木 120 角
M20 墊圈 PL-6×60
角形或 PL-6 ⌀70

接合補強材
1-M12

吊拉支柱：
45×105×2

U 形版 PL-6

替換為 1-M30

替換為 1-M30

止振材：
200 45×110

盒狀五金

180×120

確認螺栓直徑 60（M12 以上）

替換為 1-M30

水平樑：120×210

替換為 1-M30

柱：105 角

柱：105 角

間隙以楔形物填充

由於壓縮材變成拉伸材了，因此要進行補強以避免接合部拔出

柱：120×180

拉伸力變大的關係，要換成直徑粗的螺栓

120×120

120×120 120×120

120×120

吊拉支柱（拉伸材）變成壓縮材的部分要以埋木補強

隅撐（壓縮材）變成拉伸材的部分以併用鋼版做接合補強

隅撐（壓縮材）變成拉伸材的部分以併用鋼版做接合補強

與版之間的空隙可善用拆下來的既有柱端部補強

圖3 從年輪木理傾斜處產生裂痕的水平樑 [※] 補強範例

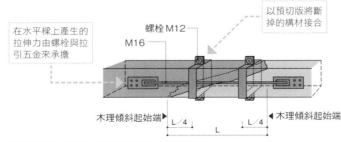

以預切版將斷掉的構材接合

螺栓 M12

M16

在水平樑上產生的拉伸力由螺栓與拉引五金來承擔

木理傾斜起始端

木理傾斜起始端

L／4   L   L／4

※ 這個補強方法僅適用在不產生彎曲應力的構材

圖4 以架構整體來思考的補強

這是倉庫或工廠等採用西式屋架框架、呈有規則性連續的建築物改修案例。補強方法是仿效既有的桁架構架，採用斜撐或斜向材。由於每隔一根被切斷的柱子要以新構材續接（接木 [見 P75 譯注]），因此會以跨距方向的補強斜撐上設置沒有接木的框架為基本方針，依此整理改修平面計畫。

既有框架採無吊拉支柱的水平樑下方設置隅撐的構架，其構架兩側又連接廂房的架構形式。固定在通柱上的各構材高程採取一點一點錯位以避免搭接重複。這種情況下，在柱子的斷面缺損部分上會有應力集中，因而柱子在地震時會有折損的疑慮。為防止這個情形發生，提高屋頂面的水平剛性，並且增加桁條以利處理補強斜撐構架外周所產生的軸力，減輕各搭接上產生的應力。

此外，決定斷面和接合方法要以補強斜撐在壓縮、拉伸兩者都能有效發揮作用為前提。還有，廂房的斜向樑上有斷面不足的地方，除了設置隅撐縮短有效跨距之外，也要設置繫桿使隅撐所固定的柱子得以減輕負擔。

基礎部分要在基地內進行地盤調查，確認支持力之後，在既有劣質混凝土上新設版式基礎。因為外周部的腐朽情況較為劇烈，要將廂房部分進行解體並以新料替換外周柱與木地檻，並新設具有埋入部與邊墩的基礎樑。

● 框架與水平構面的補強

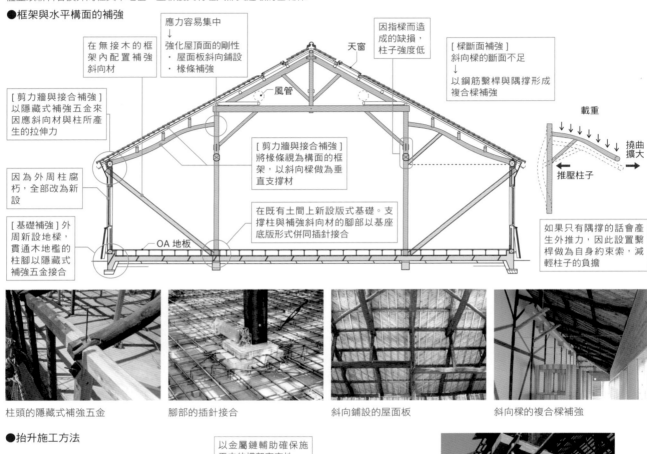

[剪力牆與接合補強]
以隱藏式補強五金來因應斜向材與柱所產生的拉伸力

在無接木的框架內配置補強斜向材

應力容易集中
↓
強化屋頂面的剛性
・屋面板斜向鋪設
・椽條補強

天窗

因指樑而造成的缺損，柱子強度低

[樑斷面補強]
斜向樑的斷面不足
↓
以鋼筋繫桿與隅撐形成複合樑補強

風管

[剪力牆與接合補強]
將椽條視為構面的框架，以斜向樑做為垂直支撐材

因為外周柱腐朽，全部改為新設

在既有土間上新設版式基礎。支撐柱與補強斜向材的腳部以基座底版形式併同插針接合

[基礎補強] 外周新設地樑，貫通木地檻的柱腳以隱藏式補強五金接合

OA 地板

載重

撓曲擴大

推壓柱子

如果只有隅撐的話會產生外推力，因此設置繫桿做為自身約束索，減輕柱子的負擔

柱頭的隱藏式補強五金

腳部的插針接合

斜向鋪設的屋面板

斜向樑的複合樑補強

● 抬升施工方法

以金屬鏈輔助確保施工中的構架安定性

指樑

軌道材

現場製作的預鑄混凝土，將鋼筋與錨定螺栓埋入

既有的劣質混凝土

角材穿過軌道材上方以支撐指樑

一邊緩慢抬升腳部一邊施做接木（接木方法參照第 130 頁）

●水平構面的補強範例

1. 有剪力牆的構面上會產生很大的軸力，因此在補強斜向材的正上方密集配置椽條

2. 屋面板採斜向鋪設，以提高屋頂面的水平剛性

既有水平角撐

密集配置椽條

在有剪力牆的構面上會產生很大的軸力

水平力（地震、風）

水平力藉由樓板面傳向剪力牆

剪力牆

剪力牆

強化屋頂面的剛性
· 屋面板斜向鋪設
· 椽條補強

風管　　天窗

在既有土間上新設版式基礎。支撐柱與補強斜向材的腳部採基座底版形式併同插針接合

OA 地板

3. 為防止桁架方向的屋架倒塌而設置的屋架斜撐

●柱腳施工順序

①利用千斤頂往上抬來施做接木

②裝設埋入鋼筋與錨定螺栓的預鑄混凝土

③固定預鑄混凝土，柱腳以五金固定

④放下千斤頂，對齊錨定螺栓的位置→完成後進行基礎配筋

07 接合部的補強方法

容易聚積溼氣的樓板下方或砂漿塗布的外牆都是經常出現腐朽的位置。因此要拆除腐朽部分以新的材料續接。樑的對接和新建時的考量一樣即可，不過柱子的接木必須因應有無剪力牆或構架形狀來思考補強方法。此外，在耐震補強中收整是最棘手的難題，在此也會針對拉拔力介紹柱子與基礎的接合方法。

圖1 柱子的接木

柱的接木原則上以金輪對接來處理
・形成十字對接時，要將條狀五金固定在四個面
・在設有斜撐的柱子上設置對接時，要以補強柱補強

●抽換木地檻與柱子的接木

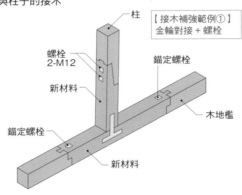

【接木補強範例①】
金輪對接＋螺栓

柱
螺栓
2-M12
新材料
錨定螺栓
錨定螺栓
木地檻
新材料

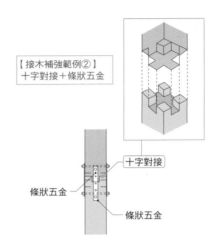

【接木補強範例②】
十字對接＋條狀五金

十字對接
條狀五金
條狀五金

圖2 柱子的接木要點

由於柱子的接木是採無縫隙接合既有材與新材料，施工相當困難，因此多以楔形物做成相互拉引的金輪形式。對接方向最好能確保構架展開方向上的「深度」（下圖）。話雖如此，不過對接的彎曲耐力低，因此承受風壓力的外牆面、或隅撐固定形式的剛性構架的柱，就不採取接木方式而以補強柱來補強。

此外，在樓板下方進行相鄰柱子的接木作業時，為防止變成不安定的構架，要適切在樓板下方設置剪力牆以抵抗水平力（參照P114～117）。

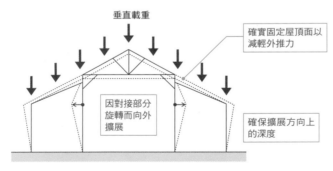

垂直載重
確實固定屋頂面以減輕外推力
因對接部分旋轉而向外擴展
確保擴展方向上的深度

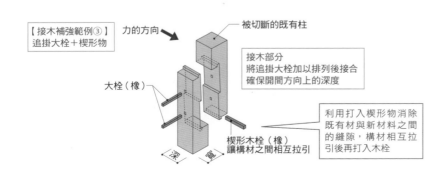

【接木補強範例③】
追掛大栓＋楔形物

力的方向
被切斷的既有柱

接木部分
將追掛大栓加以排列後接合
確保開間方向上的深度

大栓（橡）

楔形木栓（橡）
讓構材之間相互拉引

利用打入楔形物消除既有材與新材料之間的縫隙，構材相互拉引後再打入木栓

深　寬

●接木補強範例　金輪對接＋金屬環

當無法在剪力牆所固定的柱及承受風壓力的柱上設置補強柱時，
為抑制對接旋轉，也有採金屬帶纏繞的方法

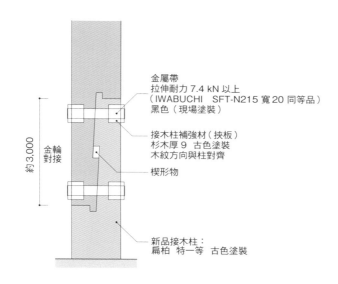

金屬帶
拉伸耐力 7.4 kN 以上
（IWABUCHI　SFT-N215 寬 20 同等品）
黑色（現場塗裝）

接木柱補強材（挾板）
杉木厚 9 古色塗裝
木紋方向與柱對齊

楔形物

約 3,000
金輪對接

新品接木柱：
扁柏 特一等 古色塗裝

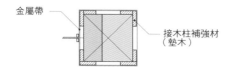

金屬帶

接木柱補強材
（墊木）

接木採金輪對接

為不傷及既有柱，在接木部分置入墊木再以金屬帶
纏繞

圖3 對接補強

在水平構面的外周部、挑空、以及剪力牆存在的構面上，如果對接形狀是追掛大栓對接或是金輪對接以外的方式時，要併用條狀五金或毽形螺栓。此外，斜撐剪力牆內如果設有對接時，要設置枕樑或補強柱補強，以防止對接部分旋轉（參照 P75 圖 2）

●對接的五金補強要領

①固定在樑側面時，樑深在 300 mm 以上時要採兩段式

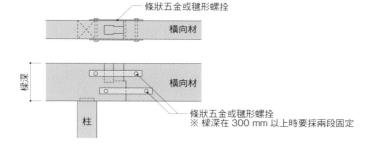

條狀五金或毽形螺栓

橫向材

樑深

橫向材

柱

條狀五金或毽形螺栓
※ 樑深在 300 mm 以上時要採兩段固定

②採取台持對接時，除了將上下材以螺栓接合之外，在符合做為水平構面
的外周樑之構面內，要以補強木材補強側面

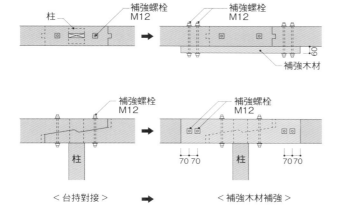

柱

補強螺栓
M12

補強螺栓
M12

補強木材

補強螺栓
M12

補強螺栓
M12

柱

柱

70 70

70 70

＜台持對接＞　➡　＜補強木材補強＞

針對水平載重時受拉伸力作用的外周桁樑對接部，進行補強
的範例

採用製作五金的柱腳與基礎接合案例

在改修上，因考量樓板或牆體與新設基礎的收整方式，而以訂製五金替代現成產品的情況也很多。左頁圖表是其中一例，從拉拔力與各部位的尺寸計算出應力，以決定預切厚度或螺栓直徑。

①～⑨是柱子與木地檻以現成產品五金等接合、木地檻與基礎以訂製品接合的類型；1～9則是柱子與基礎直接接合的類型。

拉拔力 10 kN 以上且既有基礎屬於無鋼筋的情況下，為了處理在基礎上產生的彎曲應力，要增設鋼筋混凝土造的基礎。④、⑤是幾乎沒有拉拔力作用的位置；8、9則是因為外角的關係而無法在柱面上固定五金時的對應方式。

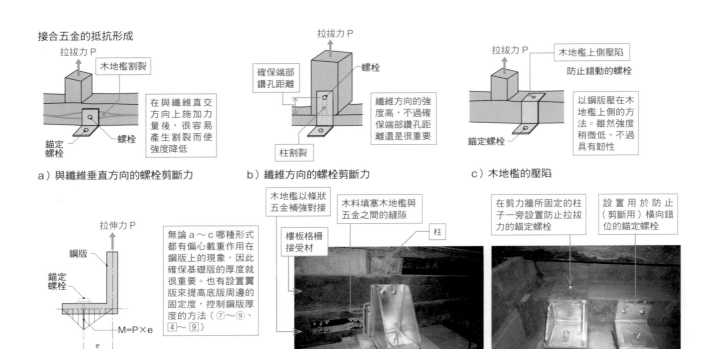

接合五金的抵抗形成

a）與纖維垂直方向的螺栓剪斷力

b）纖維方向的螺栓剪斷力

c）木地檻的壓陷

無論a～c哪種形式都有偏心載重作用在鋼版上的現象，因此確保基礎版的厚度就很重要。也有設置翼版來提高底版周邊的固定度，控制鋼版厚度的方法（⑦～⑨、4～9）。

$M=P×e$

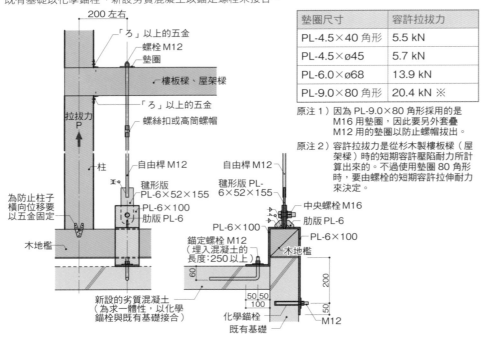

柱與新設基礎接合範例（類型4）　新設 RC 基礎

木地檻與新設基礎之間的接合範例（8和⑤）　新設 RC 基礎

● 貫通螺栓的接合範例

木地檻兩側以鋼版包挾，從木地檻上側到樓板樑或屋架樑為止，藉由設置貫通螺栓，以樓板樑（屋架樑）來壓制柱子上抬的方法。
既有基礎以化學錨栓、新設劣質混凝土以錨定螺栓來接合。

墊圈尺寸	容許拉拔力
PL-4.5×40 角形	5.5 kN
PL-4.5×ø45	5.7 kN
PL-6.0×ø68	13.9 kN
PL-9.0×80 角形	20.4 kN ※

原注1）因為 PL-9.0×80 角形採用的是 M16 用墊圈，因此要另外套疊 M12 用的墊圈以防止螺帽拔出。

原注2）容許拉拔力是從杉木製樓板樑（屋架樑）時的短期容許壓陷耐力所計算出來的。不過使用墊圈 80 角形時，要由螺栓的短期容許拉伸耐力來決定。

以高筒螺帽結合金屬螺紋螺栓將螺栓貫通至桁樑

既有木地檻

預埋錨定螺栓再新設劣質混凝土

表1 木地檻與基礎的接合方法範例

表2 柱與基礎的接合方法範例

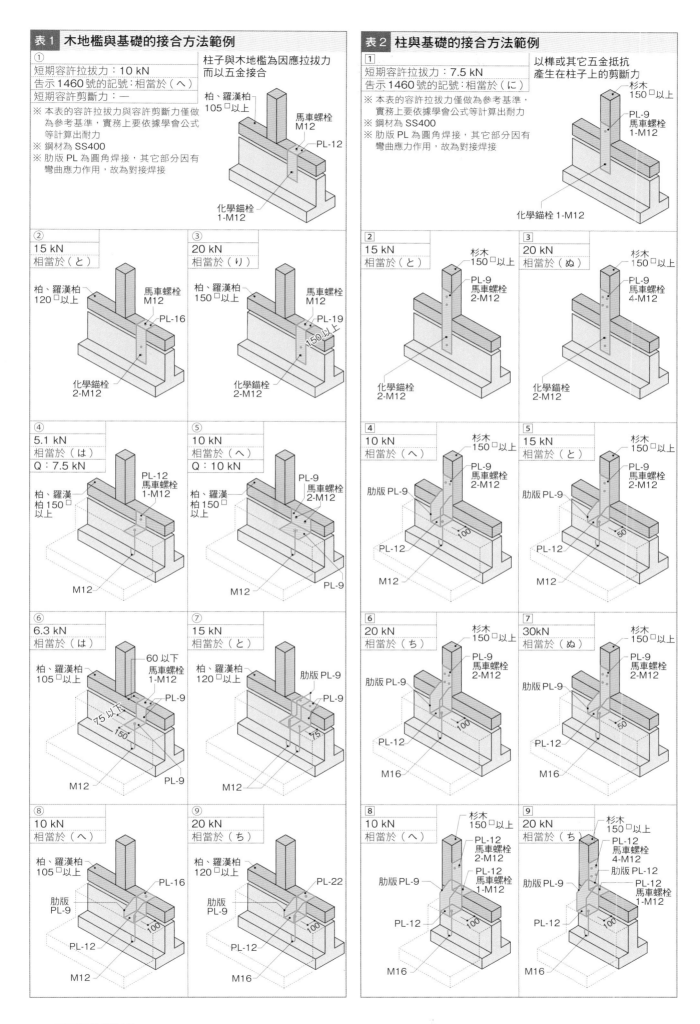

表1 ①
短期容許拉拔力：10 kN
告示1460號的記號：相當於（へ）
短期容許剪斷力：—
※ 本表的容許拉拔力與容許剪斷力僅做為參考基準，實務上要依據學會公式等計算出耐力
※ 鋼材為 SS400
※ 肋版 PL 為圓角焊接，其它部分因有彎曲應力作用，故為對接焊接
柱子與木地檻為因應拉拔力而以五金接合
柏、羅漢柏 105□以上／馬車螺栓 M12／PL-12／化學錨栓 1-M12

② 15 kN 相當於（と）
柏、羅漢柏 120□以上／馬車螺栓 M12／PL-16／化學錨栓 2-M12

③ 20 kN 相當於（り）
柏、羅漢柏 150□以上／馬車螺栓 M12／PL-19／150以上／化學錨栓 2-M12

④ 5.1 kN 相當於（は） Q：7.5 kN
柏、羅漢柏 150□以上／M12

⑤ 10 kN 相當於（へ） Q：10 kN
柏、羅漢柏 150□以上／PL-12 馬車螺栓 1-M12／M12／PL-9

⑥ 6.3 kN 相當於（は）
柏、羅漢柏 105□以上／60以下 馬車螺栓 1-M12／PL-9／75以下／150／M12

⑦ 15 kN 相當於（と）
柏、羅漢柏 120□以上／肋版 PL-9／PL-9／75／M12

⑧ 10 kN 相當於（へ）
柏、羅漢柏 105□以上／肋版 PL-9／PL-16／100／PL-12／M12

⑨ 20 kN 相當於（ち）
柏、羅漢柏 120□以上／肋版 PL-9／PL-22／100／PL-12／M16

表2 ①
短期容許拉拔力：7.5 kN
告示1460號的記號：相當於（に）
※ 本表的容許拉拔力僅做為參考基準，實務上要依據學會公式等計算出耐力
※ 鋼材為 SS400
※ 肋版 PL 為圓角焊接，其它部分因有彎曲應力作用，故為對接焊接
以榫或其它五金抵抗產生在柱子上的剪斷力
杉木 150□以上／PL-9 馬車螺栓 1-M12／化學錨栓 1-M12

② 15 kN 相當於（と）
杉木 150□以上／PL-9 馬車螺栓 2-M12／化學錨栓 2-M12

③ 20 kN 相當於（ぬ）
杉木 150□以上／PL-9 馬車螺栓 4-M12／化學錨栓 2-M12

④ 10 kN 相當於（へ）
杉木 150□以上／PL-9 馬車螺栓 2-M12／肋版 PL-9／100／PL-12／M12

⑤ 15 kN 相當於（と）
杉木 150□以上／PL-9 馬車螺栓 2-M12／肋版 PL-9／50／PL-12／M12

⑥ 20 kN 相當於（ち）
杉木 150□以上／PL-9 馬車螺栓 2-M12／肋版 PL-9／100／PL-12／M16

⑦ 30 kN 相當於（ぬ）
杉木 150□以上／PL-9 馬車螺栓 2-M12／肋版 PL-9／50／PL-12／M16

⑧ 10 kN 相當於（へ）
杉木 150□以上／PL-12 馬車螺栓 2-M12／肋版 PL-9／PL-12 馬車螺栓 1-M12／100／PL-12／M16

⑨ 20 kN 相當於（ち）
杉木 150□以上／PL-12 馬車螺栓 4-M12／肋版 PL-12／肋版 PL-9／PL-12 馬車螺栓 1-M12／100／PL-12／M16

5 改修案例

改修案例 1
屋齡 40 年住宅

在新耐震規定實施以前經濟高度成長期所興建的獨棟住宅，現在都面臨需要大幅改修或改建的時候。此章節將加上耐震評估與補強方法，從幾乎所有住宅都有的問題點和原因，到改修計畫的要點歸納，逐一進行解說。

圖1 現況評估結果

建築物概要

所在地	東京都新宿區
建築年度	1970（昭和45）年 ※昭和52年進行增改建
結構	木造2層樓建築
屋頂	鋪瓦
外牆	木板條底層砂漿塗布
規模	樓板面積 2樓：52.17 m² 1樓：58.92 m² 簷高：6.055 m（依據立面圖）
書圖等	有現況平面圖、立面圖、剖面圖，無結構圖

樓層數	2層樓建築	
建築物規範	瓦屋頂	重型建築
形狀比例加成係數	短邊6m以上	1.0
基礎規範	無鋼筋混凝土	基礎 II
樓板規範	無水平角撐	樓板 III
接合部規範	釘、ㄇ形釘	接合部 IV

在新耐震規範以前（S34～S56年）的施行令中，除了必要壁量約為現行的70%左右之外，「占柱子數量三成以上的間柱有以木板條釘打於單側而形成的牆體」，其壁倍率為1.5（壁倍率1.0的耐力是130 kg／m），因此即使斜撐少也能充分滿足當時的基準（參照P100表2）。

●一層平面圖

●二層平面圖

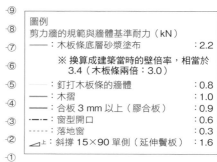

圖例
剪力牆的規範與牆體基準耐力（kN）
- ━━━：木板條底層砂漿塗布 ：2.2
- ※ 換算成建築當時的壁倍率，相當於3.4（木板條兩倍：3.0）
- ：釘打木板條的牆體 ：0.8
- ━━：木摺 ：1.0
- ━━：合板3mm以上（膠合板）：0.9
- ─·─·─：窗型開口 ：0.6
- ·········：落地窗 ：0.3
- ◺上：斜撐15×90單側（延伸襯板）：1.6

照片1 西向外觀

照片2 南西向外觀

照片3 基礎現狀

照片4 閣樓現狀

上部結構評點

樓層	方向	必要耐力 Qr（kN）	牆、柱耐力 Qu（kN）	折減係數 eKfl	劣化度 dK	保有耐力 edQu = Qu×eKfl×dK（kN）	上部結構評點※ edQu／Qr	判定
2樓	X	28.30	19.34	0.80	0.7	10.83	0.38	IV
	Y	28.30	20.57	0.80	0.7	11.52	0.41	IV
1樓	X	62.87	36.76	1.00	0.7	25.73	0.41	IV
	Y	62.87	26.50	0.55	0.7	10.20	0.16	IV

由於鋪瓦屋頂的重量重，因此必要壁量也會變高

即使沒有偏心也會因為數值比必要耐力小，以至剪力牆的量必定不足

因剪力牆偏心而造成耐震性不足的問題（特別是1樓的Y方向）

判定評估基準

判定	評點	評估
I	1.5以上	不會倒塌
II	1.0～1.5	大致不會倒塌
III	0.7～1.0	有倒塌可能性
IV	未滿0.7	倒塌可能性高

既有建築物的結構特徵與現況調查

結構特徵和狀況	
建築物形狀等	切妻（二坡水）屋頂 2 樓為 7.28 m×8.19 m 的長方形（昭和 52 年增建西南部分） 1 樓東側廚房、起居室 7.28 m×4.55 m；1 樓西側玄關、和室、浴室（改建）5.46 m×3.46 m
地盤	第 2 種地盤（依據地形圖判斷）
基礎	無鋼筋混凝土造 連續基礎（無基腳）
構架	樑柱構架式構法
剪力牆	可確認 1 樓外牆東側有設置斜撐 15×90（單側） 外牆：推測是木板條底層砂漿塗布＋木摺 內牆：推測是（兩面）木摺（壁櫥以膠合板鋪設）
水平構面	有水平角撐 椽條（35×40）、樓板格柵（35×90）- @ 455
接合部	推測是插榫、釘打、冂形釘的做法 只有浴室有五金做法

上部結構

· 整體的上部結構評點在 0.5 之下，耐震性低。此為建造當時的基準法所要求的必要壁量比現行法規少，柱子因應拉伸力的接合補強不足是主要原因。
· 2 樓南側的剪力牆少，1 樓則是西側的剪力牆不足，因此 2 樓 X 方向與 1 樓 Y 方向上出現偏心情況，影響耐震性。
· 因 1 樓與 2 樓的軸線與柱子錯位，2 樓樓板樑上有不合理的載重，可以指認出 2 樓樓板上有數個地方出現傾斜情況
· 外牆上出現裂痕，尤其在西側與南側特別多

基礎

增建部分出現很多裂痕

圖2 改建案的方針與評估結果

改建概要

· 從 1 樓與 2 樓的柱子位置及剪力牆線多處錯位的情形來看，也要留意基礎樑的配置，以整合上下層為目的來變更隔間牆的位置
· 屋頂變更為金屬版鋪設，以求建築物的輕量化
· 剪力牆為斜撐，水平構面為杉木板鋪設＋水平角撐補強
· 以耐震評估的上部結構評點在 1.5 以上為目標進行補強
· 柱頭柱腳的接合方法要依據 N 值計算來決定

樓層數	2 層樓建築	
建築物規範	金屬屋頂	輕型建築物
形狀比例加成係數	短邊 6 m 以上	1.0
基礎規範	版式基礎	基礎 I
樓板規範	水平角撐、平板	樓板 II
接合部規範	告示規範	接合部 I

各部位的補強方法

部位	補強方法
基礎	· 以 RC 造的版式基礎施做。基礎樑配置成格子狀，提高垂直及水平剛性 · 既有的無鋼筋基礎部分以化學錨栓繫結 RC 造的基礎
構架	· 盡量使 1、2 樓的柱子位置一致，以減輕 2 樓樓板樑的負擔 · 針對斷面不足的樑進行枕樑補強（以枕樑來負擔載重為原則） · 拆除格柵托樑、樓板格柵、椽條、桁條，重新設置
剪力牆	· 斜撐在 2 樓為 30×90，1 樓為 45×90 · 使 1、2 樓的剪力牆線一致，採取因應負擔載重的配置
水平構面	· 在 2 樓的剪力牆線上及脊桁下方設置屋架斜撐 · 屋面板以杉木板鋪設、在屋架樑高程上設置水平角撐 · 2 樓樓板面以水平角撐補強。無法設置水平角撐的部分則以杉木板斜向鋪設
接合部	· 柱子柱頭、柱腳接合部以因應拉拔力用的五金等補強 · 樑的對接、搭接以條狀五金或鍵形螺栓補強

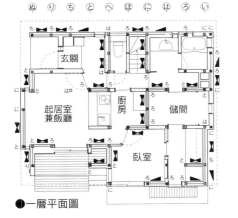

●一層平面圖

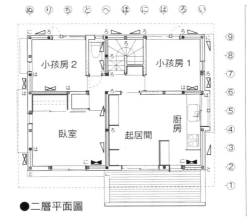

●二層平面圖

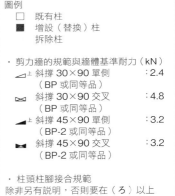

圖例
□ 既有柱
■ 增設（替換）柱
拆除柱

· 剪力牆的規範與牆體基準耐力（kN）
　斜撐 30×90 單側　　　：2.4
　　（BP 或同等品）
　斜撐 30×90 交叉　　　：4.8
　　（BP 或同等品）
　斜撐 45×90 單側　　　：3.2
　　（BP-2 或同等品）
　斜撐 45×90 交叉　　　：3.2
　　（BP-2 或同等品）

· 柱頭柱腳接合規範
除非另有說明，否則要在（ろ）以上

上部結構評點

樓層	方向	必要耐力 Qr（kN）	牆、柱耐力 Qu（kN）	折減係數 eKfl	劣化度 dK	保有耐力 edQu = Qu×eKfl×dK（kN）	上部結構評點※ edQu／Qr	判定
2 樓	X	19.30	33.49	1.00	0.9	30.14	1.56	I
	Y	19.30	34.94	1.00	0.9	31.45	1.63	I
1 樓	X	48.89	81.54	1.00	0.9	73.38	1.50	I
	Y	48.89	87.36	1.00	0.9	78.62	1.61	I

判定評估基準

判定	評點	評估
I	1.5 以上	不會倒塌
II	1.0 ～ 1.5	大致不會倒塌
III	0.7 ～ 1.0	有倒塌可能性
IV	未滿 0.7	倒塌可能性高

對策①
屋頂輕量化
以利減少必要壁量

對策②
增設剪力牆及
接合部補強

對策③
消除剪力牆
的偏心

對策④
更換劣化
構材

圖3 1樓的比較

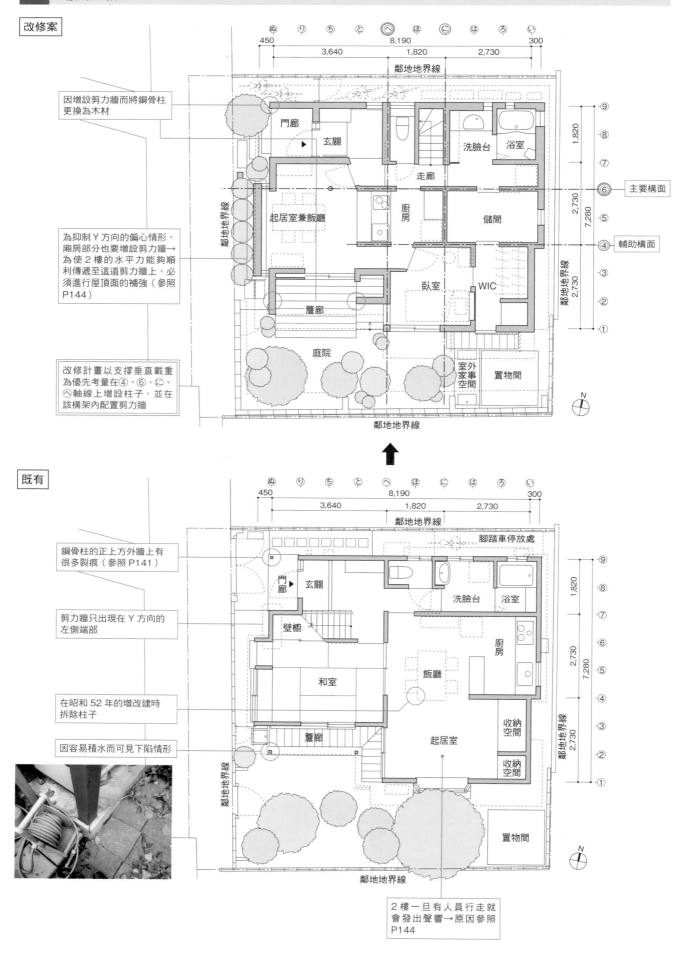

改修案

450　　8,190　　　300
3,640　　1,820　　2,730

鄰地地界線

ぬ　り　ち　と　◎　は　に　は　ろ　い

因增設剪力牆而將鋼骨柱更換為木材

門廊
玄關
洗臉台　浴室
走廊

9
8
1,820
7

⑥ 主要構面

起居室兼飯廳
廚房
儲間
7,280
2,730
5

④ 輔助構面

為抑制 Y 方向的偏心情形，廂房部分也要增設剪力牆→為使 2 樓的水平力能夠順利傳遞至這道剪力牆上，必須進行屋頂面的補強（參照P144）

3
2,730
2

臥室　WIC

�篭廊

1

改修計畫以支撐垂直載重為優先考量在④、⑥、に、へ軸線上增設柱子，並在該構架內配置剪力牆

庭院
室外家事空間　置物間

N

既有

450　　8,190　　　300
3,640　　1,820　　2,730

鄰地地界線

ぬ　り　ち　と　◎　は　に　は　ろ　い

鋼骨柱的正上方外牆上有很多裂痕（參照P141）

腳踏車停放處

門廊
玄關
洗臉台　浴室

9
8
1,820
7

剪力牆只出現在 Y 方向的左側端部

壁櫥
廚房
6
5

飯廳
7,280
2,730
4

和室
收納空間
3
2,730

在昭和 52 年的增改建時拆除柱子

籠廊
起居室
2
收納空間

因容易積水而可見下陷情形

1

置物間

N

2 樓一旦有人員行走就會發出聲響→原因參照P144

138

圖4 2樓的比較

改修案

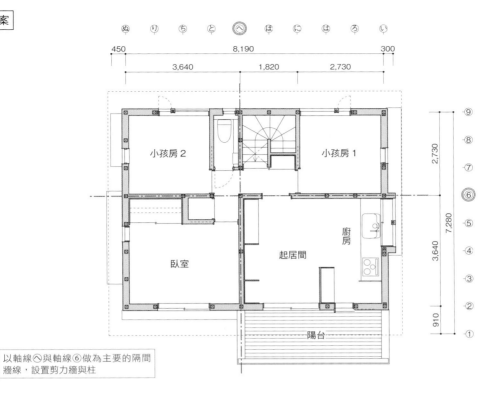

以軸線ⓗ與軸線⑥做為主要的隔間
牆線，設置剪力牆與柱

既有

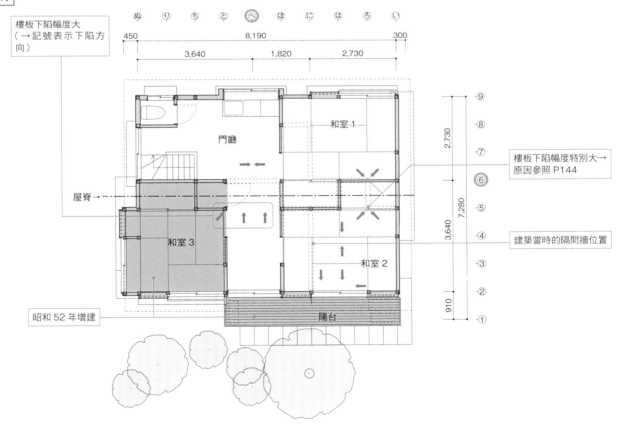

樓板下陷幅度大
(→記號表示下陷方向)

屋脊→

昭和52年增建

樓板下陷幅度特別大→
原因參照P144

建築當時的隔間牆位置

圖5 南向立面的比較

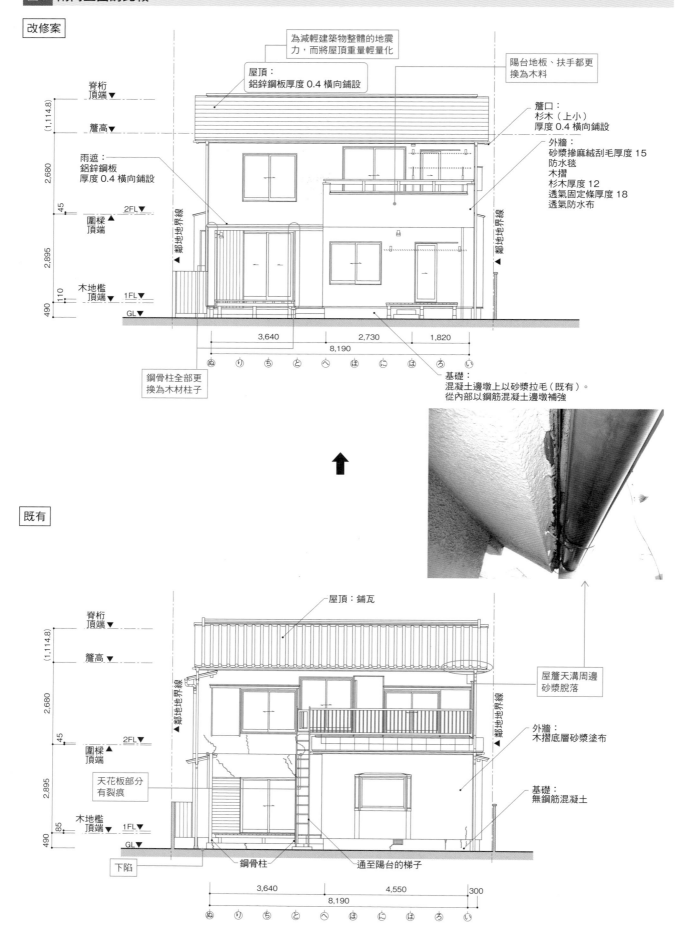

改修案

為減輕建築物整體的地震力,而將屋頂重量輕量化

屋頂:
鋁鋅鋼板厚度 0.4 橫向鋪設

陽台地板、扶手都更換為木料

脊桁頂端▼

(1,114.8)

簷高▼

簷口:
杉木(上小)
厚度 0.4 橫向鋪設

2,680

雨遮:
鋁鋅鋼板
厚度 0.4 橫向鋪設

外牆:
砂漿摻麻絨刮毛厚度 15
防水毯
木摺
杉木厚度 12
透氣固定條厚度 18
透氣防水布

45

2FL▼

圍樑頂端▲

鄰地地界線▲

鄰地地界線▲

2,895

110

木地檻頂端▼

1FL▼

490

GL▼

3,640   2,730   1,820

8,190

ぬ り ち と へ は に は ろ い

鋼骨柱全部更換為木材柱子

基礎:
混凝土邊墩上以砂漿拉毛(既有)。
從內部以鋼筋混凝土邊墩補強

既有

脊桁頂端▼

(1,114.8)

簷高▼

屋頂:鋪瓦

2,680

屋簷天溝周邊砂漿脫落

45

2FL▼

圍樑頂端▲

鄰地地界線▲

鄰地地界線▲

外牆:
木摺底層砂漿塗布

2,895

天花板部分有裂痕

基礎:
無鋼筋混凝土

85

木地檻頂端▼

1FL▼

490

GL▼

下陷

鋼骨柱

通至陽台的梯子

3,640   4,550   300

8,190

ぬ り ち と へ は に は ろ い

140

圖6 西向立面的比較　　　　　　　　　　　　　　　　　　　西側外牆部分的裂痕清晰可見。推測玄關門廊的鋼骨柱可能因地震時的變動軸力而產生挫屈。北側裂痕少

改修案

外牆：
砂漿摻麻絨刮毛厚度 15
防水毯
木摺
杉木厚度 12
透氣固定條厚度 18
透氣防水布

拆除 2 樓凸窗

屋頂：
鋁鋅鋼板厚度 0.4 橫向鋪設

簷口：
杉木（上小）厚度 0.4 橫向鋪設

雨遮：
鋁鋅鋼板厚度 0.4 橫向鋪設

脊桁頂端 ▼
(1,114.8)
簷高 ▼
2,680
45
圍樑頂端 ▲　2FL ▼
◀鄰地地界線
鄰地地界線
2,895
110
木地檻頂端 ▼　1FL ▼
490
GL ▼

1,820　2,730　2,730
7,280
850
① ② ③ ④ ⑤ ⑥ ⑦ ⑧ ⑨

由於也想增設剪力牆，因此將鋼骨柱替換成木材柱子

基礎：
混凝土邊墩上以砂漿拉毛（既有）。
從內部以鋼筋混凝土邊墩補強

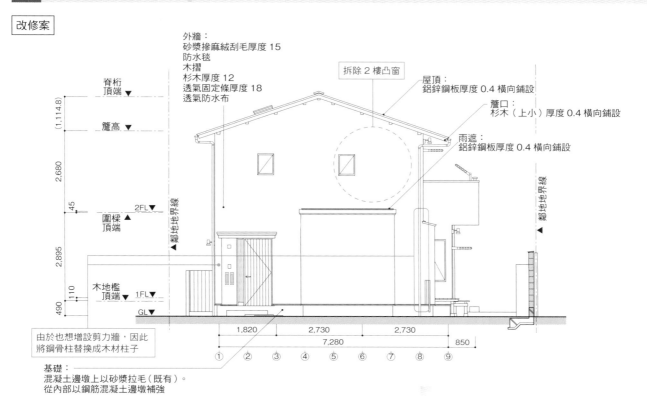

既有

處處可見瓦片上抬或錯動，從屋齡推測瓦片的更換時間

外牆：
木摺底層砂漿塗布

屋頂：鋪瓦

脊桁頂端 ▼
(1,114.8)
簷高 ▼
2,680
45
圍樑頂端 ▲　2FL ▼
◀鄰地地界線
鄰地地界線
2,895
鋼骨柱
鋼骨柱
85
木地檻頂端 ▼　1FL ▼
490
GL ▼

1,820　910　2,730　910　910
7,280
① ② ③ ④ ⑥ ⑦ ⑧ ⑨

只有此處附近有塗裝剝落、鏽蝕的情形

因有落水管與外部溝渠，所以容易積水＝容易下陷

西側外牆部分的裂痕清晰可見。推測玄關門廊的鋼骨柱可能因地震時的變動軸力而產生挫屈。北側裂痕少

圖7 剖面比較

改修案

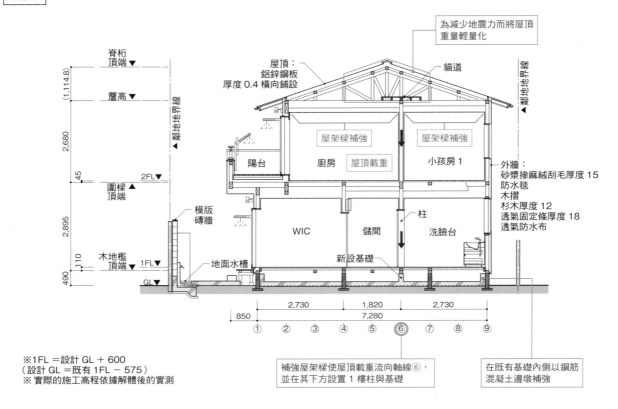

為減少地震力而將屋頂重量輕量化

屋頂：鋁鋅鋼板厚度 0.4 橫向鋪設

貓道

屋架樑補強　屋架樑補強

陽台　廚房　屋頂載重　小孩房1

外牆：
砂漿摻麻絨刮毛厚度 15
防水毯
木摺
杉木厚度 12
透氣固定條厚度 18
透氣防水布

模版磚牆

WIC　儲間　柱　洗臉台

地面水槽　新設基礎

脊桁頂端▼
（1,114.8）
簷高▼
2,680
45
2FL▼
圍樑頂端▲
2,895
木地檻頂端▼
110
1FL▼
490
GL▼

鄰地地界線

850　2,730　1,820　2,730
7,280

① ② ③ ④ ⑤ ⑥ ⑦ ⑧ ⑨

※1FL ＝設計 GL ＋ 600
（設計 GL ＝既有 1FL － 575）
※ 實際的施工高程依據解體後的實測

補強屋架樑使屋頂載重流向軸線⑥，並在其下方設置 1 樓柱與基礎

在既有基礎內側以鋼筋混凝土邊墩補強

既有

屋瓦錯位、上抬隨處可見，雖然瓦的固定方式也有問題，不過因屋架構架構材的斷面不足而產生過大的撓曲或震動也是影響因素之一

屋頂：鋪瓦

（3.5 寸斜度）

屋架樑補強

屋頂載重　屋頂載重

陽台

（2 寸斜度）

和室2　壁櫥　和室1

+30

外牆：
木摺底層
砂漿塗布

起居室　要注意這個區段的樓板樑　洗臉台
廚房

脊桁頂端▼
（1,114.8）
簷高▼
2,680
45
2FL（下）▼
圍樑頂端▲
2,895
木地檻頂端▼
110
1FL▼
490
GL▼

410

鄰地地界線

2,730　2,730　1,820
7,280

① ② ③ ④ ⑤ ⑥ ⑦ ⑧ ⑨

基礎：無鋼筋混凝土

雖有屋頂載重作用但一樓卻沒有柱子

圖8 基礎平面圖的比較

改修案

圖例
- ⊘ : 拆除屋架支柱
- ⊡ : 2 樓拆除柱
- ⊠ : 1 樓拆除柱
- ○ : 增加屋架支柱（或更換）
- □ : 2 樓增加柱（或更換）
- ✕ : 1 樓追加既有柱（或更換）
- ◯ : 既有屋架支柱
- ☐ : 2 樓既有柱
- ✕ : 1 樓既有柱
- ⊠ : 樓板下方換氣口（虛線部分為拆除部分）
- ▨ : 既有基礎邊墩
- ▢ : 補強基礎邊墩

[H] [ ] 內的數值為基礎的邊墩尺寸。除非另有說明否則 H 為 400

除非另有說明，補強基礎邊墩的頂部高程為 GL ＋ 385

除非另有說明，耐壓版（新設）的頂部高程為 GL ＋ 125

▨ : 風管（配管、通氣用）
除非另有說明，否則風管直徑為 ø100（間隔為直徑平均值的 3 倍）
除非另有說明，風管管底高程為耐壓版頂部高程（GL ＋ 125）

· 標準斷面

既有基礎　補強基礎
補強基礎邊墩
鋪碎石（二層碾壓）

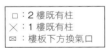
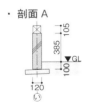
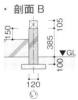

照片　從設備工程的施工痕跡可以看出是無鋼筋的狀況

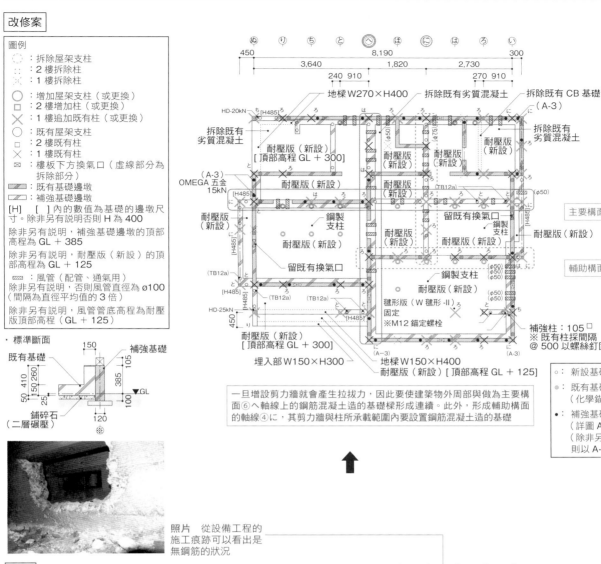

地樑 W270×H400　拆除既有劣質混凝土　拆除既有 CB 基礎（A-3）

HD-20kN

拆除既有劣質混凝土

耐壓版（新設）[頂部高程 GL ＋ 300]

拆除既有劣質混凝土

耐壓版（新設）

耐壓版（新設）

（A-3）OMEGA 五金 15kN

耐壓版（新設）

耐壓版（新設）

耐壓版（新設）

留既有換氣口

耐壓版（新設）

鋼製支柱

耐壓版（新設）

留既有換氣口

鋼製支柱

耐壓版（新設）

HD-25kN

耐壓版（新設）[頂部高程 GL ＋ 300]

埋入部 W150×H300

地樑 W150×H400

耐壓版（新設）[頂部高程 GL ＋ 125]

礎形版（W 礎形 -II）固定
※M12 錨定螺栓

補強柱：105□
※ 既有柱採間隔 @ 500 以螺絲釘固定

主要構面
輔助構面

一旦增設剪力牆就會產生拉拔力，因此要使建築物外周部與做為主要構面⑥的 Y 軸線上的鋼筋混凝土造的基礎樑形成連續。此外，形成輔助構面的軸線④上，其剪力牆與柱所承載範圍內要設置鋼筋混凝土造的基礎

- ∘ : 新設基礎直接繫結
- ⊚ : 既有基礎繫結（化學錨栓）
- • : 補強基礎繫結（詳圖 A-1 ～ 3）（除非另有說明，否則以 A-1 表示）

既有

- ☐ : 2 樓既有柱
- ✕ : 1 樓既有柱
- ⊠ : 樓板下方換氣口

· 剖面 A

· 剖面 B

· 剖面 C

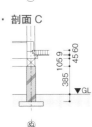

1 樓柱：ST 75□

杉木板（混凝土擋版）

劣質混凝土

劣質混凝土

CB 基礎

劣質混凝土 GL ＋ 235

支柱：85□
礎石：150□（混凝土製）

支柱

混凝土基礎 150□

大的裂縫

混凝土基礎 150□

樓板下空間

支柱：85□
礎石：150□（混凝土製）

支柱：85□
礎石：150□（混凝土製）

混凝土基礎 150□

劣質混凝土

1 樓柱：ST 100□

混凝土基礎 150□

小的裂縫

從當時的住宅來看，基礎樑採取比較連續性的設置，不過埋入部少且沒有配置鋼筋。雖然後期因設備工程施工關係而造成開口缺損，不過基礎狀態還是不錯

圖9 2樓樓板平面圖的比較

改修案

圖例

○ ¦ 拆除屋架支柱
□ ¦ 2樓拆除柱
✕ ¦ 1樓拆除柱
○ ¦ 增加屋架支柱（或更換）
□ ¦ 2樓增加柱（或更換）
✕ ¦ 1樓追加既有柱（或更換）
○ ¦ 既有屋架支柱
□ ¦ 2樓既有柱
✕ ¦ 1樓既有柱

橫向材
□ ¦ 既有材
┈ ¦ 拆除材
▨ ¦ 增加材或更換材
─── ¦ 樓板格柵 45×105- @ 303

廂房部分因為有剪力牆，屋頂面以水平角撐補強

柱：105×105
樓板格柵：45×105-@303（全部替換）

上◹ ¦ 斜撐30×90單側（2.4）（BP或同等品）
上◸◹ ¦ 斜撐30×90交叉（4.8）（BP或同等品）
▶ ¦ 斜撐45×90單側（3.2）（BP2或同等品）
◀▶ ¦ 斜撐45×90交叉（6.4）（BP2或同等品）

增設剪力牆的同時也要增加水平角撐

形成廂房外端部的樑端，要以螺栓補強避免脫離

廂房部分因為有剪力牆，屋面板以斜向鋪設提高水平剛性

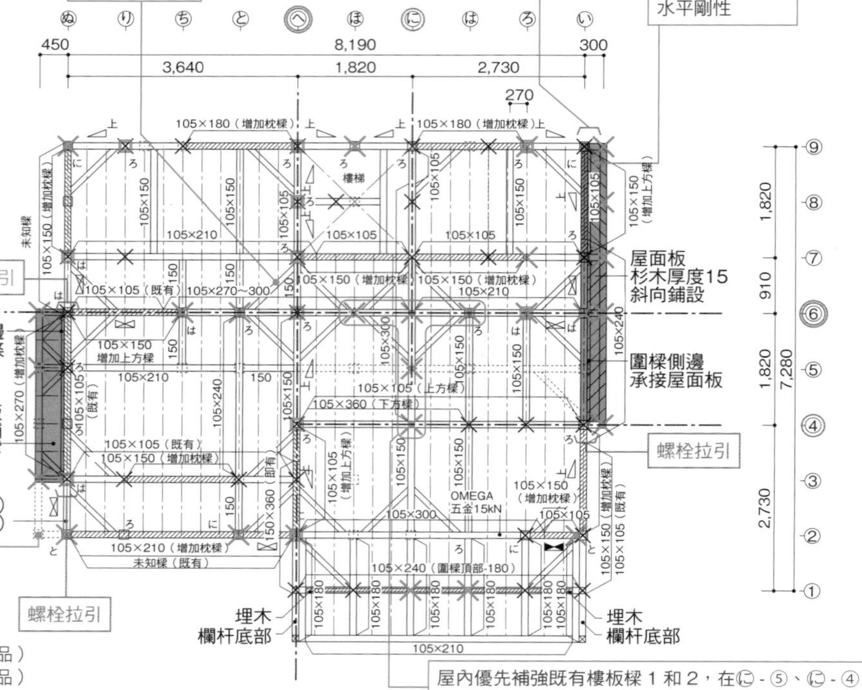

屋面板 杉木厚度15 斜向鋪設

圍樑側邊承接屋面板

螺栓拉引

螺栓拉引

圍樑側邊承接椽條

屋面板 杉厚15平行鋪 水平角撐（水平桁架）

HD-15 kN（頭部）
HD-25 kN（腳部）

螺栓拉引

埋木 欄杆底部

埋木 欄杆底部

屋內優先補強既有樓板樑1和2，在に-⑤、に-④軸線上設置1樓柱

追溯各種施加於樓板樑上的載重，可知必須注意下圖樓板樑1～6的部分。特別是樓板樑1與2也受到相當大的屋頂載重，周邊出現樓板傾斜或樓板發出劇烈聲響。（比對第139頁既有平面圖的下陷狀況）

既有

圖例

○ ¦ 既有屋架支柱
□ ¦ 2樓既有柱
✕ ¦ 1樓既有柱
柱：105×105
樓板格柵：36×90- @ 455

▭ ¦ 樓板樑1的負擔載重
▭ ¦ 樓板樑2的負擔載重
▭ ¦ 樓板樑3的負擔載重
▭ ¦ 樓板樑4的負擔載重

下陷量特別大的部分
小樑1、2的撓曲
＋樓板樑2的撓曲
＋樓板樑1的撓曲

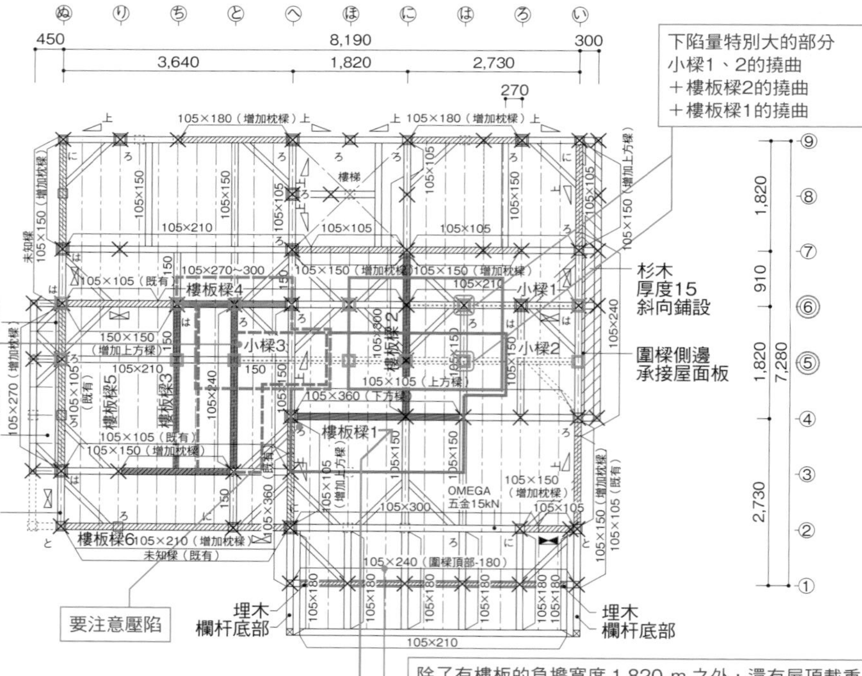

小樑3的撓曲
＋樓板樑3的撓曲
＋樓板樑4的撓曲
＝走廊的下陷量

圍樑側邊承接椽條

屋面板 杉厚15平行鋪 水平角撐（水平桁架）

HD-15 kN（頭部）
HD-25 kN（腳部）

杉木厚度15斜向鋪設

圍樑側邊承接屋面板

要注意壓陷

埋木 欄杆底部

埋木 欄杆底部

除了有樓板的負擔寬度1,820 m之外，還有屋頂載重（負擔寬度1,820 m）作用，因此撓曲大、容易震動

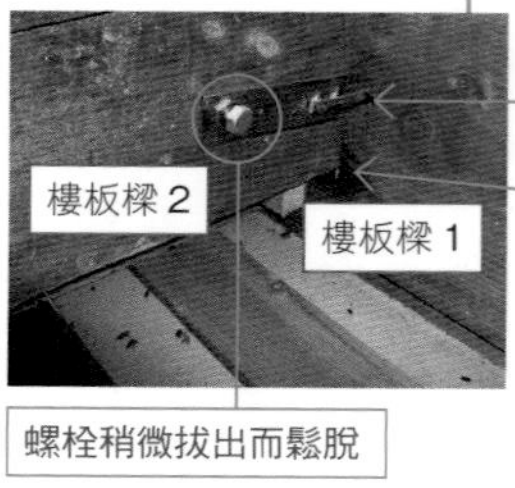

樓板樑2

樓板樑1

螺栓扭轉

壓陷情況嚴重，纖維被壓碎

螺栓稍微拔出而鬆脫

必須在樓板樑2的下方設立柱子以減輕搭接的負擔

圖10 2 樓屋架平面圖的比較

改修案

圖例
- ⊖：拆除屋架支柱
- ⊡：2 樓拆除柱
- ⊠：1 樓拆除柱
- ○：增加屋架支柱（或更換）
- □：2 樓增加柱（或更換）
- ✕：1 樓追加既有柱（或更換）
- ◯：既有屋架支柱
- □：2 樓既有柱
- ✕：1 樓既有柱

橫向材
- ☐：既有材
- ┈：拆除材
- ▨：追加材或更換材

屋架樑：105×105（既有）
水平角撐：90×90（全數更換）
屋架支柱：90×90（全數更換）
樓板格柵：45×105- @ 303

※ 屋架支柱、桁條、椽條全數更換
※ 屋架樑、簷桁原則上是利用既有材並以枕樑補強

- ⊿ ：斜撐 30×90 單側（2.4）（BP 或同等品）
- ⋈ ：斜撐 30×90 交叉（4.8）（BP 或同等品）
- ▶ ：斜撐 45×90 單側（3.2）（BP2 或同等品）
- ◀▶ ：斜撐 45×90 交叉（6.4）（BP2 或同等品）

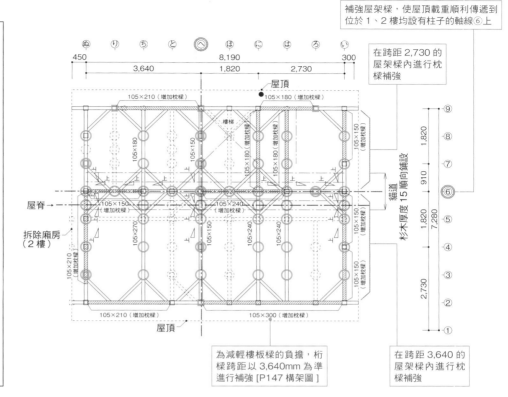

補強屋架樑，使屋頂載重順利傳遞到位於 1、2 樓均設有柱子的軸線⑥上

在跨距 2,730 的屋架樑內進行枕樑補強

450　3,640　8,190　1,820　2,730　300

貓道　杉木厚度 15 順向鋪設

屋頂　105×210（增加枕樑）　105×180（增加枕樑）

105×180　105×150　105×180　105×180（增加枕樑）　105×150（增加枕樑）

樓樑

屋脊→　105×150（增加枕樑）　105×240（增加枕樑）　105×150

拆除廂房（2 樓）　105×270　105×150　105×240　105×240　105×150

105×210（增加枕樑）

105×210（增加枕樑）　105×300（增加枕樑）

屋頂

為減輕樓板樑的負擔，桁樑跨距以 3,640mm 為準進行補強 [P147 構架圖]

在跨距 3,640 的屋架樑內進行枕樑補強

1,820　910　1,820　2,730　7,280

既有

圖例
- ◯：既有屋架支柱
- □：2 樓既有柱
- ✕：1 樓既有柱

屋架樑：105×105（既有）
水平角撐：90×90

因為屋架構架構材全部為 105 角材，因此屋頂載重由 2 樓樓板樑來支撐

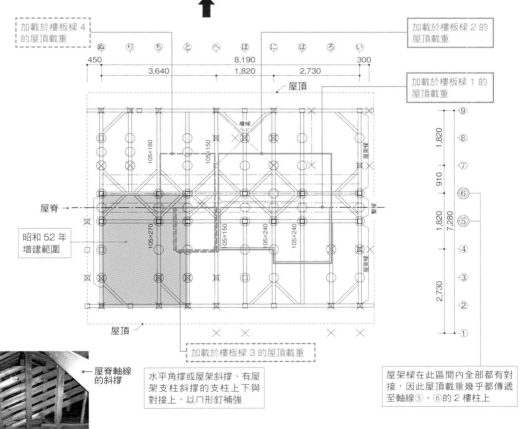

加載於樓板樑 4 的屋頂載重

加載於樓板樑 2 的屋頂載重

加載於樓板樑 1 的屋頂載重

450　3,640　8,190　1,820　2,730　300

屋頂

105×180　105×150

樓樑

屋脊→　105×270　105×150　105×240　105×240

昭和 52 年增建範圍

屋頂

加載於樓板樑 3 的屋頂載重

水平角撐或屋架斜撐、有屋架支柱斜撐的支柱上下與對接上，以Π形釘補強

屋架樑在此區間內全部都有對接，因此屋頂載重幾乎都傳遞至軸線⑤、⑥的 2 樓柱上

1,820　910　1,820　2,730　7,280

屋脊軸線的斜撐

軸線と是外牆的木摺底材

短向跨距方向上的屋架樑對接

圖 11 構架圖改修案的要點

共同事項
※ 省略標記（は）以下的接合五金
※ 既有材的搭接、對接全部進行鍵形螺栓等五金補強
※ 外周部的鍵形版採用帶釘鍵形版五金＋平圓形墊圈＋平角螺栓（KANESHIN）
※ 木地檻交叉部分的 TB12a 柱腳與木地檻以加強型角隅五金（TANAKA）繫結
※ 繫結木地檻之間使用的角隅五金為小角隅五金（TANAKA）
※ 半柱尺寸以 60×105 為標準
※ 椽條的防止翻落構件使用小型角隅五金 II（TANAKA）

軸線ⓘ

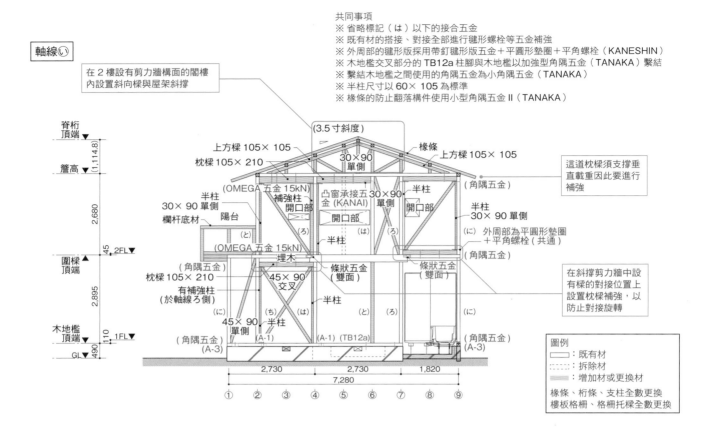

在 2 樓設有剪力牆構面的閣樓內設置斜向樑與屋架斜撐

脊桁頂端▼
(1,114.8)
簷高▼

2,680

45 2FL▼

圍樑頂端▲

2,895

木地檻頂端▼
110 1FL▼
490 GL▼

(3.5寸斜度)
上方樑 105×105
枕樑 105×210
30×90 單側
椽條
上方樑 105×105

這道枕樑須支撐垂直載重因此要進行補強

(OMEGA 五金 15kN)
補強柱
開口部
30×90 單側
凸窗承接五金 (KANAI)
開口部
半柱
半柱
開口部
30×90 單側
半柱
30×90 單側

30×90 單側
半柱
陽台
欄杆底材

(と)
(OMEGA 五金 15kN)
埋木
半柱
(ろ)
(は)
(ろ)
(に) 外周部為平圓形墊圈＋平角螺栓 (共通)
(角隅五金)

(角隅五金)
枕樑 105×210
有補強柱 (於軸線ろ側)
45×90 交叉
條狀五金 (雙面)
半柱
條狀五金 (雙面)

在斜撐剪力牆中設有樑的對接位置上設置枕樑補強，以防止對接旋轉

45×90 單側
半柱
(ち)
(は)
(と)
(ろ)
(に)

(角隅五金) (A-3)
(A-1)
(A-1) (TB12a)
(角隅五金) (A-3)

2,730 2,730 1,820
7,280
① ② ③ ④ ⑤ ⑥ ⑦ ⑧ ⑨

圖例
▢：既有材
┈：拆除材
▨：增加材或更換材

椽條、桁條、支柱全數更換
樓板格柵、格柵托樑全數更換

軸線ⓝ

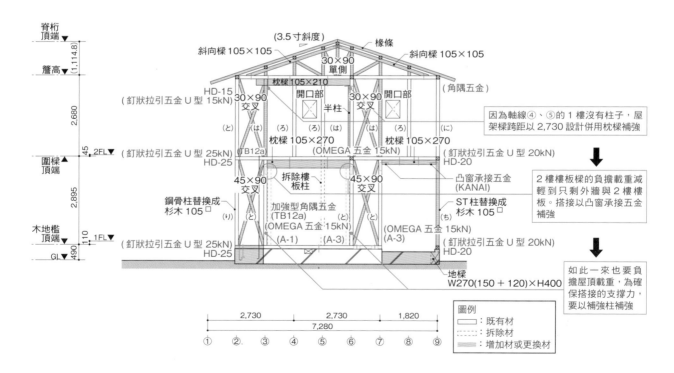

脊桁頂端▼
(1,114.8)
簷高▼

2,680

45 2FL▼

圍樑頂端▲

2,895

木地檻頂端▼
110 1FL▼
490 GL▼

(3.5寸斜度)
斜向樑 105×105
枕樑 105×210
30×90 單側
椽條
斜向樑 105×105

(角隅五金)

HD-15
(釘狀拉引五金 U 型 15kN)
30×90 交叉
開口部
半柱
30×90 交叉
開口部

因為軸線④、⑤的 1 樓沒有柱子，屋架樑跨距以 2,730 設計併用枕樑補強

(と)
(は)
(ろ)
(は)
(ろ)
(に)

枕樑 105×270
(釘狀拉引五金 U 型 25kN)
(TB12a)
HD-25
枕樑 105×270
(OMEGA 五金 15kN)
(釘狀拉引五金 U 型 20kN)
HD-20

2 樓樓板樑的負擔載重減輕到只剩外牆與 2 樓樓板。搭接以凸窗承接五金補強

45×90 交叉
拆除樓板柱
45×90 交叉
凸窗承接五金 (KANAI)

鋼骨柱替換成杉木 105□
(り)
(と)
加強型角隅五金 (TB12a) (OMEGA 五金 15kN)
(A-1)
(と)
(ろ)
(と)
(OMEGA 五金 15kN)
(A-3)
ST柱替換成杉木 105□
(ち)
(OMEGA 五金 15kN)
(A-3)

(釘狀拉引五金 U 型 25kN)
HD-25
(釘狀拉引五金 U 型 20kN)
HD-20

地樑 W270(150＋120)×H400

如此一來也要負擔屋頂載重，為確保搭接的支撐力，要以補強柱補強

2,730 2,730 1,820
7,280
① ② ③ ④ ⑤ ⑥ ⑦ ⑧ ⑨

圖例
▢：既有材
┈：拆除材
▨：增加材或更換材

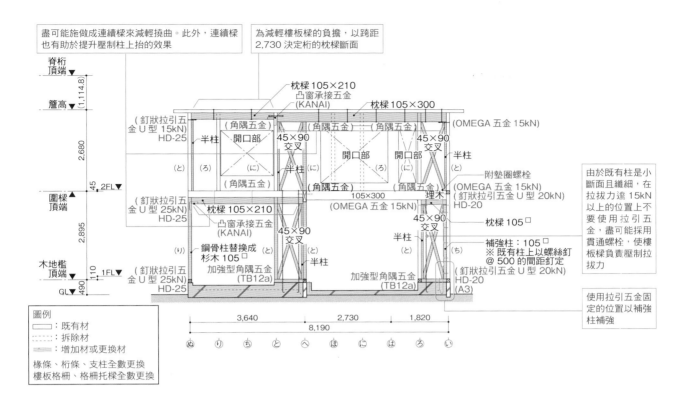

軸線②

盡可能施做成連續樑來減輕撓曲。此外，連續樑也有助於提升壓制柱上抬的效果

為減輕樓板樑的負擔，以跨距2,730決定桁的枕樑斷面

枕樑 105×210
凸窗承接五金 (KANAI)
枕樑 105×300
(OMEGA 五金 15kN)

(釘狀拉引五金 U 型 15kN) HD-25
半柱
開口部
(角隅五金)
(角隅五金)
(角隅五金)
45×90 交叉
45×90 交叉
半柱
(と) (ろ) (に) (に) 半柱 (に) 開口部 開口部 (ろ) (に) (と)

(角隅五金)
(角隅五金)
(角隅五金)
(角隅五金)
105×300
(釘狀拉引五金 U 型 25kN) HD-25
枕樑 105×210
凸窗承接五金 (KANAI)
45×90 交叉
(釘狀拉引五金 U 型 20kN) (OMEGA 五金 15kN)
45×90 交叉

鋼骨柱替換成杉木 105□
加強型角隅五金 (TB12a)
半柱
加強型角隅五金 (TB12a)
半柱
(釘狀拉引五金 U 型 20kN) HD-20 (A3)

(釘狀拉引五金 U 型 25kN) HD-25

附墊圈螺栓 (OMEGA 五金 15kN)
埋木
枕樑 105□
補強柱：105□
※ 既有柱上以螺絲釘 @ 500 的間距釘定

由於既有柱是小斷面且纖細，在拉拔力達 15kN 以上的位置上不要使用拉引五金，盡可能採用貫通螺栓，使樓板樑負責壓制拉拔力

使用拉引五金固定的位置以補強柱補強

脊桁頂端▼ (1,114.8)
簷高▼
2,680
45 2FL▼
圍樑頂端▲
2,895
木地檻頂端▼
110 1FL▼
490
GL▼

3,640　2,730　1,820
8,190

ぬ り ち と へ ほ に は ろ い

圖例
▭：既有材
┈：拆除材
▨：增加材或更換材
椽條、桁條、支柱全數更換
樓板格柵、格柵托樑全數更換

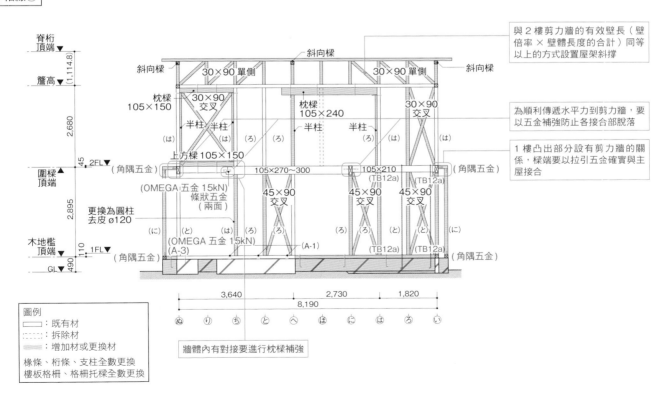

軸線⑥

斜向樑
30×90 單側
斜向樑
斜向樑
30×90 單側
斜向樑

與 2 樓剪力牆的有效壁長（壁倍率 × 壁體長度的合計）同等以上的方式設置屋架斜撐

枕樑 105×150
30×90 交叉
枕樑 105×240
30×90 交叉
半柱 半柱
半柱
半柱
(は) (は) (ろ) (ろ) (ろ) (は)

(角隅五金)
上方樑 105×150
105×270～300
105×210 (TB12a)
(TB12a)
(角隅五金)

為順利傳遞水平力到剪力牆，要以五金補強防止各接合部脫落

1 樓凸出部分設有剪力牆的關係，樑端要以拉引五金確實與主屋接合

(OMEGA 五金 15kN)
條狀五金（兩面）
更換為圓柱去皮 ø120
45×90 交叉
45×90 交叉
45×90 交叉
(に) (と) (は) (ろ) (ろ) (ろ) (は) (と) (と) (に)
(OMEGA 五金 15kN) (A-3)
(A-1)
(TB12a)
(TB12a)
(角隅五金)

脊桁頂端▼ (1,114.8)
簷高▼
2,680
45 2FL▼
圍樑頂端▲
2,895
木地檻頂端▼
110 1FL▼
490
GL▼

3,640　2,730　1,820
8,190

ぬ り ち と へ ほ に は ろ い

圖例
▭：既有材
┈：拆除材
▨：增加材或更換材
椽條、桁條、支柱全數更換
樓板格柵、格柵托樑全數更換

牆體內有對接要進行枕樑補強

圖12 新設基礎 局部剖面詳圖 S＝1：20

●外周部

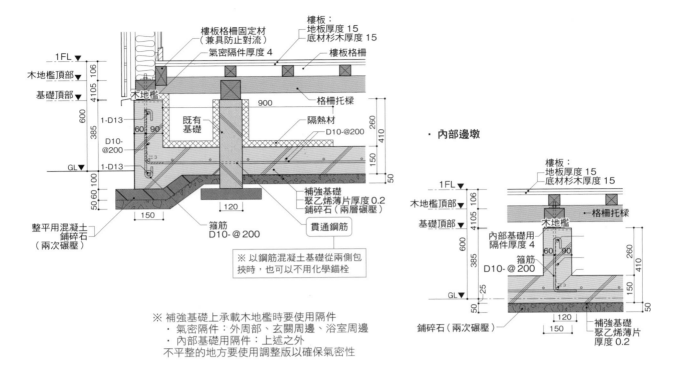

樓板格柵固定材（兼具防止對流）
氣密隔件厚度4
樓板：
地板厚度15
底材杉木厚度15
樓板格柵
格柵托樑
1FL
木地檻頂部
基礎頂部
106
105
4105
木地檻
既有基礎
隔熱材
600
1-D13
60 90
385
D10-@200
D10-@200
260
410
1-D13
150
GL
50
50 60 100
120
補強基礎
聚乙烯薄片厚度0.2
鋪碎石（兩層碾壓）
整平用混凝土
鋪碎石
（兩次碾壓）
150
箍筋
D10-@200
貫通鋼筋

※ 以鋼筋混凝土基礎從兩側包挾時，也可以不用化學錨栓

※ 補強基礎上承載木地檻時要使用隔件
 ・氣密隔件：外周部、玄關周邊、浴室周邊
 ・內部基礎用隔件：上述之外
不平整的地方要使用調整版以確保氣密性

・內部邊墩

樓板：
地板厚度15
底材杉木厚度15
格柵托樑
1FL
木地檻頂部
基礎頂部
106
105
4105
木地檻
內部基礎用隔件厚度4
600
60 90
385
箍筋
D10-@200
260
410
150
GL
25
50
50
120
150
鋪碎石（兩次碾壓）
補強基礎
聚乙烯薄片
厚度0.2

圖13 補強基礎 局部剖面詳圖 S＝1：20

●外周部（標準）

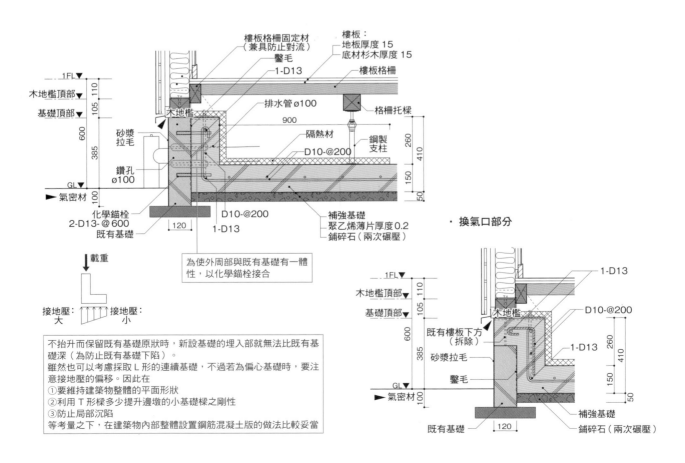

樓板格柵固定材（兼具防止對流）
鑿毛
1-D13
樓板：
地板厚度15
底材杉木厚度15
樓板格柵
1FL
木地檻頂部
基礎頂部
110
105
105
木地檻
排水管ø100
格柵托樑
900
600
砂漿拉毛
隔熱材
鋼製支柱
385
D10-@200
260
410
鑽孔ø100
150
GL
100
氣密材
50
化學錨栓
2-D13-@600
既有基礎
120
D10-@200
1-D13
補強基礎
聚乙烯薄片厚度0.2
鋪碎石（兩次碾壓）

載重

接地壓：大　接地壓：小

為使外周部與既有基礎有一體性，以化學錨栓接合

不抬升而保留既有基礎原狀時，新設基礎的埋入部就無法比既有基礎深（為防止既有基礎下陷）。
雖然也可以考慮採取L形的連續基礎，不過若為偏心基礎時，要注意接地壓的偏移。因此在
①要維持建築物整體的平面形狀
②利用T形樑多少提升邊墩的小基礎樑之剛性
③防止局部沉陷
等考量之下，在建築物內部整體設置鋼筋混凝土版的做法比較妥當

・換氣口部分

1FL
木地檻頂部
基礎頂部
110
105
1-D13
木地檻
D10-@200
600
既有樓板下方（拆除）
砂漿拉毛
385
1-D13
260
410
鑿毛
150
GL
100
氣密材
50
補強基礎
既有基礎
120
鋪碎石（兩次碾壓）

圖 14 柱腳接合方法

[A-1] 接合規範（ろ）～（は）

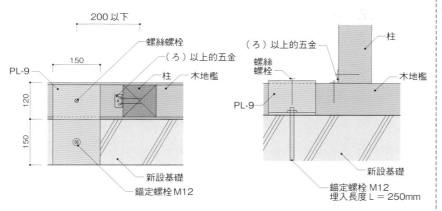

200 以下

150

PL-9

120

150

螺絲螺栓

（ろ）以上的五金

柱

木地檻

新設基礎

錨定螺栓 M12

（ろ）以上的五金

螺絲螺栓

PL-9

柱

木地檻

新設基礎

錨定螺栓 M12
埋入長度 L = 250mm

相當於告示 1460 號的（は）
短期容許拉拔耐力：6.3 kN

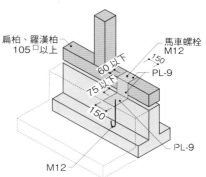

扁柏、羅漢柏
105 □以上

60 以下

75 以下

150

M12

馬車螺栓
M12

150

PL-9

PL-9

[A-2] 接合規範（に）

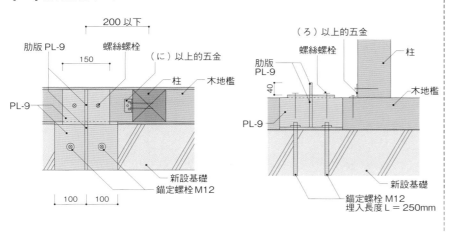

200 以下

150

肋版 PL-9

螺絲螺栓

（に）以上的五金

柱

木地檻

PL-9

新設基礎

錨定螺栓 M12

100　100

（ろ）以上的五金

肋版
PL-9

螺絲螺栓

柱

40

PL-9

木地檻

新設基礎

錨定螺栓 M12
埋入長度 L = 250mm

相當於告示 1460 號的（と）
短期容許拉拔耐力：15 kN

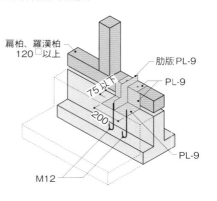

扁柏、羅漢柏
120 □以上

75 以下

200

肋版 PL-9

PL-9

PL-9

M12

[A-3] 接合規範（と）、外角（に）

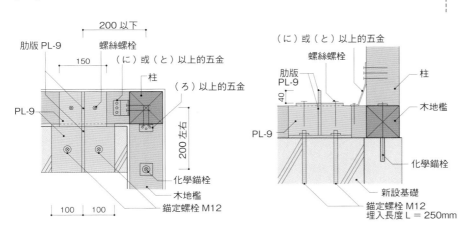

200 以下

150

肋版 PL-9

螺絲螺栓

（に）或（と）以上的五金

柱

（ろ）以上的五金

200 左右

PL-9

化學錨栓

木地檻

錨定螺栓 M12

100　100

（に）或（と）以上的五金

螺絲螺栓

肋版
PL-9

柱

40

木地檻

PL-9

化學錨栓

新設基礎

錨定螺栓 M12
埋入長度 L = 250mm

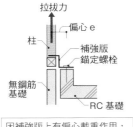

拉拔力

偏心 e

柱

補強版

錨定螺栓

無鋼筋
基礎

RC 基礎

因補強版上有偏心載重作用，
所以版厚要加厚、或設置肋版

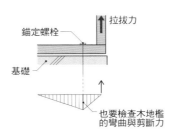

拉拔力

錨定螺栓

基礎

也要檢查木地檻
的彎曲與剪斷力

依據《木構造全書》P125 表
3，木地檻 105 角料（柏）、
錨定螺栓 M12 的容許剪斷耐
力 13.38 kN →到 N = 13.38
／5.3 = 2.5 為止的拉拔力是
OK 的。超過這個數值時要將
柱與基礎直接連接

02 改修案例 **2**
建於江戶時代的住宅

本案例建於江戶時代，歷經屋主搬遷和往後幾次的增改建必須大幅改修的住宅。在保存具有歷史的材料下，
針對提升結構性能的補強計畫要點、以及施工時的注意事項進行解說。

圖1 現況評估結果

建築物概要

所在地	埼玉縣所澤市	
屋齡	1672（寬文 12）年 ※1945 年以後有修繕履歷	
結構	木造平房	
屋頂	大屋頂：茅草屋頂上覆蓋瓦型鋼版 廂房：鋼版瓦	
外牆	西側（座敷 [＊1]）：抹灰牆＋雨淋板鋪設 東側（飯廳）：金屬壁版鋪設	
規模	樓板面積　1 樓：165.62 m² 簷高：3.00 m　最高高度：6.50 m	
圖面等	無保存書圖 依據現況調查繪製平面圖、立面圖、剖面圖、俯視圖	

結構上的特徵、狀況

建築物 形狀等	入母（歇山頂）＋寄棟（四坡水）、西北側為切妻（二坡水） 約 11.83 m×15.47 m 的長方形平房建築 西側有五間座敷（12 疊×2、8 疊、6 疊、5 疊） 東側西式房間、飯廳、用水區域以階段性改修而成 南側有玄關和走廊、西北側有與主屋分離的廁所
地盤	台地、丘陵地之外，還有因河川形成的大大小小的谷地地形 至 GL-0.9 m 為止是改良土、以下為黏性土所構成的地層
基礎	外周：延石 [＊2] 基礎與連續基礎 內部：抱石基礎（因改修而有混凝土造的礎石） 中央有坑狀的劣質混凝土（6.37 m×4.55 m）
構架	樑柱構架式構法 柱：4 寸角料左右
剪力牆	西側（座敷）為土牆（＋抹灰）、東側（飯廳）為石膏版
水平 構面	大屋頂採茅草鋪蓋的主椽結構，接合採木料組合再以繩固定 廂房屋頂底材是實木鋪設（部分採合板鋪設），椽條@ 455
接合部	無接合五金

現況的上部結構評點（一般評估）

樓層	方向	必要耐力 Qr（kN）	牆、柱的耐力 Qu（kN）	折減係數 eKfl	劣化度 dK	保有耐力 edQu ＝ Qu×eKfl×dK（kN）	上部結構評點 edQu／Qr	判定
1 樓	X	106.00	39.73	0.75	0.90	26.82	0.25	IV
	Y	106.00	37.66	1.00	0.90	33.89	0.32	IV

判定評估基準

判定	評點	評估
I	1.5 以上	不會倒塌
II	1.0～1.5	大致不會倒塌
III	0.7～1.0	有倒塌可能性
IV	未滿 0.7	倒塌可能性高

原注：現況的一般評估是依據（一社）住宅醫協會的資料

對評估結果的考證

上部結構

- 整體來說，上部結構的評點在 0.5 以下，耐震性低。
雖然這 300 年間經歷過幾次的增改建，但從來沒有
進行過耐震補強。
- 座敷之間的隔間牆幾乎都是襖 [＊3] 或拉門，牆體很
少。
- 保留下來的茅草屋頂由於是很重的屋頂，因此也是評
點低的原因之一。
- 柱樑都無法確認是否有五金接合，因應拉拔力有接合
耐力不足的問題。

基礎

- 基礎形狀在各個時期都不太一樣，但不管是什麼時期
都沒有發現錨定螺栓等。
- 南側連續基礎有裂痕。
- 由於是基地高程比周邊低、容易積水的地形，所以樓
板下方有溼氣重、劣質混凝土很多裂縫、樓板不平整
等問題。

建築物指標

樓層數	平房建築	
建築物規範	茅草屋頂	非常重的建築物
形狀比例加成係數	短邊 6 m 以上	1.0
基礎規範	抱石基礎	基礎 III
樓板規範	無水平角撐	樓板 III
接合部規範	釘子、ㄇ形釘	接合部 IV

改修前的建築物照片

照片1　建築物的外觀。屋頂為
瓦型銅板瓦

照片2　屋架構架的情況。山形
構架上鋪蓋榿樹茅草

照片3　基礎的情況（解體後）。
當初的構材是在抱石上承載柱，
以圍繞橫穿底版的形式做為構架
主體

譯注
＊1　日式住宅專有名詞，類似現代的
「客廳」或「起居室」。
＊2　日式庭園常使用的長條石塊，長
度約 1,800mm。
＊3　日式住宅專有名詞。係指在以木
料構成的框架兩面貼附和紙或布所形成
的門扇。

●平面圖

▼道路境界線

RC 擋土牆＋砌石

RC 造擋土牆＋
混凝土磚＋
圍籬

置物

溼氣重

土間裂痕多

溼氣重（因鄰地高
程較高，建築物周
圍很容易積水）

→ 排水計畫很重要
整體施做 RC 基礎

儲藏室　儲藏室

座敷 3

儲藏室

浴室

廚房

溼氣重

溼氣重

走廊 2

座敷 4

座敷 5

樓板下
儲藏空間

洗臉兼
更衣室

儲藏室

飯廳

門廳

走廊 1

儲藏室

座敷 2

床之間
[＊]

座敷 1

玄關

西式房間

置物空地

緣廊

土間見 P111 譯注
裂痕多

1,820　2,730　4,550　1,820　4,550

15,470

1,820　910　4,550　6,370　910　910

13,650

い　ろ　は　に　ほ　へ　と　ち　り　ぬ　る　を　わ　か　よ　た　れ　そ

昭和時代增建的用水區域
全部解體重建

無開口的牆體評估為規範不明
的牆體（Fw = 2.0 kN ／ m）

譯注＊　日式住宅專有名詞。設在房間一角的內凹空間，用於放置掛軸、盆景等。

●剖面圖

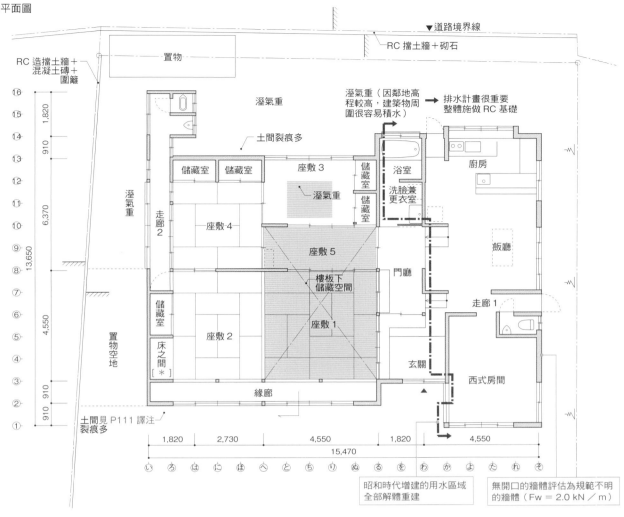

Z1 型鋼版瓦

鋪茅草

山形構架

無水平角撐

鋼版瓦條
鋪設

座敷周圍桁以上
的部分拆除重做

天花板杉木板厚度 9
修飾合板

座敷 1

座敷 5

座敷 3

地板厚度 15

緣廊

原做為茶葉堆放空間
（已經沒有使用）

樓板下
儲藏空間

隨處可見白蟻啃食柱子的痕跡

榻榻米厚度 60
結構用合板厚度 12
樓板格柵 45□

溼氣重

以 RC 造墩圍閉，
防止水滲入建築物內部

柱頭、柱腳皆以釘或
冂形釘施做的程度

除儲藏區域部分之外
都是抱石＋延石基礎

910　910

②　③　④　⑤　⑥　⑦　⑧　⑨　⑩　⑪　⑫　⑬

砌石

道路面

RC 擋土牆

照片 1　基地東北部分的情況。北側
（左）的道路面高，東側（正面）斜面
和建築物側相對低，因此這裡經常積
水

照片 2　雖然一眼就能看見白蟻啃食的
痕跡，不過用鎚子敲打四面的聲音卻是
很扎實的高音，因此決定直接使用

改修概要
- 最具歷史意義的座敷周邊，盡可能保留既有材料。
- 後期增建的廚房等用水區域拆除重建。
- 增建 2 樓。
- 屋頂全面改修，採用鋼版瓦以求建築物的輕量化。
- 為防止雨水滲入建築物內部，全面新設 RC 造的基礎。不過考量到工期與費用，不進行建築物抬升（直接在現況高程上新設基礎）。此外，外周部除了設置邊墩之外，也澆置劣質混凝土，徹底進行排水處理。

- 希望耐震性能夠提升，因此以相當於耐震等級 3 做為目標。
- 因為增建了 2 樓，所以改修後的耐震性不是用一般評估，而是以壁量計算來評估。
- 剪力牆、水平構面都採用面材（結構用合板或 J 型版）。
- 主要的接合部使用 D 型螺栓。
- 柱頭柱腳的接合方法依據 N 計算來決定。
- 柱腳部幾乎已經腐朽，必須切斷新設木地檻。
- 在 2 樓外牆線正下方設置柱子（設有柱子的構架上承載 2 樓）。

※ 因為是退縮的形式，要留意以下幾點：
　①在 2 樓外角柱下方設置 1 樓柱，確保垂直支撐性能
　②剪力牆要因應負擔載重來配置。多加配置在承載 2 樓範圍的周邊
　③2 樓與 1 樓的剪力牆線出現錯位的地方，要進行水平構面及樑的接合部補強

改修後的壁量計算結果
- 針對地震力的檢查

樓層	方向	存在壁量（m）	樓板面積（m²）	令 46 條第 4 項（輕型屋頂、二層樓建築）				品確法（耐震等級 3）			
				係數（m／m²）	必要壁量（m）	充足率	評定	係數（m／m²）	必要壁量（m）	充足率	評定
2	X	23.89	69.56	0.15	10.43	2.29	OK（≧1.0）	0.33	23.21	1.03	OK（≧1.0）
	Y	25.03				2.40	OK（≧1.0）			1.08	OK（≧1.0）
1	X	63.49	215.45	0.29	62.48	1.02	OK（≧1.0）	0.32	69.07	0.92	NG（＜1.0）※
	Y	71.63				1.15	OK（≧1.0）			1.04	OK（≧1.0）

原注 ※　如果將準剪力牆納入計算，充足率會在 1.0 以上。

- 針對風壓力的檢查

樓層	方向	存在壁量（m）	計入面積（m²）	令 46 條第 4 項				品確法（耐風等級 2、$V_0 = 32$ m／s）			
				係數（m／m²）	必要壁量（m）	充足率	評定	係數（m／m²）	必要壁量（m）	充足率	評定
2	X	23.89	8.37	0.50	4.19	5.71	OK（≧1.0）	0.60	5.02	4.76	OK（≧1.0）
	Y	25.03	23.06		11.53	2.17	OK（≧1.0）		13.84	1.81	OK（≧1.0）
1	X	63.49	41.70	0.50	20.85	3.05	OK（≧1.0）	0.60	25.02	2.54	OK（≧1.0）
	Y	71.63	64.66		32.33	2.22	OK（≧1.0）		38.80	1.85	OK（≧1.0）

2 樓面積相對於 1 樓小，（假設總共為二層樓建築）因此若滿足令 46 條第 4 項的壁量，可知大致會有相當於品確法耐震等級 3 的耐力。

圖2 改修案平面圖

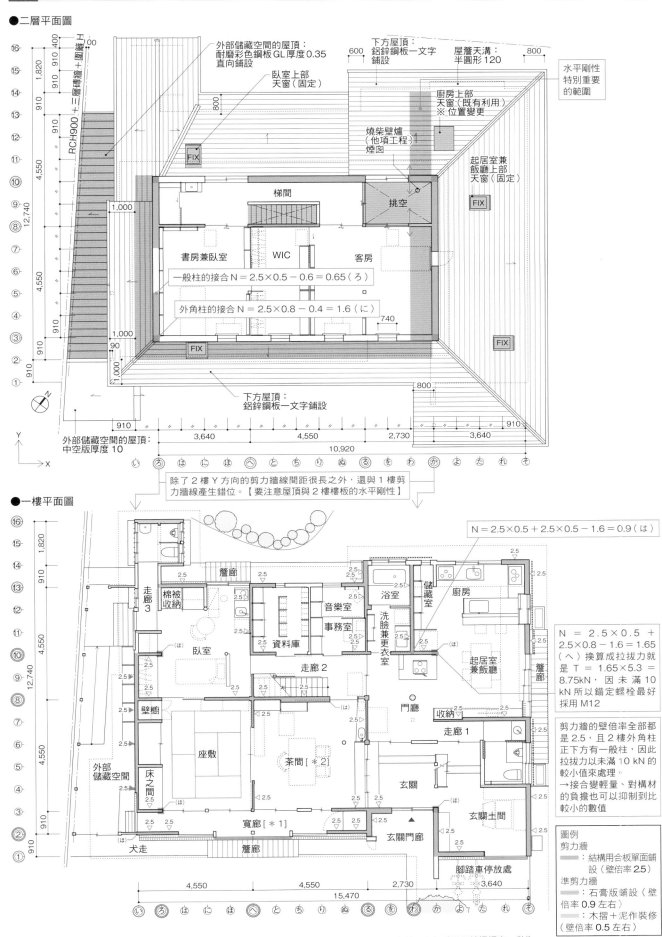

●二層平面圖

外部儲藏空間的屋頂：耐磨彩色鋼板GL厚度0.35直向鋪設

臥室上部天窗（固定）

下方屋頂：鋁鋅鋼板一文字鋪設

屋簷天溝：半圓形120

水平剛性特別重要的範圍

廚房上部天窗（既有利用）※位置變更

燒柴壁爐（他項工程）煙囪

起居室兼飯廳上部天窗（固定）

FIX

梯間

挑空

FIX

書房兼臥室

WIC

客房

一般柱的接合 N ＝ 2.5×0.5 － 0.6 ＝ 0.65（ろ）

外角柱的接合 N ＝ 2.5×0.8 － 0.4 ＝ 1.6（に）

740

FIX

FIX

下方屋頂：鋁鋅鋼板一文字鋪設

外部儲藏空間的屋頂：中空版厚度10

除了2樓Y方向的剪力牆線間距很長之外，還與1樓剪力牆線產生錯位。【要注意屋頂與2樓樓板的水平剛性】

●一樓平面圖

N ＝ 2.5×0.5 ＋ 2.5×0.5 － 1.6 ＝ 0.9（は）

走廊3

棉被收納

籠廊

浴室

儲藏室

廚房

臥室

音樂室

事務室

洗臉兼更衣室

資料庫

走廊2

起居室兼飯廳

籠廊

壁櫥

座敷

茶間［＊2］

門廳

收納

走廊1

外部儲藏空間

床之間

寬廊［＊1］

玄關

玄關土間

犬走

籠廊

玄關門廊

腳踏車停放處

N ＝ 2.5×0.5 ＋ 2.5×0.8 － 1.6 ＝ 1.65（へ）換算成拉拔力就是 T ＝ 1.65×5.3 ＝ 8.75kN，因未滿10 kN所以錨定螺栓最好採用M12

剪力牆的壁倍率全部都是2.5，且2樓外角柱正下方有一般柱，因此拉拔力以未滿10 kN的較小值來處理。→接合變輕量、對構材的負擔也可以抑制到比較小的數值

圖例
剪力牆
▤：結構用合板單面鋪設（壁倍率2.5）
準剪力牆
▤：石膏版鋪設（壁倍率0.9左右）
▤：木摺＋泥作裝修（壁倍率0.5左右）

譯注＊1　原文為「広緣（hi-ro e-nn）」，通常設置在住宅南側，寬度在120cm左右的深長廊道。有在房間側鋪榻榻米，做為室內的延伸空間。＊2　做為全家人休息喝茶聊天的空間，狹義指專泡茶的房間。

圖3 改修案立面圖

●南向立面圖

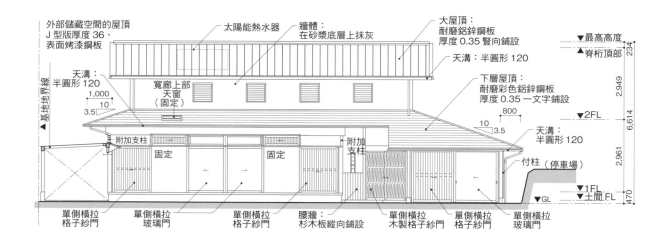

外部儲藏空間的屋頂
J型版厚度36、
表面烤漆鋼板

太陽能熱水器

牆體：
在砂漿底層上抹灰

大屋頂：
耐磨鋁鋅鋼板
厚度 0.35 豎向鋪設

▼最高高度
▲脊桁頂部

234

2,949

基地地界線

天溝：
半圓形 120

寬廊上部
天窗
（固定）

天溝：半圓形 120

下層屋頂：
耐磨彩色鋁鋅鋼板
厚度 0.35 一字鋪設

6,614

天溝：
半圓形 120

2FL

1,000
10
3.5

附加支柱

固定

固定

附加支柱

10
800
3.5

天溝：
半圓形 120

付柱（停車場）

2,961

單側橫拉
格子紗門

單側橫拉
玻璃門

單側橫拉
格子紗門

腰牆：
杉木板縱向鋪設

單側橫拉
木製格子紗門

單側橫拉
格子紗門

單側橫拉
玻璃門

GL
1FL
土間FL

470

照片　竣工後外觀

●東向立面圖

牆體：
砂漿底層上抹灰

起居室兼飯廳上部
天窗（固定）

天溝：
半圓形 120

▼最高高度
▲脊桁頂部

234

大屋頂：
耐磨鋁鋅鋼板
厚度 0.35 豎向鋪設

10
3.3

10
3.3

下層屋頂：
耐磨彩色鋁鋅鋼板厚度 0.35 一字鋪設

2,949

天溝：半圓形 120

10
3.5

800

付柱

OPEN

付柱

天溝：半圓形 120

10
3.5

800

6,614

2FL

付柱

2,961

玄關門廊東側外牆：
砂漿底層上抹灰

日月窗：
杉木縱向格
30×40 @ 70
自然棕色塗裝

付柱

既有四片
橫拉窗扇

付柱

日月窗：
杉木縱向格
30×40 @ 70
自然棕色塗裝

牆體：
砂漿底層上抹灰

GL
1FL
土間FL

470

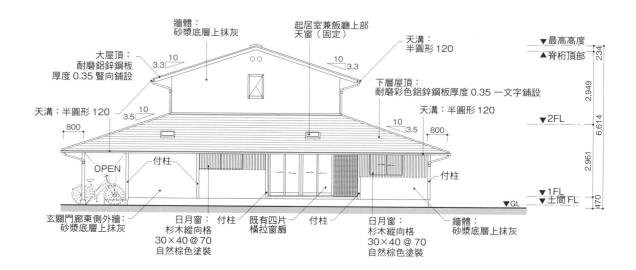

圖4 改修案剖面圖

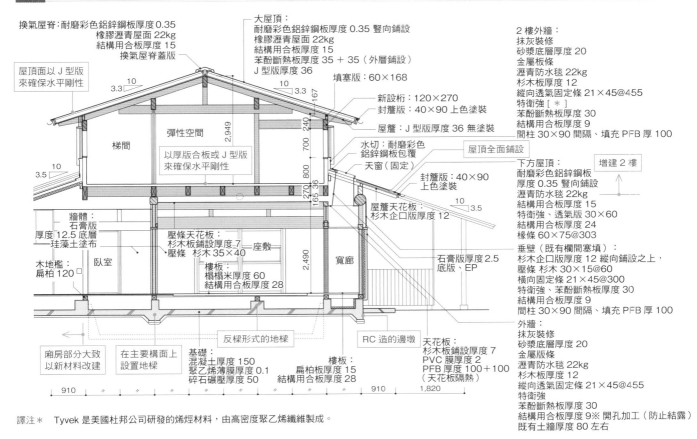

換氣屋脊:耐磨彩色鋁鋅鋼板厚度0.35
橡膠瀝青屋面 22kg
結構用合板厚度 15
換氣屋脊蓋版

屋頂面以 J 型版
來確保水平剛性

大屋頂:
耐磨彩色鋁鋅鋼板厚度 0.35 豎向鋪設
橡膠瀝青屋面 22kg
結構用合板厚度 15
苯酚斷熱板厚度 35＋35（外層鋪設）
J 型版厚度 36
填塞版:60×168

新設桁:120×270
封簷版:40×90 上色塗裝

屋簷:J 型版厚度 36 無塗裝

梯間

彈性空間
以厚版合板或 J 型版
來確保水平剛性

座敷

寬廊

水切:耐磨彩色
鋁鋅鋼板包覆
天窗(固定)

封簷版:40×90
上色塗裝

屋頂全面鋪設

屋簷天花板:
杉木企口版厚度 12

石膏版厚度 2.5
底版、EP

牆體:
石膏版
厚度12.5 底層
珪藻土塗布

臥室

壓條天花板:
杉木板鋪設厚度 7
壓條 杉木 35×40
樓板:
榻榻米厚度 60
結構用合板厚度 28

木地檻:
扁柏 120□

天花板:
杉木板鋪設厚度 7
PVC 膜厚度 2
PFB 厚度 100＋100
（天花板隔熱）

2 樓外牆:
抹灰裝修
砂漿底層厚度 20
金屬板條
瀝青防水毯 22kg
杉木板厚度 12
縱向透氣固定條 21×45@455
特衛強［＊］
苯酚斷熱板厚度 30
結構用合板厚度 9
間柱 30×90 間隔、填充 PFB 厚 100

增建 2 樓

下方屋頂:
耐磨彩色鋁鋅鋼板
厚度 0.35 豎向鋪設
瀝青防水毯 22kg
結構用合板厚度 15
特衛強、透氣版 30×60
結構用合板厚度 24
椽條 60×75@303

垂壁（既有欄間塞填）:
杉木企口版厚度 12 縱向鋪設之上,
壓條 杉木 30×15@60
橫向固定條 21×45@300
特衛強、苯酚斷熱板厚度 30
結構用合板厚度 9
間柱 30×90 間隔、填充 PFB 厚 100

外牆:
抹灰裝修
砂漿底層厚度 20
金屬版條
瀝青防水毯 22kg
杉木板厚度 12
縱向透氣固定條 21×45@455
特衛強
苯酚斷熱板厚度 30
結構用合板厚度 9※ 開孔加工（防止結露）
既有土牆厚度 80 左右

廂房部分大致
以新材料改建

在主要構面上
設置地梁

反梁形式的地梁

RC 造的邊墩

基礎
混凝土厚度 150
聚乙烯薄膜厚度 0.1
碎石碾壓厚度 50

樓板:
扁柏板厚度 15
結構用合板厚度 28

910　　910　　1,820

譯注＊　Tyvek 是美國杜邦公司研發的烯烴材料,由高密度聚乙烯纖維製成。

圖5 基礎剖面詳圖

●基礎端部剖面詳圖

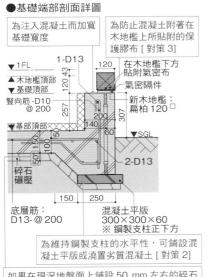

為注入混凝土而加寬
基礎寬度

為防止混凝土附著在
木地檻上所貼附的保
護膠布［對策 3］

▼1FL
▲木地檻頂部
▼基礎頂部
豎向筋 -D10
@ 200
▼基部頂部

1-D13
120
在木地檻下方
貼附氣密布
氣密隔件
新木地檻:
扁柏 120□

▼SGL

2-D13

碎石
碾壓

底層筋:
D13- @ 200

混凝土平版
300×300×60
※ 鋼製支柱正下方

為維持鋼製支柱的水平性,可鋪設混
凝土平版或澆置劣質混凝土［對策 2］

如果在現況地盤面上鋪設 50 mm 左右的碎石
並加以碾壓的話,地表的軟弱層會因為固結而
下陷,因此開挖可以只處理地梁的部分

●連續基礎（新增部分）剖面圖

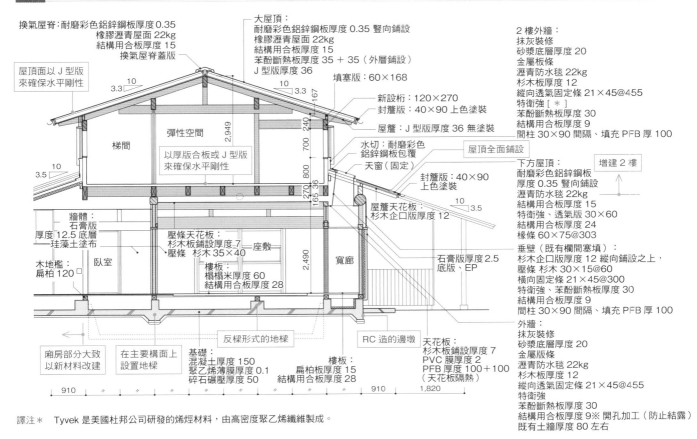

新木地檻:扁柏 120□

▼1FL
▲木地檻頂部
▼基礎頂部

基部
頂部

豎向筋
@ 200 -D10

基礎隔件
1-D13
1-D10

碎石
碾壓

4-D13

1-D13
劣質混凝土
厚度 50

●擋土牆側基礎剖面圖

新木地檻:扁柏 120□

▼1FL
▲木地檻頂部
▼基礎頂部

▼基部頂部

保護膠帶
基礎隔件
在木地檻下方貼附氣密布

D10-@200

4-D13

碎石
碾壓

4-D13
混凝土平版
300×300×60
※ 鋼製支柱正下方

既有深基礎
在土成形上
砂漿塗布（厚度 30 左右）

鋼製支柱
@ 910
［對策 1］

豎向、橫向筋
D13-@200

D13-@200

氣密隔件　　木地檻

鋼筋
錨定螺栓

劣質混凝土
鋼製支柱

照片 3　外周配筋狀況

臨時斜撐　　有做為雨棚的臨時天花板

木料水平隔撐

照片 2　除上部的臨時斜撐之外,也
設置從豎坑部分朝向木地檻的臨時斜
撐

木料水平隔撐

單管水平隔撐

照片 1　從外周部設置臨時斜撐用以
抵抗基礎部分施工時的搖晃

圖6 關於基礎的計畫與施工

●基礎平面圖

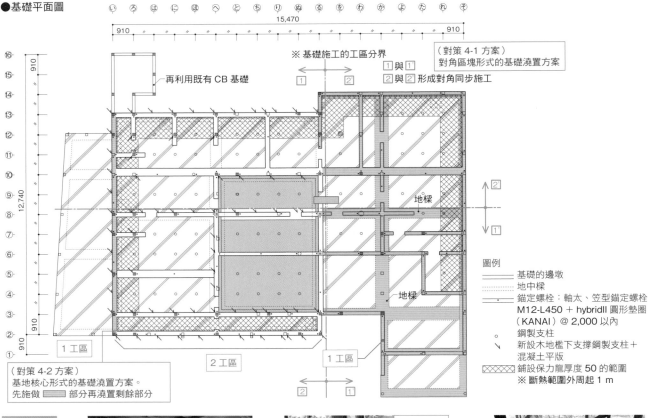

再利用既有 CB 基礎

※ 基礎施工的工區分界
1 與 1
2 與 2 形成對角同步施工

（對策 4-1 方案）
對角塊形式的基礎澆置方案

地樑

15,470

910 / 910

12,740

1 工區

2 工區

1 工區

（對策 4-2 方案）
基地核心形式的基礎澆置方案。
先施做 ▨ 部分再澆置剩餘部分

圖例
── 基礎的邊墩
‥‥‥ 地中樑
━━ 錨定螺栓：軸太、笠型錨定螺栓
M12-L450 + hybridⅡ 圓形墊圈
（KANAI）@ 2,000 以內
○ 鋼製支柱
╲ 新設木地檻下支撐鋼製支柱＋
混凝土平版
▨ 鋪設保力龍厚度 50 的範圍
※ 斷熱範圍外周起 1 m

照片 7 基
礎頂部的完
成面情形

照片 6 基礎的完成情形。等混凝土
乾再撕去保護膠帶

照片 5 邊墩部分的混凝土澆置情
形。一邊小心清理頂部一邊調整混凝
土的高程

以此膠帶高
度尚有剩餘
為基準

照片 4 澆置版的混凝土。貼附保護
膠帶避免木地檻表面附著水泥砂漿

　　影響改修工程費最關鍵的部分在於基礎補強及是否抬升建築物。本案改修基於排水處理與結構耐力提升兩點，採取建築物整體為 RC 造墩的版式基礎做法。如 P136～149 範例所述，即使無鋼筋，只要有基礎就可能以不抬升建築物的方式來補強。不過如同本案的情況，基礎為抱石或延石時，為了澆置基礎而抬升或遷移，通常必須支付非常可觀的改修費用。因此負責過許多住宅改修的本案設計者便以「不抬升建築物確實做 RC 基礎」為大命題，提出以鋼製支柱做為臨時支撐的方案。

　　鋼製支柱是設置在格柵托樑下方的物件，價格便宜容易取得，也有高程調整的功用。此外，其直徑也在 ø30 左右，雖然可以直接埋入基礎混凝土中，不過在此將採取這種做法可能預見的結構問題列點如下：
　1）鋼製支柱直徑細因而容易挫屈，要特別注意垂直支撐力
　2）如果直接以土壤做為接地面，很容易因壓陷而翻倒
　3）混凝土一旦附著在木材上，很容易從此處腐壞
　4）在混凝土凝固或直到模版設置完成的這段期間處於不安定的結構

基礎施工順序
1. 開挖
2. 碎石碾壓
3. 在設有木地檻的範圍澆置劣質混凝土
4. 設置臨時支撐再切斷柱子
5. 從下方將插入木地檻、設置鋼製支柱、調整高程
6. 在木地檻部分設置水平隔撐（臨時斜撐）
7. 在木地檻下方設置保護膠帶與基礎隔件
8. 設置配筋及錨定螺栓
9. 澆置版與地樑的混凝土
10. 設置邊墩部分的模版
11. 澆置邊墩部分的混凝土
12. 等混凝土乾再拆掉保護膠帶

因此，採取以下的對策：
對策 1）鋼製支柱選用型錄上有記載壓縮耐力的材料，設置在柱子正下方和木地檻下方間隔 910 左右（P155 圖 5、照片 3）。
對策 2）為確保水平性，預先設置厚度 60×300 角材的混凝土平版。實際施工則以澆置劣質混凝土的方式來因應（P155 圖 5、照片 3）。
對策 3）在木地檻上貼附保護膠帶以防止混凝土附著（P155 圖 5）。實際上，因為木地檻頂部已經受到壓制、或已經無法進行砂漿調整，因此除了以不產生間隙的方式充分保有混凝土的下陷量之外，還要用震動棒確實搗實等，相當要求施工精度（照片 3、4）。考量這些施工性之下而將基礎幅度設計在 200 以上（P155 圖 5）。
對策 4）因為施工過程中是不安定的結構，因此這段期間要注意地震或暴風侵襲不可倒場。為了水平力無論作用在 X、Y 哪個方向上都不會產生扭轉，要考慮採取基地分為兩個工區進行基礎澆置的方法。
方案一是在保留整體構架的情況下，將整體分割成四塊（縱向橫向各分兩等分），以對角塊區塊為一組，在其中一組保留既有基礎之下，進行另一組的新設工作（上圖對策 4-1）。方案二因為是將束側全部拆除再進行新設工作，因此新設部分與西側軸線い的基礎會先行澆置，以基地為核心形式的方法（上圖對策 4-2）。
兩種方案都有不安定部分的水平力傳遞到穩固基礎的問題，因此木地檻之間以螺栓或五金接合是其重要關鍵。
方案三與新建工程相同，採取不分工區、整體分兩次澆置基礎版與邊墩的方法。實際上除了工期短之外，因為壓送車的停放範圍受到限制，因而採用方案三。這種情況下，在邊墩尚未澆置完成的期間會形成不安定的結構，因此不僅要在上部構架中設置臨時斜撐，基礎周圍也要設置支撐。本案中的建築物外周部除了以單管或角料等水平隔撐朝向木地檻支撐之外（P155 照片 1），樓板下收納凹部也設置了水平隔撐（P155 照片 2）。

　　地盤部分除了調查地形圖之外，改修設計時也進行了瑞典式探測試驗，可以確認做為 2 層樓建築程度的地耐力不會有問題。不過，地表溼氣重而有軟弱的部分，因此鋪設碎石時也充分進行碾壓。

　　此外，1 樓樓板下方的溼氣重，有根部腐朽的情形，因此既有樓板格柵接受橫料以下是全部切斷設置了木地檻。

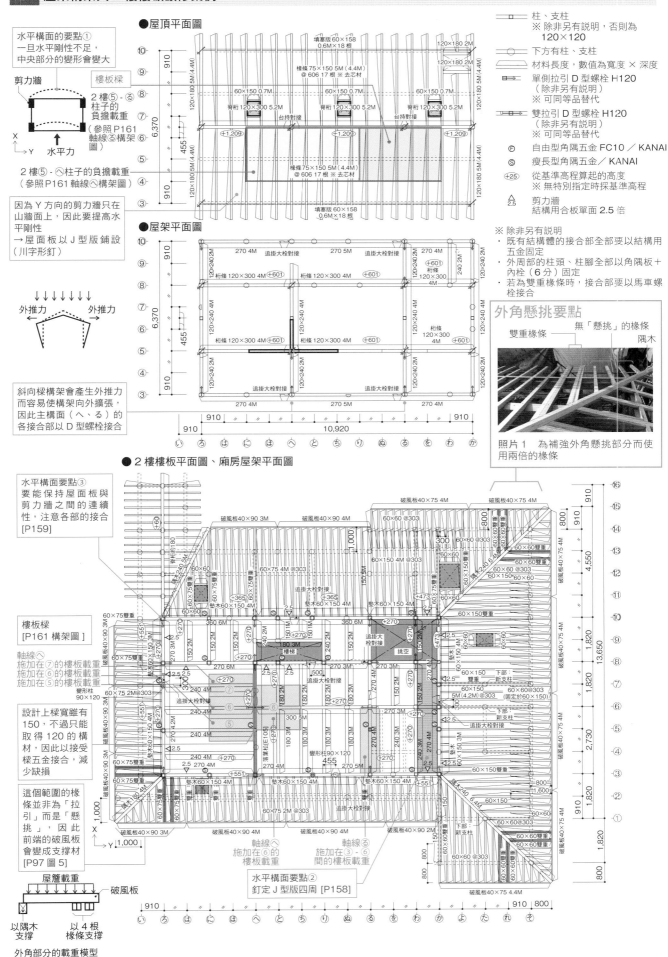

圖7 屋架構架與2樓樓板改修案例

●屋頂平面圖

●屋架平面圖

●2樓樓板平面圖、廂房屋架平面圖

水平構面的要點①
一旦水平剛性不足，
中央部分的變形會變大

剪力牆

2樓⑤-Ⓡ
柱子的
負擔載重
（參照P161
軸線③構架
圖）

2樓⑤-〈柱子的負擔載重
（參照P161 軸線〈構架圖）

因為Y方向的剪力牆只在
山牆面上，因此要提高水
平剛性
→屋面板以J型版鋪設
（川字形釘）

斜向樑構架會產生外推力
而容易使構架向外擴張，
因此主構面（へ、る）的
各接合部以D型螺栓接合

水平構面要點③
要能保持屋面板與
剪力牆之間的連續
性，注意各部的接合
[P159]

樓板樑
[P161 構架圖]

軸線〈
施加在⑦的樓板載重
施加在⑥的樓板載重
施加在⑤的樓板載重

設計上樑寬雖有
150，不過只能
取得120的構
材，因此以接受
樑五金接合，減
少缺損

這個範圍的椽
條並非為「拉
引」而是「懸
挑」，因此
前端的破風板
會變成支撐材
[P97 圖5]

屋簷載重 ─── 破風板

以隅木 以4根
支撐 椽條支撐

外角部分的載重模型

柱、支柱
※ 除非另有説明，否則為
120×120

下方有柱、支柱

材料長度，數值為寬度 × 深度

單側拉引D型螺栓H120
（除非另有説明）
※ 可同等品替代

雙拉引D型螺栓H120
（除非另有説明）
※ 可同等品替代

Ⓕ 自由型角隅五金 FC10／KANAI

Ⓢ 瘦長型角隅五金／KANAI

+25 從基準高程算起的高度
※ 無特別指定時採基準高程

△
2.5 剪力牆
結構用合板單面 2.5 倍

※ 除非另有説明
・ 既有結構體的接合部全部要以結構用
五金固定
・ 外周部的柱頭、柱腳全部以角隅板＋
內栓（6分）固定
・ 若為馬重椽條時，接合部要以馬車螺
栓接合

外角懸挑要點

雙重椽條 無「懸挑」的椽條
隅木

照片1 為補強外角懸挑部分而使
用兩倍的椽條

圖8 關於水平力的傳遞

● 2 樓樓板、廂房屋頂平面圖

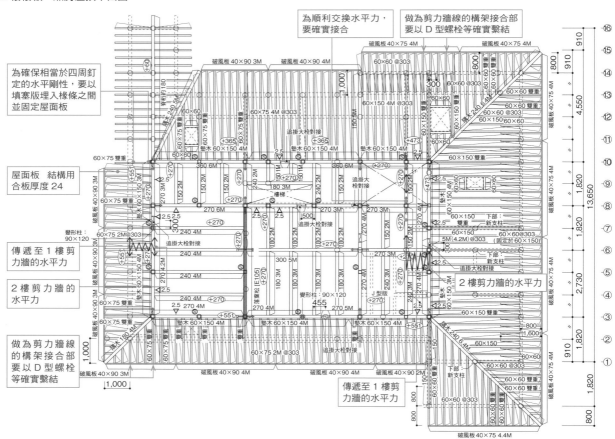

為順利交換水平力，
要確實接合

做為剪力牆線的構架接合部
要以 D 型螺栓等確實繫結

為確保相當於四周釘
定的水平剛性，要以
填塞版埋入椽條之間
並固定屋面板

屋面板　結構用
合板厚度 24

傳遞至 1 樓剪
力牆的水平力

2 樓剪力牆的
水平力

做為剪力牆線
的構架接合部
要以 D 型螺栓
等確實繫結

2 樓剪力牆的水平力

傳遞至 1 樓剪
力牆的水平力

破風板 40×90 3M　破風板 40×90 4M　破風板 40×75 4M　破風板 40×75 4M

破風板 40×90 3M　破風板 40×90 4M　破風板 40×90 2M

1 樓剪力牆線　　2 樓剪力牆線　　1 樓剪力牆線　　2 樓剪力牆線

以廂房屋頂面為中介傳達水平力　　　　以 2 樓樓板面為中介傳達水平力

雖然要釘定四周，不過會施做修飾天
花板的關係，美觀上不希望設置小樑
→在接縫部分的樓板上釘定結構用合
板以防止版材之間出現錯動

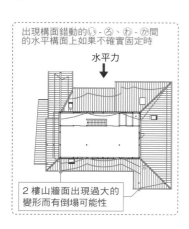

照片 12　為了順利傳遞水平力，軸
線わ⑧ - ⑩之間的繫樑要以 D 型螺栓
接合

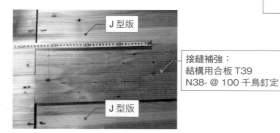

J 型版

J 型版

照片 13　補強 J 型版的接縫部分。
為處理相當於四周釘定的剪斷力而需
要釘定合板

接縫補強：
結構用合板 T39
N38- @ 100 千鳥釘定

若以川字形釘定會
產生接縫錯動，形
成耐力不足的情況

合板釘定以防
止錯動

出現構面錯動的い - ろ、わ - か間
的水平構面上如果不確實固定時

水平力

2 樓山牆面出現過大的
變形而有倒塌可能性

軸線⑧構架圖

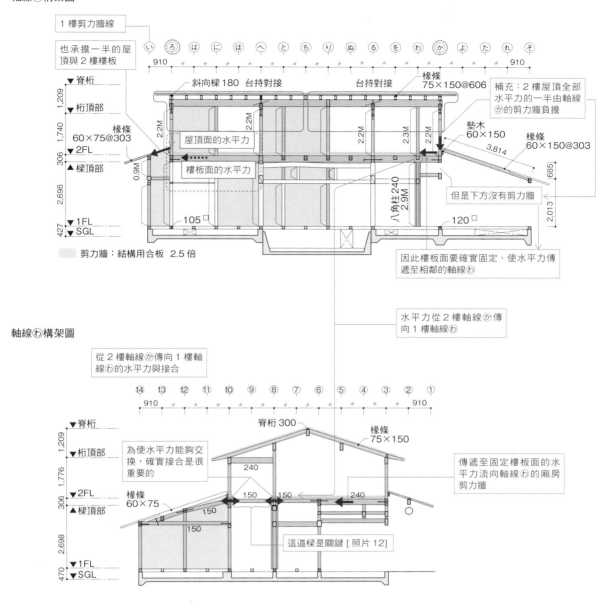

1 樓剪力牆線

也承擔一半的屋頂與 2 樓樓板

▼脊桁
1,209
▼桁頂部
1,740
椽條 60×75@303
▼2FL
306
▲樑頂部
2,698
▼1FL
427
▼SGL

い ろ は に ほ へ と ち り ぬ る を わ か よ た れ そ

910 910

斜向樑 180　台持對接　　台持對接　　椽條 75×150@606
補充：2 樓屋頂全部水平力的一半由軸線か的剪力牆負擔

2.2M　2.2M　2.2M　2.3M　2.2M

屋頂面的水平力

樓板面的水平力

0.9M

八角柱 240 2.9M

105 □

120 □

墊木 60×150
椽條 60×150@303
3,814
685
2,013

但是下方沒有剪力牆

因此樓板面要確實固定、使水平力傳遞至相鄰的軸線わ

剪力牆：結構用合板 2.5 倍

水平力從 2 樓軸線か傳向 1 樓軸線わ

軸線わ構架圖

從 2 樓軸線か傳向 1 樓軸線わ的水平力與接合

⑭ ⑬ ⑫ ⑪ ⑩ ⑨ ⑧ ⑦ ⑥ ⑤ ④ ③ ② ①

910 910

▼脊桁
1,209
▼桁頂部
1,776
▼2FL
306
▲樑頂部
2,698
▼1FL
470
▼SGL

脊桁 300　　椽條 75×150

為使水平力能夠交換，確實接合是很重要的

240

椽條 60×75

150　150　240

150

150

傳遞至固定樓板面的水平力流向軸線わ的廂房剪力牆

這道樑是關鍵 [照片 12]

い - ろ間的放大圖

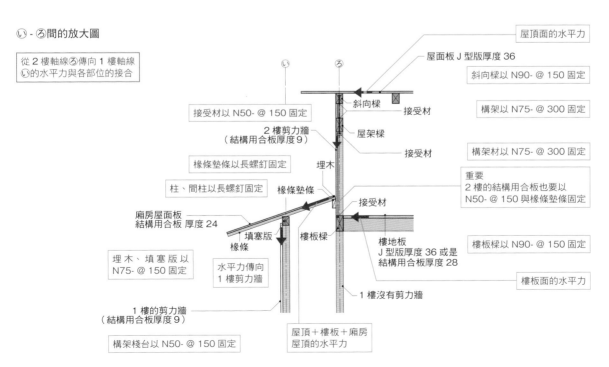

從 2 樓軸線ろ傳向 1 樓軸線い的水平力與各部位的接合

い　ろ

接受材以 N50- @ 150 固定

2 樓剪力牆（結構用合板厚度 9）

椽條墊條以長螺釘固定

柱、間柱以長螺釘固定

廂房屋面板 結構用合板 厚度 24

椽條

埋木、填塞版以 N75- @ 150 固定

1 樓的剪力牆（結構用合板厚度 9）

構架棧台以 N50- @ 150 固定

斜向樑

接受材

屋架樑

接受材

埋木

椽條墊條

接受材

填塞版

樓板樑

水平力傳向 1 樓剪力牆

樓地板 J 型版厚度 36 或是結構用合板厚度 28

1 樓沒有剪力牆

屋頂＋樓板＋廂房屋頂的水平力

屋頂面的水平力

屋面板 J 型版厚度 36

斜向樑以 N90- @ 150 固定

構架以 N75- @ 300 固定

構架材以 N75- @ 300 固定

重要 2 樓的結構用合板也要以 N50- @ 150 與椽條墊條固定

樓板樑以 N90- @ 150 固定

樓板面的水平力

圖9 以構架圖思考力的傳遞與補強要點（桁架方向）

除了整合 2 樓與 1 樓桁架方向的剪力牆線，負擔載重（水平力）很大的 2 層樓建築部分，也採取多加配置剪力牆的計畫

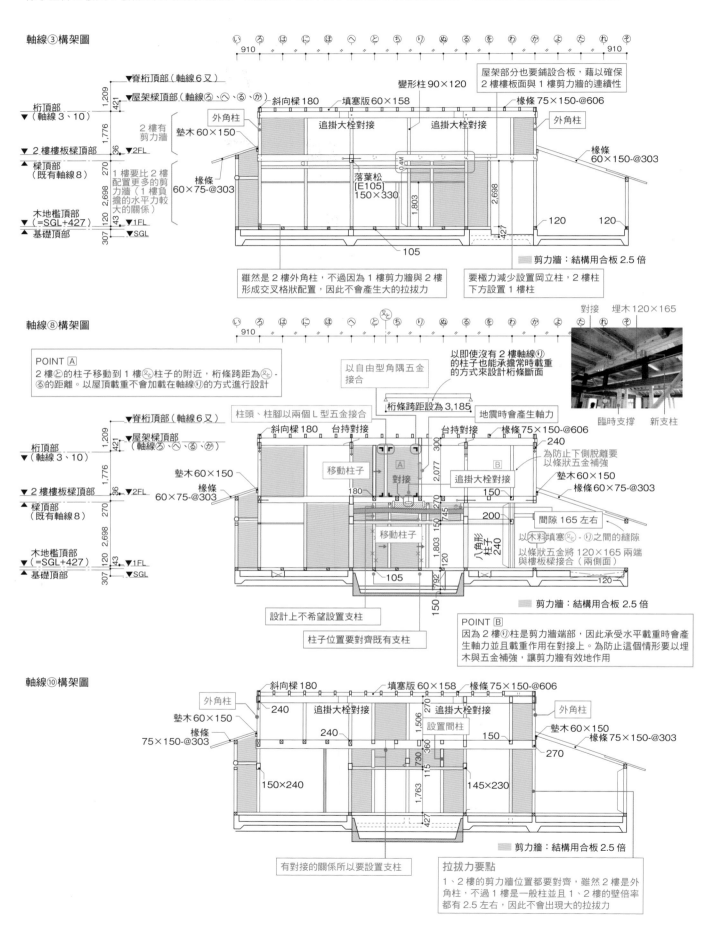

軸線③構架圖

910　910

▼脊桁頂部（軸線⑥又）

▼屋架樑頂部（軸線ろ、へ、る、か）

桁頂部
▼（軸線3、10）

1,209
421

1,776

2 樓有
剪力牆

▼ 2 樓樓板樑頂部

36　▼2FL

▲樑頂部
（既有軸線8）

270

1 樓要比 2 樓
配置更多的剪
力牆（1 樓負
擔的水平力較
大的關係）

2,698

木地檻頂部
▼（=SGL+427）

120　43　▼1FL

▲基礎頂部

307　▼SGL

變形柱90×120　填塞版60×158

屋架部分也要鋪設合板，藉以確保
2 樓樓板面與 1 樓剪力牆的連續性

椽條 75×150-@606

外角柱

追掛大栓對接　追掛大栓對接

外角柱

椽條
60×150-@303

外角柱

墊木 60×150

椽條
60×75-@303

落葉松
[E105]
150×330

0.4M

1,803

2,698

120　120

427

105

剪力牆：結構用合板 2.5 倍

雖然是 2 樓外角柱，不過因為 1 樓剪力牆與 2 樓
形成交叉格狀配置，因此不會產生大的拉拔力

要極力減少設置岡立柱，2 樓柱
下方設置 1 樓柱

軸線⑧構架圖

對接　埋木 120×165

910

POINT Ⓐ
2 樓と的柱子移動到 1 樓⑨⑦柱子的附近，桁條跨距為⑨⑦ -
る的距離。以屋頂載重不會加載在軸線⑨的方式進行設計

以自由型角隅五金
接合

以即使沒有 2 樓軸線⑨
的柱子也能承擔常時載重
的方式來設計桁條斷面

臨時支撐　新支柱

▼脊桁頂部（軸線⑥又）

▼屋架樑頂部
（軸線ろ、へ、る、か）

桁頂部
▼（軸線3、10）

1,209
421

1,776

柱頭、柱腳以兩個 L 型五金接合

斜向樑 180　台持對接

台持對接

椽條 75×150-@606

240

桁條跨距設為 3,185

地震時會產生軸力

為防止下側脫離要
以條狀五金補強

▼ 2 樓樓板樑頂部

36　▼2FL

墊木 60×150

移動柱子

Ⓐ

300

追掛大栓對接

對接

▲樑頂部
（既有軸線8）

270

椽條
60×75-@303

180

2,077

Ⓑ

150

墊木 60×150

椽條 60×75-@303

2,698

270

745

150

200

移動柱子

1,803

150

八角形
柱子
240

間隙 165 左右

以木料填塞⑨⑦ - ⑨
之間的縫隙

木地檻頂部
▼（=SGL+427）

120　43　▼1FL

▲基礎頂部

307　▼SGL

120

105

792

以條狀五金將 120×165 兩端
與樓板樑接合（兩側面）

120

150

剪力牆：結構用合板 2.5 倍

設計上不希望設置支柱

柱子位置要對齊既有支柱

POINT Ⓑ
因為 2 樓⑨柱是剪力牆端部，因此承受水平載重時會產
生軸力並且載重作用在對接上。為防止這個情形要以埋
木與五金補強，讓剪力牆有效地作用

軸線⑩構架圖

斜向樑 180　填塞版 60×158　椽條 75×150-@606

外角柱

240

追掛大栓對接

追掛大栓對接

外角柱

墊木 60×150

1,506

270

墊木 60×150

椽條
75×150-@303

240

設置間柱

150

椽條 75×150-@303

150×240

730

360

270

1,763

115

145×230

427

剪力牆：結構用合板 2.5 倍

有對接的關係所以要設置支柱

拉拔力要點
1、2 樓的剪力牆位置都要對齊，雖然 2 樓是外
角柱，不過 1 樓是一般柱並且 1、2 樓的壁倍率
都有 2.5 左右，因此不會出現大的拉拔力

圖 10 以構架圖思考力傳遞與補強要點（跨距方向）

跨距方向也要考慮水平力的負擔載重，承載 2 樓的範圍內要多加配置 1 樓剪力牆，不過 2 樓山牆面的軸線ぅ與軸線ゕ在同一構面內並沒有 1 樓剪力牆。因此，為了將水平力傳遞至相鄰的其它構面，除了提高做為連結角色的水平構面剛性之外，接合部也要確實繫結 [P157～159]。

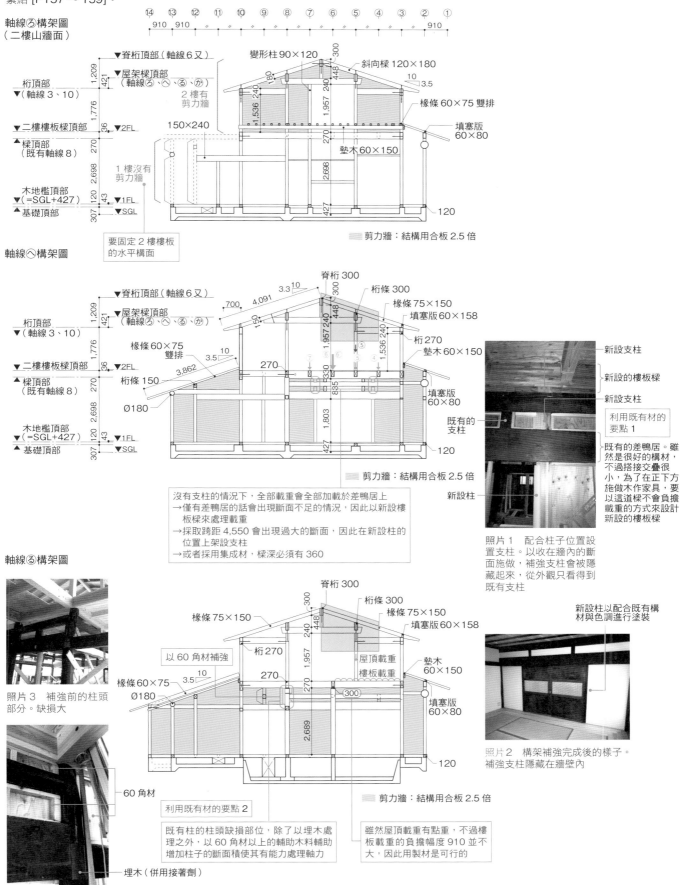

照片 1　配合柱子位置設置支柱。以收在牆內的斷面施做，補強支柱會被隱藏起來，從外觀只看得到既有支柱

照片 2　構架補強完成後的樣子。補強支柱隱藏在牆壁內

照片 3　補強前的柱頭部分。缺損大

照片 4　補強後的柱頭部分

6

相關資料

表1 木造建築物的耐震評估用現場調查確認表

年　　　　月　　　　日

評估者		
公司名稱 （負責人）		（負責人：　　　　　　　　　　）
聯絡人	TEL：　　　　　　　FAX：	
現場調查日期	年　　月　　日～　　日	

建物概要		
建築物名稱		地震地域係數：Z＝
所在地		垂直積雪量：　　　　　cm、凍結深度：　　　　　cm
興建年分	年（西元　　年）　　月（屋齡　　年以上）	有無增改建：□有（　　年）□無
結構、樓層數	結構：□木造 □混合結構 □其他（　　　　　） 層數：　層	
主要完成面	屋頂：　　　　　　　外牆：	
規模	建築面積：　　　m²	基地面積：　　　m²
	簷高：　　　m	最高高度：　　　m
主要用途	□住宅　□集合住宅　□其他（　　　　　　　　　　）	
圖面所在	設計圖：□有（　　　　　　）□無	
	結構圖：□有　　□無　　　地盤資料（　　　　　　）：□有　　□無	

結構特徵、狀況		
建築物形狀	建築物形狀：□正方形、長方形（　　　m×　　　m） □其他（　　　　　）	狀況：
	屋頂形狀：	
地盤	地形：　□平坦、普通　　□懸崖地、急遽傾斜	狀況：
	地盤：　□良好、普通的地盤 □不良地盤 □非常不良的地盤（填埋地、填土、軟弱地盤）	
基礎	□基礎Ⅰ（健全的RC造連續、版式基礎） □基礎Ⅱ（有裂痕的RC造、無鋼筋混凝土） □基礎Ⅲ（抱石、砌石、有裂痕的無鋼筋混凝土）	狀況：
構架	構法：　　　　　　　材種：	狀況：
	柱：　　□未滿120角材　　　　腐朽、蟻害、缺損等 　□120～240角材（　角）　□有（　　　） 　□240角材以上　　　　　□無	
剪力牆	牆體做法： 斜撐：　　□有（　　mm×　　mm）　□無 垂壁、腰壁：□有（　　　　　　　　）　□無	狀況：
水平構面	閣樓：　　□樓板做法Ⅰ（合板）　　　2樓樓板：□樓板做法Ⅰ 　□樓板做法Ⅱ（水平角撐＋粗板）　　　□樓板做法Ⅱ 　□樓板做法Ⅲ（無水平角撐）　　　　□樓板做法Ⅲ	狀況：
	挑空：□有（　　　　　　）　□無	
接合部	□接合做法Ⅰ（告示規範） □接合做法Ⅱ（鍵形螺栓、版、內栓等） □接合做法Ⅲ（榫、釘定、冂形釘等）　※兩端通柱 □接合做法Ⅳ（榫、釘定、冂形釘等）	狀況：
其他		

備註

表2 耐震評估（一般評估）中的必要耐力 Qr

必要耐力的計算方法有下列四種

概算法 1	樓板面積乘以係數計算出必要耐力的方法	適用一般評估法
概算法 2	考慮各樓層的樓板面積比，計算出必要耐力的方法	一般評估法、精密評估法 1
精算法 1	大概計算建築物重量的方法	精密評估法 1
精算法 2	從建築物重量計算地震力的方法	精密評估法 1、2

※ 上述四種是筆者根據實際計算方法加以分類的稱呼

概算法 1 樓板面積乘以係數計算出必要耐力的方法
每單位樓板面積所需的必要耐力（kN ／ m²）

對象建築物	樓層	輕型建築物	重型建築物	非常重的建築物
平房建築	—	$0.28 \cdot Z$	$0.40 \cdot Z$	$0.64 \cdot Z$
2 層樓建築	2	$0.37 \cdot Z$	$0.53 \cdot Z$	$0.78 \cdot Z$
	1	$0.83 \cdot Z$	$1.06 \cdot Z$	$1.41 \cdot Z$
3 層樓建築	3	$0.43 \cdot Z$	$0.62 \cdot Z$	$0.91 \cdot Z$
	2	$0.98 \cdot Z$	$1.25 \cdot Z$	$1.59 \cdot Z$
	1	$1.34 \cdot Z$	$1.66 \cdot Z$	$2.07 \cdot Z$

原注 1）各建築物的規範採取以下做法

建築物規範	假設每單位樓板面積的載重（N ／ m²）
輕型建築物	屋頂：石棉瓦鋪設（950）、外牆：木摺砂漿（750）、內牆：版牆（200）
重型建築物	屋頂：棧瓦（1300）、外牆：灰泥牆（1200）、內牆：版牆（200）
非常重的建築物	屋頂：土瓦（2400）、內外牆：（1200 ＋ 450）
建築物共通點	樓板載重（600）、活載重（600）

原注 2）Z 是昭和 55 年建告 1793 號規定的地震地域係數
原注 3）屬於地盤非常軟弱時，必要耐力要增加 1.5 倍
原注 4）短邊長度未滿 4 m 時，該樓層的必要耐力要增加 1.13 倍（最上方樓層除外）
原注 5）1 樓是 S 造或 RC 造的混合結構時，木造部分的必要耐力要增加 1.2 倍
原注 6）多雪地區要加算下表的數值。不過，可以依據剷雪的情況將垂直積雪量減至 1 m 的高度

垂直積雪量	1m	1 ～ 2m	2m
加算數值	$0.26 \cdot Z$	線性插值 [＊]	$0.52 \cdot Z$

概算法 2 考慮各樓層的樓板面積比計算出必要耐力的方法
採用該方法時，原則上「根據耐力要素配置等的折減係數 eKfl」要透過偏心率求得

每單位樓板面積的必要耐力（kN ／ m²）

對象建築物	樓層	輕型建築物	重型建築物	非常重的建築物
平房建築	—	$0.28 \cdot Z$	$0.40 \cdot Z$	$0.64 \cdot Z$
2 層樓建築	2	$0.28 \cdot {}_QK_{f12} \cdot Z$	$0.40 \cdot {}_QK_{f12} \cdot Z$	$0.64 \cdot {}_QK_{f12} \cdot Z$
	1	$0.72 \cdot {}_QK_{f11} \cdot Z$	$0.92 \cdot {}_QK_{f11} \cdot Z$	$1.22 \cdot {}_QK_{f11} \cdot Z$
3 層樓建築	3	$0.28 \cdot {}_QK_{f16} \cdot Z$	$0.40 \cdot {}_QK_{f16} \cdot Z$	$0.64 \cdot {}_QK_{f16} \cdot Z$
	2	$0.72 \cdot {}_QK_{f14} \cdot QK_{f15} \cdot Qr$	$0.92 \cdot {}_QK_{f14} \cdot QK_{f15} \cdot Z$	$1.22 \cdot {}_QK_{f14} \cdot QK_{f15} \cdot Z$
	1	$1.16 \cdot {}_QK_{f13} \cdot Z$	$1.44 \cdot {}_QK_{f13} \cdot Z$	$1.80 \cdot {}_QK_{f13} \cdot Z$

原注 1）建築物規範與概算法相同
原注 2）Z 是昭和 55 年建告 1793 號規定的地震地域係數
原注 3）各係數依據下表

係數	輕型建築物	重型建築物	非常重的建築物
$_QK_{fl1}$	$0.40 + 0.60 \cdot R_{f1}$	$0.40 + 0.60 \cdot R_{f1}$	$0.53 + 0.47 \cdot R_{f1}$
$_QK_{fl2}$	$1.30 + 0.07/R_{f1}$	$1.30 + 0.07/R_{f1}$	$1.06 + 0.15/R_{f1}$
$_QK_{fl3}$	$(0.25 + 0.75 \cdot R_{f1}) \times (0.65 + 0.35 \cdot R_{f2})$	$(0.25 + 0.75 \cdot R_{f1}) \times (0.65 + 0.35 \cdot R_{f2})$	$(0.36 + 0.64 \cdot R_{f1}) \times (0.68 + 0.32 \cdot R_{f2})$
$_QK_{fl4}$	$0.40 + 0.60 \cdot R_{f2}$	$0.40 + 0.60 \cdot R_{f2}$	$0.53 + 0.47 \cdot R_{f2}$
$_QK_{fl5}$	$1.03 + 0.10/R_{f1} + 0.08/R_{f2}$	$1.03 + 0.10/R_{f1} + 0.08/R_{f2}$	$0.98 + 0.10/R_{f1} + 0.05/R_{f2}$
$_QK_{fl6}$	$1.23 + 0.10/R_{f1} + 0.23/R_{f2}$	$1.23 + 0.10/R_{f1} + 0.23/R_{f2}$	$1.04 + 0.13/R_{f1} + 0.24/R_{f2}$

原注 1）R_{f1} ＝ 2 樓樓板面積／ 1 樓樓板面積。0.1 以下時視為 0.1
原注 2）R_{f2} ＝ 3 樓樓板面積／ 2 樓樓板面積。不過，0.1 以下時視為 0.1
原注 3）地盤非常軟弱時，必要耐力要增加 1.5 倍
原注 4）短邊長度未滿 6 m 時，該樓層以下全部樓層（不包含該樓層）的必要耐力要乘以下表的加成係數。不過複數樓層的短邊長度未滿 6 m 時，長度長的一方要乘上加成係數

短邊長度	L ＜ 4m	4m ≦ L ＜ 6m	6m ≦ L
加成係數	1.30	1.15	1.00

原注 5）1 樓是 S 造或 RC 造的混合結構時，木造部分的必要耐力要增加 1.2 倍
原注 6）多雪地區要加算下表的數值。不過，可以依據剷雪情況將垂直積雪量減至 1 m 的高度

垂直積雪量	1m	1 ～ 2m	2m
加算數值	$0.26 \cdot Z$	線性插值	$0.52 \cdot Z$

譯注＊　線性插值（法）是指從連結兩個已知量的直線，來求得這兩個已知量之間的一個未知量的方法。

表 3 一般評估法中建築物所保有的耐力 edQu

$_{ed}Q_u = Q_u \cdot {_e}K_{fl} \cdot {_d}K$

　　Q_u：牆體、柱的耐力

　　　　$Q_u = Q_w + Q_e$

　　　　　　Q_w：無開口牆體的耐力（kN）

　　　　　　　　$Q_w = \Sigma(F_w \cdot L \cdot K_j)$

　　　　　　　　　　　　F_w：牆體基準耐力（kN／m）

　　　　　　　　　　　　L：壁體長度（m）

　　　　　　　　　　　　K_j：依據柱接合的折減係數

　　　　　　Q_e：其它耐震要素的耐力（kN）

　　　　　　　　$Q_e = \begin{cases} \end{cases}$　Q_{wo}：　有開口牆體的耐力；方法 1（以牆體做為主要耐震要素的建築物）

　　　　　　　　　　　　　　①依據有開口壁體長度來計算

　　　　　　　　　　　　　　$Q_{wo} = \Sigma(F_w \cdot L_w)$

　　　　　　　　　　　　　　　　　F_w：牆體基準耐力（kN／m）

　　　　　　　　　　　　　　　　　　　窗型開口時 $F_w = 0.6$kN／m

　　　　　　　　　　　　　　　　　　　落地窗型開口時 $F_w = 0.3$kN／m

　　　　　　　　　　　　　　　　L_w：開口壁體長度（m）

　　　　　　　　　　　　　　　　　　　不過，連續的開口壁體長度要在 3 m 以下

　　　　　　　　　　　　　　②依據無開口壁體長度來計算

　　　　　　　　　　　　　　$Q_{wo} = \alpha_w \cdot Q_r$

　　　　　　　　　　　　　　　　$\alpha_w = 0.25 - 0.2 \cdot K_n$

　　　　　　　　　　　　　　　　　　　不過，K_n（無開口牆體率）採用各方向中較小一方
　　　　　　　　　　　　　　　　　　　的數值。

　　　　　　　　　　　　　　　　　　　此外，在不補強垂壁、腰壁的補強評估中，以 α_w
　　　　　　　　　　　　　　　　　　　= 0.10 來計算

　　　　　　　　　　　　　　　　Q_r：必要耐力（kN）

　　　　　　　　ΣQ_c：柱的耐力；方法 2（以粗柱或垂壁為主要耐震要素的建築物）

$_e K_{fl}$：根據耐力要素配置等的折減係數

$_d K$：根據劣化度的折減係數

住宅以外的木造建築物之耐震評估

與一般住宅相比，重量較重、樓層高度也較高的建築物原則上是使用精密評估法 2，不過現實中會因為 Ds 計算用的數據不足，而暫時採用精密評估法 1。

不過，進行精密評估法 1 時，也要一併檢視下列事項。

1. 必要耐力的計算方法採用精算法 2（從建築物重量求出地震力的方法）
2. 耐力要素的耐力與剛性要考慮因應牆體高度的折減係數
3. 檢查水平構面
4. 確認基礎的安全性

表4 牆體基準耐力 Fw 【一般評估用】 [kN ／ m]

工法種類			牆體基準耐力 Fw（kN ／ m）		
			標準	墊條規範	框架牆工法
灰泥牆	塗抹厚度 40mm 以上 且未滿 50mm	至橫向材時	2.4	—	—
		橫向材間隔的七成以上	1.5	—	—
	塗抹厚度 50mm 以上 且未滿 70mm	至橫向材時	2.8	—	—
		橫向材間隔的七成以上	1.8	—	—
	塗抹厚度 70mm 以上 且未滿 90mm	至橫向材時	3.5	—	—
		橫向材間隔的七成以上	2.2	—	—
	塗抹厚度 90mm 以上	至橫向材時	3.9	—	—
		橫向材間隔的七成以上	2.5	—	—
斜撐鋼筋 9ø			1.6	—	—
斜撐木材 15×90 以上		延伸木材外側餘料	1.6	—	—
斜撐木材 30×90 以上		BP 或者同等品	2.4	—	—
		釘定	1.9	—	—
斜撐木材 45×90 以上		BP-2 或者同等品	3.2	—	—
		釘定	2.6	—	—
斜撐木材 90×90 以上		M12 螺栓	4.8	—	—
斜撐製材 18×89 以上（框架牆工法用）			—	—	1.3
以木摺釘定的牆體			0.8	—	—
結構用合板（剪力牆規範）			5.2	1.5	5.4
結構用合板（準剪力牆規範）			3.1	1.5	—
結構用版（OSB）			5.0	1.5	5.9
版條砂漿塗布			2.5	1.5	—
木摺底材砂漿塗布			2.2	—	—
窯業系側緣鋪設			1.7	1.3	—
石膏版鋪設（厚度 9 以上）			1.1	1.1	—
石膏版鋪設（厚度 12 以上）[框架牆工法用]			—	—	2.6
合板（厚度 3 以上）			0.9	0.9	—
版條板			1.0	—	—
版條板底材抹灰噴塗			1.3	—	—
做法不明（僅限具有壁倍率 1 左右的耐力之牆體）			2.0	—	—

●無開口牆體的處理

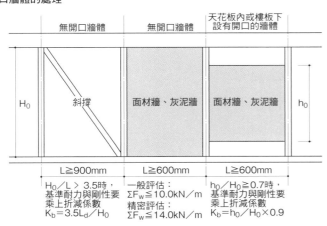

原注：折減係數 Kb 引用精密評估法 1

●開口牆體的處理（依據有開口壁體長度計算）

原注 1 ）原則上耐力可被計入的開口牆體要與無開
口牆體鄰接
原注 2 ）連續開口的壁體長度視為 Lw ≦ 3.0m
原注 3 ）採用無開口牆體率的計算方法時，要參照
日本建築防災協會〈2012 年改訂版木造
住宅耐震評估與補強方法〉

表5 根據柱接合部的折減係數 Kj 【一般評估用】

1. 不考慮積雪的情況
①二層樓建築的 2 樓、三層樓建築的 3 樓

接合部規範 \ 牆體基準耐力（kN／m）	2.0	3.0	5.0	7.0
接合部 I	1.00	1.00	1.00	1.00
接合部 II	1.00	0.80	0.65	0.50
接合部 III	0.70	0.60	0.45	0.35
接合部 IV	0.70	0.35	0.25	0.20

②二層樓建築的 1 樓、三層樓建築的 1 樓及三層樓建築的 2 樓

接合部規範 \ 基礎規範 \ 牆體基準耐力（kN／m）	2.0			3.0			5.0			7.0		
	基礎 I	基礎 II	基礎 III	基礎 I	基礎 II	基礎 III	基礎 I	基礎 II	基礎 III	基礎 I	基礎 II	基礎 III
接合部 I	1.00	1.00	1.00	1.00	0.90	0.80	1.00	0.85	0.70	1.00	0.80	0.60
接合部 II	1.00	1.00	1.00	1.00	0.90	0.80	0.90	0.80	0.70	0.80	0.70	0.60
接合部 III	1.00	1.00	1.00	0.80	0.80	0.80	0.70	0.70	0.70	0.60	0.60	0.60
接合部 IV	1.00	1.00	1.00	0.80	0.80	0.80	0.70	0.70	0.70	0.60	0.60	0.60

③平房建築

接合部規範 \ 基礎規範 \ 牆體基準耐力（kN／m）	2.0			3.0			5.0			7.0		
	基礎 I	基礎 II	基礎 III	基礎 I	基礎 II	基礎 III	基礎 I	基礎 II	基礎 III	基礎 I	基礎 II	基礎 III
接合部 I	1.00	0.85	0.70	1.00	0.85	0.70	1.00	0.80	0.70	1.00	0.80	0.70
接合部 II	1.00	0.85	0.70	0.90	0.75	0.70	0.85	0.70	0.65	0.80	0.70	0.60
接合部 IV	0.70	0.70	0.70	0.60	0.60	0.60	0.50	0.50	0.50	0.30	0.30	0.30

原注 1）牆體基準耐力介於上表數值中間時，要採用上下兩者牆體基準耐力之折減係數進行線性插值所計算的數值
原注 2）牆體基準耐力未滿 2 kN／m 採用 2 kN／m 的值，7 kN／m 以上採用 7kN／m 的值
原注 3）牆體基準耐力未滿 1 kN／m 者，其折減係數以 1.0 視之
原注 4）接合部的規範依據下表做法

接合部規範	規範與健全度
接合部 I	適用平成 12 年建告 1460 號的規範
接合部 II	鍵形螺栓、山形版 VP、轉角五金 CP-T、CP-L、內栓
接合部 III	插榫、釘定、ㄇ形釘等（構面兩端是通柱時）
接合部 IV	插榫、釘定、ㄇ形釘等

原注 5）基礎的規範依據下表做法，不過三層樓建築的 2 樓要採用基礎 I 欄位的數值

基礎規範	規範與健全度	耐震性能
基礎 I	健全的 RC 造連續基礎或者版式基礎	地盤震動時不因彎曲、剪斷而崩壞，或錨定螺栓、拉引五金不會遭到拔出。保有建築物的一體性、且充分發揮上部結構的耐震性能之基礎
基礎 II	有裂痕的 RC 造連續基礎或者版式基礎、無鋼筋混凝土造的連續基礎、在柱腳設有柱腳繫樑的 RC 造底盤上，將柱腳或柱腳繫樑等繫緊固定的抱石基礎、輕微裂痕的無鋼筋混凝土造的基礎	基礎 I 及基礎 III 以外的基礎
基礎 III	抱石、砌石、疊石基礎、有裂痕的無鋼筋混凝土造的基礎等	地震時有可能鬆脫，無法保有建築物一體性的基礎

2. 考量積雪的情況（多雪區域）

多雪地區（1）垂直積雪量 1m 時的 Kjs

①二層樓建築的 2 樓、三層樓建築的 3 樓

接合部規範 ＼ 牆體基準耐力（kN／m）	2.0	3.0	5.0	7.0
接合部 I	1.00	1.00	1.00	1.00
接合部 II	1.00	0.90	0.85	0.75
接合部 III	1.00	0.75	0.65	0.55
接合部 IV	1.00	0.75	0.60	0.50

②二層樓建築的 1 樓、三層樓建築的 1 樓及三層樓建築的 2 樓

接合部規範 ＼ 基礎規範 ＼ 牆體基準耐力（kN／m）	2.0			3.0			5.0			7.0		
	基礎 I	基礎 II	基礎 III	基礎 I	基礎 II	基礎 III	基礎 I	基礎 II	基礎 III	基礎 I	基礎 II	基礎 III
接合部 I	1.00	1.00	1.00	1.00	1.00	1.00	1.00	0.90	0.85	1.00	0.85	0.75
接合部 II	1.00	1.00	1.00	1.00	1.00	1.00	0.95	0.90	0.85	0.95	0.85	0.75
接合部 III	1.00	1.00	1.00	1.00	1.00	1.00	0.85	0.85	0.85	0.75	0.75	0.75
接合部 IV	1.00	1.00	1.00	1.00	1.00	1.00	0.85	0.85	0.85	0.75	0.75	0.75

③平房建築

接合部規範 ＼ 基礎規範 ＼ 牆體基準耐力（kN／m）	2.0			3.0			5.0			7.0		
	基礎 I	基礎 II	基礎 III	基礎 I	基礎 II	基礎 III	基礎 I	基礎 II	基礎 III	基礎 I	基礎 II	基礎 III
接合部 I	1.00	1.00	1.00	1.00	0.85	0.75	1.00	0.80	0.70	1.00	0.80	0.70
接合部 II	1.00	1.00	1.00	0.90	0.80	0.75	0.85	0.70	0.65	0.80	0.70	0.60
接合部 IV	1.00	1.00	1.00	0.75	0.75	0.75	0.65	0.65	0.65	0.35	0.35	0.35

多雪地區（2）垂直積雪量 2m 時的 Kjs

①二層樓建築的 2 樓、三層樓建築的 3 樓

接合部規範 ＼ 牆體基準耐力（kN／m）	2.0	3.0	5.0	7.0
接合部 I	1.00	1.00	1.00	1.00
接合部 II	1.00	0.95	0.85	0.80
接合部 III	1.00	0.85	0.75	0.70
接合部 IV	1.00	0.85	0.75	0.70

②二層樓建築的 1 樓、三層樓建築的 1 樓及三層樓建築的 2 樓

接合部規範 ＼ 基礎規範 ＼ 牆體基準耐力（kN／m）	2.0			3.0			5.0			7.0		
	基礎 I	基礎 II	基礎 III	基礎 I	基礎 II	基礎 III	基礎 I	基礎 II	基礎 III	基礎 I	基礎 II	基礎 III
接合部 I	1.00	1.00	1.00	1.00	1.00	1.00	1.00	0.95	0.95	1.00	0.95	0.90
接合部 II	1.00	1.00	1.00	1.00	1.00	1.00	1.00	0.95	0.95	1.00	0.95	0.90
接合部 III	1.00	1.00	1.00	1.00	1.00	1.00	0.95	0.95	0.95	0.90	0.90	0.90
接合部 IV	1.00	1.00	1.00	1.00	1.00	1.00	0.95	0.95	0.95	0.90	0.90	0.90

③平房建築

接合部規範 ＼ 基礎規範 ＼ 牆體基準耐力（kN／m）	2.0			3.0			5.0			7.0		
	基礎 I	基礎 II	基礎 III	基礎 I	基礎 II	基礎 III	基礎 I	基礎 II	基礎 III	基礎 I	基礎 II	基礎 III
接合部 I	1.00	1.00	1.00	1.00	0.90	0.85	1.00	0.85	0.75	1.00	0.85	0.75
接合部 II	1.00	1.00	1.00	0.95	0.90	0.85	0.85	0.80	0.75	0.80	0.75	0.70
接合部 IV	1.00	1.00	1.00	0.85	0.85	0.85	0.80	0.80	0.75	0.50	0.50	0.50

多雪地區（3）垂直積雪量 2.5 m 時的 Kjs
①二層樓建築的 2 樓、三層樓建築的 3 樓

牆體基準耐力（kN／m）接合部規範	2.0	3.0	5.0	7.0
接合部 I	1.00	1.00	1.00	1.00
接合部 II	1.00	0.95	0.90	0.85
接合部 III	1.00	0.90	0.80	0.75
接合部 IV	1.00	0.90	0.80	0.75

②二層樓建築的 1 樓、三層樓建築的 1 樓及三層樓建築的 2 樓

牆體基準耐力（kN／m）基礎規範 接合部規範	2.0			3.0			5.0			7.0		
	基礎 I	基礎 II	基礎 III	基礎 I	基礎 II	基礎 III	基礎 I	基礎 II	基礎 III	基礎 I	基礎 II	基礎 III
接合部 I	1.00	1.00	1.00	1.00	1.00	1.00	1.00	0.95	0.95	1.00	0.95	0.90
接合部 II	1.00	1.00	1.00	1.00	1.00	1.00	1.00	0.95	0.95	1.00	0.95	0.90
接合部 III	1.00	1.00	1.00	1.00	1.00	1.00	0.95	0.95	0.95	0.90	0.90	0.90
接合部 IV	1.00	1.00	1.00	1.00	1.00	1.00	0.95	0.95	0.95	0.90	0.90	0.90

③平房建築

牆體基準耐力（kN／m）基礎規範 接合部規範	2.0			3.0			5.0			7.0		
	基礎 I	基礎 II	基礎 III	基礎 I	基礎 II	基礎 III	基礎 I	基礎 II	基礎 III	基礎 I	基礎 II	基礎 III
接合部 I	1.00	1.00	1.00	1.00	1.00	1.00	1.00	0.95	0.95	1.00	0.90	0.80
接合部 II	1.00	1.00	1.00	1.00	1.00	1.00	1.00	0.95	0.95	1.00	0.75	0.70
接合部 IV	1.00	1.00	1.00	1.00	1.00	1.00	0.90	0.90	0.90	0.60	0.60	0.60

表6 柱子的耐力 Qc 【一般評估用】

●附有垂壁的獨立柱　　　　　　●附有垂壁、腰壁的獨立柱

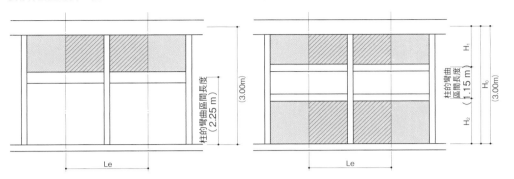

・Le 表與鄰接柱中間的距離
・（ ）內的數值是製成該表的假設條件。此外，柱材是杉木（Fb＝22.2N／mm²）、斷面係數考量到與差鴨居的搭接所造成的斷面缺損，因此採全斷面的75%、彎曲變形則採不考慮斷面缺損的數值

原注1）表中網底部分表示柱子有折損的可能性
原注2）未滿120 mm 的柱子受到折損的可能性很高，因此不進行耐力計算
原注3）左右相鄰的牆體規範不同時，要計算各自的數值（同時考慮柱子的折損），並採用較安全一方的數值

（1）附有垂壁的獨立柱每根的耐力 ₔQc （單位：kN）
① Le ＝未滿 1.2 m 時

垂壁的基準耐力（kN／m）〔柱直徑〕	1.0 以上未滿 2.0	2.0 以上未滿 3.0	3.0 以上未滿 4.0	4.0 以上未滿 5.0	5.0 以上未滿 6.0	6.0 以上
未滿 120 mm	0.00	0.00	0.00	0.00	0.00	0.00
120 mm 以上未滿 135 mm	0.20	0.36	0.49	0.60	0.70	0.48
135 mm 以上未滿 150 mm	0.22	0.39	0.54	0.68	0.80	0.92
150 mm 以上未滿 180 mm	0.23	0.42	0.59	0.75	0.89	1.02
180 mm 以上未滿 240 mm	0.24	0.45	0.65	0.84	1.02	1.19
240 mm 以上	0.24	0.48	0.71	0.93	1.15	1.36

② Le ＝ 1.2 m 以上時

垂壁的基準耐力（kN／m）〔柱直徑〕	1.0 以上未滿 2.0	2.0 以上未滿 3.0	3.0 以上未滿 4.0	4.0 以上未滿 5.0	5.0 以上未滿 6.0	6.0 以上
未滿 120 mm	0.00	0.00	0.00	0.00	0.00	0.00
120 mm 以上未滿 135 mm	0.36	0.48	0.45	0.44	0.43	0.43
135 mm 以上未滿 150 mm	0.39	0.68	0.71	0.66	0.64	0.64
150 mm 以上未滿 180 mm	0.42	0.75	1.02	1.02	0.94	0.94
180 mm 以上未滿 240 mm	0.45	0.84	1.19	1.50	1.79	2.06
240 mm 以上	0.48	0.93	1.36	1.77	2.17	2.54

（2）附有垂壁、腰壁的獨立柱每根的耐力 ᵥᵥQc （單位：：kN）
① Le ＝未滿 1.2 m 時

垂壁、腰壁的基準耐力（kN／m）〔柱直徑〕	1.0 以上未滿 2.0	2.0 以上未滿 3.0	3.0 以上未滿 4.0	4.0 以上未滿 5.0	5.0 以上未滿 6.0	6.0 以上
未滿 120 mm	0.00	0.00	0.00	0.00	0.00	0.00
120 mm 以上未滿 135 mm	0.51	0.90	1.26	1.59	1.53	0.66
135 mm 以上未滿 150 mm	0.54	0.98	1.37	1.73	2.08	2.42
150 mm 以上未滿 180 mm	0.56	1.05	1.48	1.87	2.25	2.61
180 mm 以上未滿 240 mm	0.59	1.13	1.64	2.11	2.56	2.98
240 mm 以上	0.61	1.20	1.77	2.33	2.87	3.40

② Le ＝ 1.2 m 以上時

垂壁、腰壁的基準耐力（kN／m）〔柱直徑〕	1.0 以上未滿 2.0	2.0 以上未滿 3.0	3.0 以上未滿 4.0	4.0 以上未滿 5.0	5.0 以上未滿 6.0	6.0 以上
未滿 120 mm	0.00	0.00	0.00	0.00	0.00	0.00
120 mm 以上未滿 135 mm	0.90	1.59	0.66	0.53	0.50	0.48
135 mm 以上未滿 150 mm	0.98	1.73	2.42	1.08	0.85	0.76
150 mm 以上未滿 180 mm	1.05	1.87	2.61	3.31	3.97	1.38
180 mm 以上未滿 240 mm	1.13	2.11	2.98	3.77	4.52	5.25
240 mm 以上	1.20	2.33	3.40	4.43	5.43	6.39

表7 根據耐力要素配置等的折減係數 $_eK_{fl}$ 【一般評估用】

（1）依據四分割法時

①水平構面的剛性高時（相當於樓板規範 I）

$$_eK_1 \diagup {}_eK_2 \geqq 0.5 \text{ 時} \qquad {}_eK_{fl} = 1.0$$

$$_eK_1 : 充足率較小的一方$$

$$_eK_2 : 充足率較大的一方$$

$$_eK_1 \diagup {}_eK_2 < 0.5 \text{ 時} \qquad {}_eK_{fl} = \frac{{}_eK_1 + {}_eK_2}{2.0 \cdot {}_eK_2}$$

②水平構面的剛性中等時（相當於樓板規範 II）

$$_eK_{fl} = ①與③的平均值$$

③水平構面的剛性低時（相當於樓板規範 III）

$$_eK_1 、 {}_eK_2 \geqq 1.0 \text{ 時} \qquad {}_eK_{fl} = 1.0$$

$$其它情況 \qquad {}_eK_{fl} = \frac{{}_eK_1 + {}_eK_2}{2.5 \cdot {}_eK_2}$$

一端的充足率 ＼ 他端的充足率		未滿 0.33	0.33 以上 未滿 0.66	0.66 以上 未滿 1.00	1.00 以上 未滿 1.33	1.33 以上
未滿 0.33	樓板規範 I	1.00	0.70	0.65	0.60	0.55
	樓板規範 II	0.90	0.65	0.60	0.55	0.50
	樓板規範 III	0.80	0.60	0.55	0.50	0.45
0.33 以上 未滿 0.66	樓板規範 I	0.70	1.00	1.00	0.75	0.70
	樓板規範 II	0.65	0.90	0.90	0.70	0.65
	樓板規範 III	0.60	0.80	0.80	0.60	0.55
0.66 以上 未滿 1.00	樓板規範 I	0.65	1.00	1.00	1.00	1.00
	樓板規範 II	0.60	0.90	0.90	0.90	0.90
	樓板規範 III	0.55	0.80	0.80	0.80	0.80
1.00 以上 未滿 1.33	樓板規範 I	0.60	0.75	1.00	1.00	1.00
	樓板規範 II	0.55	0.70	0.90	1.00	1.00
	樓板規範 III	0.50	0.60	0.80	1.00	1.00
1.33 以上	樓板規範 I	0.55	0.70	1.00	1.00	1.00
	樓板規範 II	0.50	0.65	0.80	1.00	1.00
	樓板規範 III	0.45	0.55	0.80	1.00	1.00

原注1）樓板規範依據下表做法

樓板規範	主要做法	假定的樓板倍率
樓板規範 I	合板	1.0 以上
樓板規範 II	水平角撐＋底版	0.5 以上未滿 1.0
樓板規範 III	無水平角撐	未滿 0.5

原注2）設有 4 m 以上的挑空時，樓板規範要以下一個層級為依據

原注3）計算壁量充足率時，不會評估有開口牆體的耐力（Q_{wo}）

（2）依據偏心率時

平均樓板倍率 ＼ 偏心率	Re<0.15	0.15 ≦ Re<0.3	0.3 ≦ Re<0.45	0.45 ≦ Re<0.6	0.6 ≦ Re
1.0 以上			$\dfrac{3.3 - Re}{3 \times (3.33\,Re + 0.5)}$	$\dfrac{3.3 - Re}{6}$	0.425
0.5 以上未滿 1.0	1.0	$\dfrac{1}{33.3\,Re + 0.5}$	$\dfrac{2.3 - Re}{2 \times (3.33\,Re + 0.5)}$	$\dfrac{2.3 - Re}{4}$	0.425
未滿 0.5			$\dfrac{3.6 - 2Re}{3 \times (3.33\,Re + 0.5)}$	$\dfrac{3.6 - 2 \cdot Re}{6}$	0.400

表8 根據劣化程度的折減係數 dK 【一般評估用】

各部位的老朽程度調查與評估項目

部位		材料、構材等	劣化情形	存在點數		劣化點數
				屋齡未滿 10 年	屋齡 10 年以上	
屋頂鋪設材		金屬版	有變褪色、生鏽、鏽孔、錯開、捲起	2	2	
		瓦、版	有裂縫、缺口、錯開、佚失			
天溝		簷、連接管	有變褪色、生鏽、裂縫、錯開、佚失	2	2	
		縱向天溝	有變褪色、生鏽、裂縫、錯開、佚失	2	2	
外牆完成面		木製板、合板	有水痕、生苔、裂縫、死節、錯開、腐朽	4	4	
		窯業系雨淋板	有生苔、裂縫、錯開、佚失、填封材斷裂			
		金屬雨淋板	有變褪色、生鏽、鏽孔、錯開、捲起、縫隙、填封材斷裂			
		砂漿	有生苔、0.3mm 以上的龜裂、剝落			
外露的構體			有水痕、生苔、腐朽、蟻道、蟻害	2	2	
陽台	欄杆牆	木製板、合板	有水痕、生苔、裂縫、死節、錯開、腐朽		1	
		窯業系雨淋板	有生苔、裂縫、錯開、佚失、填封材斷裂			
		金屬雨淋板	有變褪色、生鏽、鏽孔、錯開、捲起、縫隙、填封材斷裂			
		與外牆的接合部	外牆面的接合部上出現龜裂、間隙、鬆脫、填封材斷裂、剝離		1	
	地板排水		經由牆面排出或者沒有排水計畫		1	
內牆	一般居室	內牆、窗下緣	有水痕、剝落、龜裂、發霉	2	2	
	浴室	磁磚牆	有縫隙龜裂、磁磚破裂	2	2	
		磁磚以外	有水痕、變色、龜裂、發霉、腐朽、蟻害			
樓板	樓板面	一般居室	有傾斜、過度震動、樓板作響	2	2	
		走廊	有傾斜、過度震動、樓板作響		1	
	樓板下方		基礎裂痕或樓板下方構材有腐朽、蟻道、蟻害	2	2	
合計						
根據劣化度的折減係數 dK ＝ 1 －劣化點數／存在點數＝						

原注 1 ）計算結果未滿 0.7 時，以 0.7 視之
原注 2 ）以一般評估法進行補強設計時，在補修後的評估上劣化折減係數要在 0.9 以下

表9 綜合評估

（1）地盤、基礎的注意事項

部位	形式	狀態	該注意的事項等
立地條件			
基礎			

（2）上部結構評點的判定

上部結構的評點

樓層	方向	必要耐力 Q_r（kN）	牆體、柱的耐力 Q_u（kN）	因偏心的折減係數 $_eK_{fl}$	因劣化的折減係數 $_dK$	保有耐力 $_{ed}Q_u$（kN）	上部結構評點 $_{ed}Q_u$／Q_r	判定
3	X							
	Y							
2	X							
	Y							
1	X							
	Y							

上部結構的耐震性評估

判定	上部結構評點	評估
I	1.5 以上	不會倒塌
II	1.0 以上未滿 1.5	基本上不會倒塌
III	0.7 以上未滿 1.0	有倒塌可能性
IV	未滿 0.7	倒塌可能性很高

（3）綜合評估

考量建築物的形狀或使用狀況等的綜合評估　　（※）下表僅其中一例，請依情況判斷內容的適宜性並記錄下來

地盤、基礎	造成狀況、土壤液化的可能性 形狀與損傷情況 有無錨定螺栓	
構架	主要樹種、斷面 腐朽、蟻害、斷面缺損等	
剪力牆	做法及與構架固定的情況 建築物形狀與配置情況 柱頭、柱腳的接合情況	
水平構面	主要做法 與剪力牆配置的關係 因應拉伸的接合情況 屋架構架的情況	
其它	屋頂鋪設材料脫落等 外牆損傷、劣化	
是否要補強		

表10 地盤、基礎的相關參考資料

一般評估法中的地盤、基礎評估表

部位	形式	狀況	記事欄	
地形	平坦、普通			
	懸崖地、急斜面	混凝土擋土牆		
		砌石		
		無特別對策		
地盤	良好、普通的地盤			
	不良地盤			
	非常不良的地盤（填埋地、填土、軟弱地盤）	採行表層的地盤改良		
		有樁基礎		
		無特別對策		
基礎形式	鋼筋混凝土基礎	健全		
		有裂痕		
	無鋼筋混凝土基礎	健全		
		有輕微裂痕		
		有裂痕		
	抱石基礎	有柱腳繫樑		
		無柱腳繫樑		
	其它（疊石基礎等）			

精密評估法 1 中的基礎評估

地盤分類	樁基礎、連續基礎、版式基礎		抱石、砌石、疊石基礎等	
	有鋼筋	無鋼筋		
良好、普通的地盤	・ 安全	・ 可能產生裂痕	・ 抱石等產生位移、有傾斜可能性	
不良地盤	・ 可能產生裂痕	・ 可能產生龜裂	・ 抱石等產生位移、有傾斜可能性	
非常不良的地盤	・ 可能產生裂痕 ・ 有住宅傾斜可能性	・ 可能產生大面積龜裂 ・ 住宅傾斜可能性很高	・ 抱石等產生位移、形成不平整的狀態 ・ 住宅傾斜可能性很高	

地盤種類

地盤分類	判斷基準	昭和 55 年建告 1793 號
良好、普通的地盤	洪積台地或者同等以上的地盤	第 1 種地盤
	有設計規範書的地盤改良（拉伸混凝土、表層改良、柱狀改良等）	
	長期容許支撐力 50 kN／m² 以上	第 2 種地盤
	下記以外	
不良地盤	沖積層的厚度未滿 30 m	
	填埋地及填土地等經大規模造地工程的地盤 （適用宅地造成等規制法、同施行令的地盤）	
	長期容許支撐力在 20 kN／m² 以上未滿 50 kN／m²	
非常不良的地盤	海、河川、池、沼澤、水田等填埋地、以及丘陵地的填土地等，經小規模造地工程的軟弱地盤	第 3 種地盤
	沖積層厚度在 30 m 以上	

表11 新耐震木造住宅檢證法

在記取 2016 年熊本地震的受災情況之下，以適用新耐震基準為前提，針對新耐震基準施行以後 2000 年 6 月 1 日以前的樑柱構架式構法之木造住宅，進行有效率的耐震性能檢證，此為該檢證法的目的與背景。
詳細情形請依據刊載於（一財）日本建築防災協會首頁的「新耐震基準的木造住宅耐震性能檢證法」[＊]

由所有權人進行檢證

對象	1. 建築年分	1981 年 6 月～2000 年 5 月期間興建的木造住宅	
	2. 結構	樑柱構架式，基礎為混凝土造	
	3. 樓層數	平房建築或二層樓建築（1 樓非鋼筋混凝土造或鋼骨造）	
判定 1		全部符合的話進行 Check 1 沒有任何一項符合，且耐震性不安定的話，就要找專家諮詢	

Check 1	建築物形狀	平面、立面比較完整的形狀	
Check 2	接合五金	柱與樑的接合採用五金（非鉗子、釘等）	
Check 3	牆體百分比	1 樓外牆面（4 面）中，無開口牆體的百分比在 0.3 以上	
Check 4	劣化	イ. 狀態健全，外牆沒有裂痕、剝落、水漬痕跡、發霉、腐朽等	各點若符合（健全）為 1 點，不符合（有問題）為 0 點
		ロ. 屋頂健全，屋脊、屋簷沒有不平整	
		ハ. 基礎沒有裂痕	
		ニ. 居室或走廊沒有傾斜，也沒有過度撓曲或震動	
		ホ. 沒有貼磁磚等常規的浴室	
判定 2		Check 1～3 全部符合且 Check 4 有 4 點以上 → 不會倒塌 Check 1～3 中有一項不符合，或是 Check 4 在 3 點以下 → 必須由專家檢證	

Check 5	與圖面的整合		
判定 3		圖面與實際牆體位置相符 → 進行 Check 6 不是很清楚、無圖面、圖面與牆體位置不同 → 由專家進行耐震評估（要現場調查）	

Check 6	拍照錄影	基地周邊狀況、建築物外觀、基礎、外牆、室內（確認牆體位置用）、柱樑接合部、斜撐端部、其它關注的缺陷位置等	

由專家進行有效率的檢證

在沒有現場調查的狀況下，要利用與所有權人等訪談或取得的圖面、照片，進行一般評估法評估

- 地盤　　　　收集地形、地盤資料，判斷有無地盤災害可能性、以及地盤種別
- 基礎規範　　可見零星裂痕的話，基礎規範 II
- 牆體規範　　規範不明的牆體之牆體基準耐力，單面為 1.0 kN ／ m，雙面為 2.0 kN ／ m
- 接合規範　　依據上市公司規範，使用 CP-T、CP-L 等的話，採用接合規範 II
- 牆壁配置　　採用四分割法
- 樓板規範　　依一般規範以樓板規範 II 為基本
- 依據劣化度的折減係數 $_dK$ 為求方便以 1.0 來計算

綜合評估

以一般評估法的評估表進行評點			
2 樓	X 方向		
	Y 方向		
1 樓	X 方向		
	Y 方向		

×

以符合一般評估法的方法 依據劣化度的折減係數 $_dK_k$

=

以符合一般評估法的方法進行評點			
2 樓	X 方向		
	Y 方向		
1 樓	X 方向		
	Y 方向		

Check 4 的 合計點數	以符合一般評估法的方法 依據劣化度的折減係數 $_dK_k$
5 點	1.00
4 點	0.85
3 點以下	0.70

評點與判定

以符合一般評估法的方法進行評點	以符合一般評估法的方法進行判定
1.5 以上	不會倒塌
1.0 以上未滿 1.5	大致不會倒塌
0.7 以上未滿 1.0	有倒塌可能性
未滿 0.7	倒塌可能性高

譯注＊　日本建築防災協會英語版網址 http://www.kenchiku-bosai.or.jp/english/；新耐震基準的木造住宅耐震性能檢證法出處 https://reurl.cc/1x3d4W。

表 12 耐震設計的基本理念

①面對很少發生的震度 5 弱左右以下的中小型地震，沒有損傷　（1 次設計）
②面對極少發生的震度 6 強左右的大地震，容許一定程度的損傷但不會倒塌，可以守護生命與財產　（2 次設計）

表 13 大地震時（震度 6 強的程度）的損傷情況

損傷等級		I（輕微）	II（小損）	III（中損）	IV（大損）	V（破壞）
損傷情況	概念圖					
	建築物傾斜程度	層間變位角 1／120 以下（中型地震時的變形限制）	層間變位角 1／120～1／60	層間變位角 1／60～1／30	層間變位角 1／30（樑柱構架式）～1／10（傳統構法）	層間變位角 1／10 以上
		無殘留變形	無殘留變形	有殘留變形（修補後可繼續居住）	沒倒塌	倒塌
	基礎	換氣口周圍的裂痕小	換氣口周圍的裂痕稍大	裂痕多且大、無破斷	裂痕多且大、有破斷	有破斷、移動
				完成面砂漿剝離	木地檻脫離	周邊地盤崩壞
	外牆	砂漿裂痕小	砂漿裂痕	砂漿、磁磚剝離	砂漿、磁磚脫落	砂漿、磁磚脫落
	開口部	角隅部有縫隙	無法開閉	玻璃破損	木作家具、窗扇破損、脫落	木作家具、窗扇破損、脫落
	斜撐	無損傷	無損傷	搭接錯位	折損	折損
	版	略有錯位	角隅部有裂痕	版材相互之間出現顯著錯位	面外挫屈、剝離	脫落
			一部分的釘子壓陷	釘子壓陷	釘子壓陷	
	修復性	輕微	簡易	稍微困難（可修補）	困難（改建）	無法修復
壁量基準	第 1 種地盤	品確法　等級 3	品確法　等級2	建築基準法×1.0	—	—
	第 2 種地盤	—	品確法　等級 3	品確法　等級 2	**建築基準法 ×1.0**	—
	第 3 種地盤	—	—	品確法　等級 3	**建築基準法 ×1.5**	建築基準法 ×1.0

譯注：日本將地震強度分為 10 級，依次是震度 0、1、2、3、4、5 弱、5 強、6 弱、6 強和 7。

表 14 品確法的耐震等級想像

上部結構評點	耐震等級 1	耐震等級 2	耐震等級 3
防止結構體損傷（中型地震）	建築基準法程度 [表 12]	受到很少發生的 1.25 倍地震力作用，不會出現損傷的程度	受到很少發生的 1.5 倍地震力作用，不會出現損傷的程度
防止結構體倒塌（大型地震）	建築基準法程度 [表 12]	受到極少發生的 1.25 倍地震力作用，不會產生倒塌、崩壞的程度	受到極少發生的 1.5 倍地震力作用，不會產生倒塌、崩壞的程度

原注：所謂極少發生的地震是指相當於 1923 年關東大地震（最大加速度 300～400gal）的程度。由於震度 7 沒有上限，也就是說像是「阪神淡路大地震的震度 7」，有必要對過去發生過的具體地震強度進行檢證。

中日英詞彙翻譯對照表

筆畫	中文	日文	英文
	冂形釘	かすがい	cramp
2	入榫燕尾搭接	大入れ蟻掛け	dovetail housed joint
	入榫	大入れ	housed joint
	切妻（二坡水）屋頂	切妻屋根	gable roof
	十字版剪切試驗	ベーン試験	vane test
3	不均勻沉陷	不同沈下	differential settlement
4	木地檻	土台	sill
	水平角撐	火打ち	dragging brace
	勾齒搭接	渡り腮	cogging
	木理傾斜	目切れ	angled grain
	中央主柱	大黒柱	major post
	手動螺旋鑽探法	ハンドオーガーボーリング	hand-operated auger bowling
	內栓	込栓	tie plug
	水平樑	陸梁	horizontal beam
	化學錨栓	ケミカルアンカー	chemical anchor
	木摺	ラスボード	lath board
5	甲乙樑（小樑）	甲乙梁	sub-beam
	外推力	ストラト	thrust
	凹槽蛇首對接	腰掛け鎌継ぎ	groove mortise joint
	半嵌入	半欠き	semi-lodge-in
	主椽	合掌	principal rafter
	主支柱	真束	king strut
	寄棟（四坡水）屋頂	寄棟	hipped roof
6	地樑	地中梁	footing beam
	劣質混凝土	土間コンクリート	concrete slab on grade
7	扭轉	ねじれ	torsion
	欄杆	手摺	balustrade
	完全嵌入	落とし込み	lodge-in
	伸縮縫	エキスパンション	expansion
	角椽	隅木	angle rafter
8	抱石基礎	玉石基礎	stone foundation
	阻尼	ダンパー	damper
	長榫入插榫	長ホゾ差し込栓打ち	tie-plug inserted long pivot
	長榫	長ホゾ（差し）	long pivot
	版式基礎	ベタ基礎	matfoundation
	空鋪	転ばし	topple
	拉力螺栓	引きボルト	tensile bolt
	拉引五金	引き寄せ金物	bulling hardware
	板條	木ずり	wooden board
9	柱樑構架式構法	在来（軸組）構法	conventional column and beam structural system
	屋架	小屋組	roof structure
	屋面底版	野地板	sheathing roof board
	屋架斜撐	小屋筋かい	roof structure brace
	屋架支柱	小屋束	vertical roof strut
	保護層	かぶり	protective concrete cover
	施工架	足場	scaffold
	重疊樑	重ね梁	stack beam
	柱腳繫樑	足固め	led hold
	計入面積	見付面積	effected area
	封簷版	鼻隠し	eave seal
10	缺角	切欠き	breach
	桁條	母屋	purlin
	脊桁	棟木	ridge beam
	砌石	石積み	masonry
	格柵托樑	大引	sleeper joist
	挫屈	座屈	buckling
	埋入部	根入れ	embedment
	剖裂	背割	back halving
	起拱	ムクリ	arched
	蛇首對接	鎌継	mortise joint
	格子面	面格子	grid plane

筆畫	中文	日文	英文
	接木	根継ぎ	rooting connection
11	通柱	通し柱	continuous column
	連續基礎	布基礎	continuous foundation
	異向性	異方性	anisotropy
	斜向樑	登り梁	diagonal beam
	條狀五金	短冊金物	short plate hardware
	斜撐	筋違い	bracing
	旋轉鑽探法	ロータリーボーリング	rotary bowling
	荷蘭式雙管貫入試驗	オランダ式二重試験	dutch doube pipe cone penetration test
	基礎隔件	基礎パッキン	foundation spacing
	斜度	勾配	slope
	連接版	根がらみ	root board
	乾裂	干割れ	chapped
	剪力釘	シアコネクター	shear connector
12	隅撐	方杖	knee brace
	圍樑	胴差	girth
	搭接	仕口	lap joint
	插針	ドリグピン	drift pin
	嵌木	雇いホゾ	pivot
	短榫	短ホゾ	short pivot
	棧板	スノコ	duckboard
	預切	プレカート	pre-cut
13	椽	垂木	rafter
	鍵形螺栓	羽子板ボルト	battledore bolt
	隔間牆	間仕切壁	partition
	瑞典式探測試驗	SWS 試験	swedish sounding test
	圓錐貫入儀試驗	コーンペネトロメーター	cone penetration meter
	蜂窩	ジャンカ	honeycomb
	暗銷	車知（栓）	keyed joint
	填塞版	面戸板	infilled board
	入母（歇山頂）	入母屋	east asian hip-and-gable roof
	暗榫	ダボ	dowel
14	管柱	管柱	standard pillar
	對接	継手	joint
	榫	ホゾ	pivot
	榫管	ホゾパイプ	pivot pipe
	端部鑽孔距離	端あき	end distance
15	樓板構架	床組	floor system
	樓板格柵	根太	floor joist
	樓板樑	床梁	floor beam
	遮雨棚	雨仕舞	flashing
	層間變位角	層間変形角	inter-story defelction angle
	撓曲	たわみ	defecltion
	彈性模數	ヤング係数	young's modulus
	簷廊	濡れ縁	veranda
	潛變	クリープ変形	creep
	豎向角材	竪貫	vertical timber
16	橫向材	横架材	horizontal member
	擋土牆	擁壁	retaining wall
	黏度	ねばり	viscosity
	橫穿板	貫	batten
17	錨定螺栓	アンカーボルト	anchor bolt
	壓陷	めり込み	inset
	簷桁	軒桁	pole plate
	隱柱牆	大壁	both-side finished stud wall
18	翻落	転び	fall over
	簡支樑	単純梁	simple beam
	雙拉引螺栓	両引きボルト	double tensile bolt
	礎石	束石	fooing of floor post
19	邊墩	立上がり	leading edge
	繫桿	タイバー	tie bar
	邊緣距離	縁あき	edge distance
20	懸臂樑	片持梁	cantilever
21	露柱牆	真壁	timber pillar exposed stud wall
22	疊石	ブロック積み	piled-up stone block
28	鑿毛	目荒らし	chiseling

國家圖書館出版品預行編目（CIP）資料

木構造耐震技術 / 山邊豐彥著；張正瑜譯. -- 初版. -- 臺北市：易博
士文化, 城邦文化出版：家庭傳媒城邦分公司發行, 2020.05
　　面；　公分
譯自：ヤマベの耐震改修：木造耐震改修の第一人者のノウハウ
がこの一冊に凝縮！
ISBN 978-986-480-114-5 (平裝)

1. 建築物結構　2. 木造　3. 耐震
441.553　　　　　　　　　　　　　　　　　　　　109003889

木構造耐震技術：
世界頂尖日本木構造權威 40 年耐震結構設計理論實務聖經

原 著 書 名／ヤマベの耐震改修：木造耐震改修の第一人者のノウハウがこの一冊に凝縮！
原 出 版 社／X-Knowledge
作　　　者／山邊豐彥
譯　　　者／張正瑜
選 書 人／蕭麗媛
編　　　輯／鄭雁聿

業 務 經 理／羅越華
總 編 輯／蕭麗媛
視 覺 總 監／陳栩椿
發 行 人／何飛鵬
出　　　版／易博士文化　城邦文化事業股份有限公司
　　　　　　台北市中山區民生東路二段141號8樓
　　　　　　電話：（02）2500-7008　傳真：（02）2502-7676
　　　　　　E-mail: ct_easybooks@hmg.com.tw
發　　　行／英屬蓋曼群島商家庭傳媒股份有限公司城邦分公司
　　　　　　台北市中山區民生東路二段141號11樓
　　　　　　書虫客服服務專線：（02）2500-7718、2500-7719
　　　　　　服務時間：週一至週五上午09:30-12:00；下午13:30-17:00
　　　　　　24小時傳真服務：（02）2500-1990、2500-1991
　　　　　　讀者服務信箱：service@readingclub.com.tw
　　　　　　劃撥帳號：19863813　戶名：書虫股份有限公司
香港發行所／城邦（香港）出版集團有限公司
　　　　　　香港灣仔駱克道193號東超商業中心1樓
　　　　　　電話：（852）2508-6231　傳真：（852）2578-9337
　　　　　　E-mail: hkcite@biznetvigator.com
馬新發行所／城邦（馬新）出版集團Cite(M) Sdn. Bhd.
　　　　　　41, Jalan Radin Anum, Bandar Baru Sri Petaling,
　　　　　　57000 Kuala Lumpur, Malaysia.
　　　　　　電話：（603）90578822　傳真：（603）90576622
　　　　　　E-mail: cite@cite.com.my

製 版 印 刷／卡樂彩色製板印刷有限公司

YAMABE NO TAISHIN KAISHOU
©TOYOHIKO YAMABE 2018
Originally published in Japan in 2018 by X-Knowledge Co., Ltd.
Chinese（in complex character only）translation rights arranged with
X-Knowledge Co., Ltd.

■2020年05月26日 初版一刷
ISBN 978-986-480-114-5

定價1600元　HK＄533